提分保障④

独家教材 神秘讲义

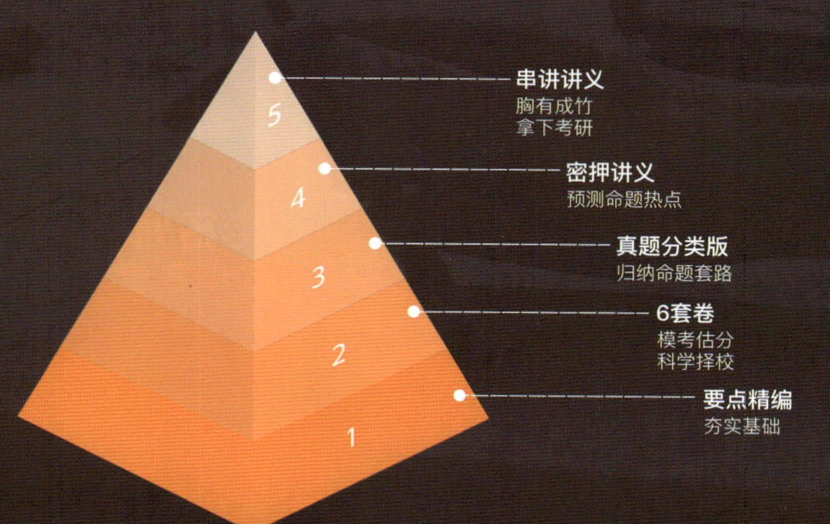

提分保障⑤

在线授课效果拔群

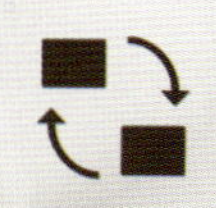

有效互动
效果拔群
来呀,互撩呀!

直播授课

上课没听懂?
回放来补课

录播补课

课后强化训练
有效提分

课后练习

仅售4980元

扫描二维码
即刻购买课程

课程咨询

笑笑姐QQ:3357107414
大表姐QQ:2829289592
小表妹QQ:2901378023
二师兄QQ:2941307398

老吕专硕系列

MBA/MPA/MPAcc

主编◎吕建刚

管理类、经济类联考
老·吕·逻·辑
冲刺600题
（第3版）

试题分册

编 委◎毋 亮 侯海萍

北京理工大学出版社
BEIJING INSTITUTE OF TECHNOLOGY PRESS

图书在版编目（CIP）数据

管理类、经济类联考·老吕逻辑冲刺600题/吕建刚主编．—3版．—北京：北京理工大学出版社，2018.8

ISBN 978－7－5682－6004－6

Ⅰ．①管…　Ⅱ．①吕…　Ⅲ．①逻辑－研究生－入学考试－习题集　Ⅳ．①B81－44

中国版本图书馆CIP数据核字（2018）第168060号

出版发行／北京理工大学出版社有限责任公司
社　　址／北京市海淀区中关村南大街5号
邮　　编／100081
电　　话／（010）68914775（总编室）
　　　　　（010）82562903（教材售后服务热线）
　　　　　（010）68948351（其他图书服务热线）
网　　址／http：//www.bitpress.com.cn
经　　销／全国各地新华书店
印　　刷／保定市中画美凯印刷有限公司
开　　本／787毫米×1092毫米　1/16
印　　张／21
字　　数／493千字
版　　次／2018年8月第3版　2018年8月第1次印刷
定　　价／49.80元（全两册）

责任编辑／王俊洁
文案编辑／王俊洁
责任校对／周瑞红
责任印制／边心超

图书出现印装质量问题，请拨打售后服务热线，本社负责调换

冲刺阶段，你该如何提分？

“冲刺600题”系列图书已经是第3版了。这一版，老吕进行了大量的优化，比如：提升了部分数学题目的难度，增加了逻辑综合推理题的比重，等等。我相信，这一版“冲刺600题”系列图书更加符合最新的真题命题方向，会为你的考前冲刺提供强大的助力。

那么，在冲刺阶段到底如何学习才能有效提分呢？其实，学习不等于考试，会做不等于得分，勤奋也不代表被录取。会考试，才能在考研这场战争中获胜。所以，你的一切学习方法、备考战略，都应该以有效提分为目的，凡是不能提分的勤奋都是假勤奋。所以，有效的备考应该注意以下几点：

一、该学的学、不该学的不学

从来没有人在管理类联考综合科目上得过满分，所以你进考场的目的不是得满分，而是在有限的时间内，做对自己会做的题目，蒙对自己不会做的题目，尽可能地多得分。

联考对知识点的考查也不是平均用力，而是有重点也有非重点。十年没考过的知识点，今年考到的可能性不大；偏题、难题、怪题，考到的可能性也极小，就算考了，在有限的考试时间里，你也几乎没时间做！

所以，知识也许是越多越好，但对于联考来说，在有限的备考时间里，你应该把有限的精力放在最重要的考点上。不考的东西你学了，非重点的东西你重点学了，就错过了扎实掌握真正考点的机会。

因此，老吕在编写“冲刺600题”系列图书时，紧扣考试大纲、突出命题重点和热点，让你把有限的学习时间用在更有针对性的题目上。

二、重点题型的掌握要扎实

管理类联考的命题，不管是数学还是逻辑，都是套路，重点题型的命题方式、变化、解法大体固定。

看两道数学真题：

例1.（2010年真题）甲商店销售某种商品，该商品的进价是每件90元，若每件定价100元，则一天内能售出500件。在此基础上，定价每增长1元，一天就会少售出10件。若要使甲商店获得最大利润，则该商品的定价应为（　　）。

A. 115 元　　B. 120 元　　C. 125 元　　D. 130 元　　E. 135 元

例 2.（2016 年真题）某商场将每台进价为 2 000 元的冰箱以 2 400 元销售时，每天销售 8 台。调研表明这种冰箱的售价每降低 50 元，每天就能多销售 4 台。若要使每天销售利润最大，则冰箱的定价应为（　　）。

A. 2 200　　B. 2 250　　C. 2 300　　D. 2 350　　E. 2 400

这两道真题是不是几乎完全相同？

再看两道逻辑真题：

例 3. 自从《行政诉讼法》颁布以来，“民告官”的案件成为社会关注的热点。人们普遍担心的是，“官官相护”会成为公正审理此类案件的障碍。但据 H 省本年度的调查显示，凡正式立案审理的“民告官”案件，65% 都是以原告胜诉结案。这说明，H 省的法院在审理“民告官”的案件中，并没有出现社会舆论所担心的“官官相护”。

以下哪项如果为真，最能削弱上述论证？

A. 在“民告官”的案件中，原告如果不掌握能胜诉的确凿证据，一般不会起诉。

B. 有关部门收到的关于司法审理有失公正的投诉，H 省要多于周边省份。

C. 所谓“民告官”的案件，在法院受理的案件中，只占很小的比例。

D. 在“民告官”的案件审理中，司法公正不能简单地理解为原告胜诉。

E. 由于新闻媒介的特殊关注，“民告官”案件的审理透明度要大大高于其他的案件。

例 4. 有人对某位法官在性别歧视类案件审理中的公正性提出了质疑。这一质疑不能成立。因为有记录表明，该法官审理的这类案件中 60% 的获胜方为女性，这说明该法官并未在性别歧视类案件的审理中有失公正。

以下哪项如果为真，将对上述论证构成质疑？

Ⅰ. 在性别歧视类案件中，女性原告如果没有确凿的理由和证据，一般不会起诉。

Ⅱ. 一个为人公正的法官在性别歧视类案件的审理中保持公正也是一件很困难的事情。

Ⅲ. 统计数据表明，如果不是因为遭到性别歧视，女性应该在 60% 以上的此类案件的诉讼中获胜。

A. 仅仅Ⅰ。　　B. 仅仅Ⅰ和Ⅱ。　　C. 仅仅Ⅰ和Ⅲ。

D. 仅仅Ⅱ和Ⅲ。　　E. Ⅰ、Ⅱ和Ⅲ。

这两道逻辑题是不是也几乎完全相同？

这种命题的规律性，决定了我们必须深入掌握必考题型及其变化。也正因为如此，老吕在编写“冲刺 600 题”系列图书时，在每道题的解析中都首先分析这道题属于哪个题型，以便大家分类总结。

三、学会模考

老吕的“要点精编”和“母题 800 练”两个系列图书，将知识点和题型分类归纳，让大家形成解题“套路”。但这往往使一部分同学产生这样的问题：老师帮你归类好了的题目，轻松搞定；老师没帮你归类的题目，自己不会归类，做起来手忙脚乱。“冲刺 600 题”系列图书就是为了解决这个问题而编写的。

“冲刺 600 题”采用套卷形式编排，方便考生模考。通过模考，打破思维定式，训练做题能力。题目解析参照“母题 800 练”系列图书的体系，首先告诉你这道题属于“母题 23”还是“母题 78”，把题目进行分类。这样做的好处是，如果你有一道题不会做，查一下属于母题儿，就可以在“冲刺600题”和“母题800练”中找到大量的相似题进行总结归纳。

模考要注意以下几个问题：

（1）限时。

模考必须限时，每套卷不得超过1个小时，超时就失去了模考的意义。

（2）特殊方法。

请优先使用特殊方法，如特殊值法、选项代入法等，这样才能快速解题。

（3）蒙猜。

一道题不会做，不允许空着，应该蒙猜一个答案。猜得多了，你会发现命题有一定的规律性，如在条件充分性判断中，一个条件定性，一个条件定量，常选C；一个条件是$\sqrt{3}$，一个条件是$-\sqrt{3}$，常选D等。这些规律当然不是绝对的，很可能会失效，因此，会做的题，不可迷信用此类蒙猜之法，但不会做的题，不妨蒙一下，蒙对一道，就得3分！

（4）总结。

一套题做完，不是对完答案就结束了，而是要发现自己在哪些知识点、哪些题型上有漏洞，做好归纳总结。模考的时候，题目做错了也不要气馁，通过错题发现自己的不足在哪里，然后改进它，这不正是模考的目的吗？

四、学会听课

每次提到听课，总会有学生以各种各样的理由反对，比如：“老吕，你在忽悠我花钱”“备考时间紧张，没时间听课”，等等。

但实际上，越是到冲刺阶段，就越应该有针对性地听课，这是快速提分的重要途径。因此，建议大家通过模考找到自己的漏洞后，有重点地听老师对这些题型的分析讲解，达到“错一题，会一类”的目的。

考前，老吕最重要的课程叫“考前80天密训”，在这个课程里，老吕会带你把数学、逻辑的重点题型过两遍左右，带你对作文的热点话题进行强化训练，带你高效度过备考的最后一个阶段。

五、联系老吕

微博：老吕考研吕建刚

微信公众号：老吕考研（MPAcc，MAud，图书情报专用）

　　　　　　老吕教你考MBA（MBA，MPA，MEM专用）

微信：laolvmba2018

2019备考QQ群：467942604，497711609，596573730，498665728

让我们一起努力，让我们一直努力！加油。

吕建刚

目录 / Contents

管理类联考综合（199）逻辑冲刺模考题卷 1

（说明：参加管理类联考的同学，请模考本卷全部题目，限时 60 分钟；参加 396 经济类联考的同学，请模考本卷 1 ~ 20 题，限时 40 分钟。）

逻辑推理：第 1 ~ 30 小题，每小题 2 分，共 60 分。下列每题所给出的 A、B、C、D、E 五个选项中，只有一项是符合试题要求的。请在答题卡上将所选项的字母涂黑。

1. 有人说，单身狗之所以是单身狗，或者是因为穷，或者是因为丑，或者是因为矮。

   如果李思是单身狗，能推出以下哪项？

   A. 李思穷。

   B. 李思丑。

   C. 李思矮。

   D. 如果李思不穷，那么他或者丑，或者矮。

   E. 李思又穷、又丑、又矮。

2. 美国的工伤事故率明显高于一些西方国家，如瑞典和加拿大。在这三个国家中，相同之处在于，都有由劳资双方共同参与的安全生产监督机构，这些机构对减少工伤事故起到了同样重要的作用；不同之处在于，这样的安全生产监督机构，在美国是企业自愿设置的，而在瑞典和加拿大，法律规定大中型企业必须设置。

   假设西方国家的企业都守法经营，则以上陈述最能支持以下哪项结论？

   A. 法律规定必须设置的安全生产监督机构，比企业出于自愿设置的安全生产监督机构更能有效地减少工伤事故。

   B. 在美国所有大中型企业都设置安全生产监督机构能减少这个国家的工伤事故。

   C. 如果美国设置安全生产监督机构的企业数量和瑞典或加拿大的一样多，则一定能降低这个国家的工伤事故率。

   D. 如果没有法律的规定，仅靠企业的自愿，瑞典和加拿大安全生产监督机构的数量将大大减少。

   E. 瑞典和加拿大的小型企业自愿设置安全生产监督机构。

3. 如果有足够丰富的合客人口味的菜肴和上档次的酒水，并且正式邀请的客人都能出席，那么一个宴会虽然难免有不尽如人意之处，但总的来说一定是成功的。张总举办的这次家宴准备了足够丰富的菜肴和上档次的酒水，并且正式邀请的客人悉数到场，因此，张总举办的这次家宴是成功的。

   以下哪项对上述推理的评价最为恰当？

A. 上述推理是成立的。
B. 上述推理有漏洞，这一漏洞也类似地存在于以下推理中：如果保持良好的心情，并且坚持适当的锻炼，一个人的免疫能力就能增强。王老先生心情一向不错，但就是不爱锻炼，因此，他的免疫能力一定下降。
C. 上述推理有漏洞，这一漏洞也类似地存在于以下推理中：一个饭店如果有名厨掌勺，并且广告到位，就一定能有名气。鸿门楼饭庄在业内小有名气，因此，一定有名厨掌勺。
D. 上述推理有漏洞，这一漏洞也类似地存在于以下推理中：如果来自西部并且家庭贫困，就能获得特别助学贷款。张珊是否家庭贫困尚在审核中，但她确实来自西部，因此，她一定能获得助学贷款。
E. 上述推理有漏洞，这一漏洞也类似地存在于以下推理中：只有一个人有高尚的情操和丰富的学识，又有卓越的才华，这个人才能被称为优秀的人。李思有高尚的情操和丰富的学识，但才华还不够卓越，因此，李思不是优秀的人。

4 ~ 5 题基于以下题干：

目前以人体艺术的名义充斥网络的裸体画面，究竟是艺术还是色情，从法律角度很难界定。

但是，并非任何依据法律不能明确禁止的事都是应当做的。当然，在网络出现以前，色情早就存在，但是，网络画面无疑具有作用于人的心理和行为的重要影响力。

4. 以下哪项最为恰当地概括了以上陈述所要表达的主要意思？
A. 有些冠以人体艺术名义的裸体画面不应当在网络上传播。
B. 应当完善相应法律准确区分人体艺术和色情。
C. 艺术和色情并不存在确定的界限。
D. 网络画面具有作用于人的心理和行为的重要影响力。
E. 冠以人体艺术名义的裸体画面是色情不是艺术。

5. 如果题干的陈述为真，则以下哪项一定为真？
A. 以网络方式制作或传播裸体画面是违法的。
B. 有些冠以人体艺术名义的裸体画面不应当在网络上传播。
C. 有些依据法律不能明确禁止的事是不应当做的。
D. 目前网络已经成为传播色情的主要方式。
E. 所有依据法律明确禁止的事是不应当做的。

6. 尼龙制品的生产过程会产生大量有害气体，而棉纤维的处理则不会有这种结果。因此，在一些有广泛用途的产品，例如绳和线的制造中使用棉纤维而不是尼龙，会减少对环境的污染。
以下哪项如果为真，则最能削弱上述论证？
A. 棉制品的生产成本明显高于尼龙制品。
B. 尼龙线的强度明显高于棉线。
C. 绳线制品不用尼龙会导致尼龙更多地用于其他产品。
D. 减少有害气体的释放并不能完全解决环境污染问题。
E. 和化纤产品相比，棉织品越来越受到市场的欢迎。

7 ~ 9 题基于以下题干：

《创造 101》节目中有紫宁、刘人语、吴宣仪、杨超越、孟美岐和强东玥六位选手参加 4 个组别：声乐组、舞蹈组、唱作组、卖萌组。已知下列条件：

①每人恰好加入一个组，每个组至少有一人加入；

②吴宣仪和紫宁加入同一个组；

③恰有一个人和强东玥加入同一个组；

④刘人语加入的是声乐组；

⑤杨超越加入的是声乐组或卖萌组；

⑥吴宣仪没加入卖萌组。

7. 根据题干可以推断，以下哪项一定为假？
   A. 孟美岐加入的是声乐组。
   B. 强东玥加入的是声乐组。
   C. 强东玥加入的是舞蹈组。
   D. 孟美岐加入的是唱作组。
   E. 杨超越加入的是卖萌组。

8. 如果强东玥加入的是唱作组，则以下哪项一定为真？
   A. 吴宣仪加入的是舞蹈组。
   B. 刘人语加入的是唱作组。
   C. 孟美岐加入的是声乐组。
   D. 孟美岐加入的是舞蹈组。
   E. 孟美岐加入的是卖萌组。

9. 如果孟美岐没加入唱作组，则以下哪项一定为真？
   A. 强东玥加入的是声乐组。
   B. 强东玥加入的是舞蹈组。
   C. 强东玥加入的是唱作组。
   D. 紫宁和吴宣仪加入的是舞蹈组。
   E. 紫宁和吴宣仪加入的是唱作组。

10. 丈夫：你不要因为这次交通事故埋怨我。你完全知道，这次驾车出问题，是我的视力近日明显减退造成的。我不应当对自己的视力减退负责。

    妻子：但是你应当对这次交通事故负责。一个人，如果明明知道某种行为有风险，仍然自愿去做，他就要对此种行为及其结果负责。

    如果上述妻子的陈述为真，则最能支持以下哪项推断？
    A. 李小姐误了从巴黎返北京的航班，她本人应对此结果负责，因为她不听导游的安排，明明知道会耽误航班，仍然擅自增加游览埃菲尔铁塔的项目。
    B. 张先生见一老人猝然倒地，立即将其背往医院急救，不期老人中途死亡。张先生不应对此负责，因为当时他并不知道老人是急性心肌梗死，正确的处置应是就地平躺，立即呼 120 急救。
    C. 赵女士的新车在两周前被盗，她本人应对此负责，因为她未听从厂家的劝告安装机动车自动防盗系统。
    D. 赵局长明明知道官员受贿要被追究，但迫于妻子的压力还是接受了商家的钱财，结果受到纪检部门的查处。赵处长自然要对自己的这一行为及后果负责。
    E. 王医生在和某患者发生争执的过程中被暴力袭击致伤，该患者当然要负法律责任，但王医生也要吸取教训，注意改进服务态度和提高医护质量。

11. 一种香烟尼古丁含量较高，另一种香烟尼古丁含量较低。厂家生产这两种香烟是为了适应吸烟者的不同需求。但是，一项针对每天吸一包烟的吸烟者的研究发现，尽管他们对所吸香烟的尼古丁含量有不同的要求，但在吸烟当晚临睡前单位血液中尼古丁的含量并没有大的区别。

以下哪项如果为真，则最能解释上述现象？

A. 在上述被研究对象中，低尼古丁烟吸烟者的比例，低于高尼古丁烟吸烟者。

B. 吸烟者吸入的尼古丁大多数都被血液吸收，吸入的尼古丁越多，单位血液中尼古丁的含量越高。

C. 除了吸烟，人还可能从其他途径吸入尼古丁。

D. 每天吸一包烟的吸烟者都已成瘾，选择低尼古丁烟的吸烟者，其烟瘾并不亚于高尼古丁烟吸烟者。

E. 不管吸哪一种烟，每天吸一包烟的吸烟者血液中尼古丁含量都超出了人的血液能吸收的限度。

12. 医生不应当给失眠者开镇静剂。心理医生所处置的大多数失眠者的症状都是由精神压力引起的。这说明，失眠者需要的是缓解他们精神压力的心理治疗，而不是会改变他们生化机能的药物治疗。

以下各项均能说明上述论证存在漏洞，除了：

A. 上述论证的论据不能确保失眠都是由精神压力引起的。

B. 上述论证忽视了这种可能性：对于某些失眠者来说，缓解精神压力的心理治疗是完全无效的。

C. 上述论证假设，但没有证明：心理医生所处置的失眠对于所有的失眠者来说具有代表性。

D. 上述论证忽视了：造成失眠的精神压力有各种不同的类型，不同的失眠者因而需要不同的心理治疗。

E. 上述论证忽视了：有的精神压力是由生理原因造成的。

13. 关于某次足球世界杯比赛，甲、乙、丙和丁四人有如下预测：

甲：冠军由南美国家的足球队夺得。

乙：冠军由欧洲国家的足球队夺得。

丙：冠军是巴西队。

丁：冠军不是德国队。

事后证明，四人的预测只有一人错了，则以下哪项能从题干条件中推出？

A. 甲的预测错了。

B. 乙的预测错了。

C. 丙的预测错了。

D. 丁的预测错了。

E. 无法断定谁的预测错了。

14. 近年来，有犯罪前科并在三年内“二进宫”的人数逐年上升。有专家认为，其数量递增可能是由于我们的教育、改造体制存在缺陷，所以应当改革。我们需要一种既能帮助刑满释放人员融入社会又能监督他们的措施。

对以下哪个问题的回答，与评价该专家的观点不相干？

A. 刑满释放人员走出监狱的大门后是否无法就业，除重操旧业外别无选择？

B. 父母在监狱服刑的孩子的数量是不是多于父母已刑满释放的孩子的数量？

C. 在刑满释放之后，有关部门是否永久剥夺了曾犯重罪的人的投票权？

D. 政府是否在住房、就业等方面采取措施以帮助有犯罪前科的人重返社会？

E. 刑满释放人员走出监狱的大门后是否受到家庭和社会的歧视？

15. 赵亮：一个人的外向个性，并不是由生物学因素决定的。个性内向的父母所生的孩子，被个性外向的继父母领养，这些孩子的个性，和那些由个性内向的父母所生但并不过继的孩子相比，更易于外向。

王宜：你的结论难以成立。你所说的这些由个性外向的继父母领养的孩子中，有些不管领养时还多么小，他们的个性一直是内向的。

针对王宜的反驳，以下哪项可以成为赵亮的合理辩护？

Ⅰ. 一个人的外向个性，并不是由生物学因素决定的，不能误读为：生物学因素对于一个人外向性格的形成不起任何作用。

Ⅱ. 要证明一个人的外向个性并不是由生物学因素决定的，只需证明，个性内向的父母所生的孩子，有些个性并不内向，无须证明，所有的个性都不内向。

Ⅲ. 由继父母领养的孩子只占很小的比例。

A. 只有Ⅰ。　　B. 只有Ⅱ。　　C. 只有Ⅲ。

D. 只有Ⅰ和Ⅱ。　　E. Ⅰ、Ⅱ和Ⅲ。

16. 几乎没有动物能受得住撒哈拉沙漠中午的高温，只有一种动物是例外，那就是银蚁。银蚁选择在这个时段离开巢穴，在烈日下寻找食物，通常是被晒死的动物的尸体。当然，银蚁也必须非常小心，弄得不好，自己也会成为高温下的牺牲品。

以下哪项最无助于解释银蚁为什么要选择在中午时段觅食？

A. 银蚁靠辨别自身分泌的信息素返回巢穴，这种信息素即使在烈日下也不会挥发。

B. 随着下午气温的下降，剩下的动物尸体很快会被其他觅食动物搬走。

C. 银蚁的天敌食蚁兽在中午的烈日下不会出现。

D. 中午银蚁巢穴中的气温比地表更高。

E. 银蚁辨别外界信息的能力在中午最为灵敏。

17. 在夏夜星空的某一区域，有 7 颗明亮的星星：A 星、B 星、C 星、D 星、E 星、F 星、G 星，它们由北至南排列成一条直线，同时发现：

（1）C 星与 E 星相邻；

（2）B 星和 F 星相邻；

（3）F 星与 C 星相邻；

（4）G 星与位于最南侧的那颗星相邻。

据此推断，7 颗星由北至南的顺序可以是以下哪项？

A. D 星、B 星、C 星、A 星、E 星、F 星、G 星。

B. A 星、F 星、B 星、C 星、E 星、G 星、D 星。

C. D 星、B 星、F 星、E 星、C 星、G 星、A 星。

D. A 星、E 星、C 星、F 星、B 星、G 星、D 星。

E. E 星、C 星、A 星、B 星、F 星、G 星、D 星。

18. 有 100 个受访者被问及：你是否支持在电视节目中穿插播放女性内衣广告？其中，31% 表示无例外地反对；24% 表示无例外地支持；38% 只支持在娱乐、时尚频道播放，反对在其他频道，特别是少儿、教育频道播放；7% 表示不反对也不支持。这 100 个受访者都是成年人，是采访者精心挑选的，他们的观点在目前电视观众中具有代表性。有意思的是，采访后发现，这些被采访者中，绝大多数10年前当女性内衣广告开始在电视中播出时被问过同样的问题，现在都仍然持原有的观点。

如果以上陈述为真，则最能支持以下哪项相关断定？

A. 对于上述问题，10年来，电视观众的观点总体上无大变化。

B. 10年前的电视观众，现在仍然喜欢看电视。

C. 目前多数电视观众主张任一电视节目频道都允许此类广告。

D. 目前多数电视观众主张不要禁止所有电视节目频道播放此类广告。

E. 目前多数电视观众主张任一电视节目频道都禁止此类广告。

19. 任何一条鱼都比任何一条比它小的鱼游得快，所以，有一条最大的鱼就有一条游得最快的鱼。

下面哪项陈述中的推理模式与上述推理模式最为类似？

A. 任何父母都有至少一个孩子，所以，任何孩子都有并且只有一对父母。

B. 任何一个偶数都比任何一个比它小的奇数至少大1，所以，没有最大的偶数就没有只比它小1的最大奇数。

C. 任何自然数都有一个只比它大1的后继，所以，有一个正偶数就有一个只比它大1的正奇数。

D. 在国家行政体系中，任何一个人都比任何一个比他职位低的人权力大，所以，有一位职位最高的人就有一位权力最大的人。

E. 任何哺乳动物都是胎生的，所以，有一个胎生的动物就有一个哺乳动物。

20. 最近在挪威一个小岛上发现的史前石壁画使考古学家感到困惑。根据传统理论，此类史前石壁画大都画有作画者当时吃的食物。这个小岛上的作画者吃的应该是鱼或其他海洋生物，但所发现的画中看不到这样的食物。因此，在这点上，传统理论的结论有问题。

以下各项如果为真，都能削弱题干的论证，除了：

A. 上述作画者捕食岛上的陆地动物。

B. 上述石壁画一部分没有被保存下来。

C. 上述石壁画中有的画有陆地动物。

D. 上述石壁画有的部分模糊不清。

E. 上述石壁画只是这次考古发现的壁画中的一部分。

21～23题基于以下题干：

4位女士H、N、J、K在美发沙龙内坐成一排等着染头发。她们现在的头发颜色为：棕色、金黄色、灰色、红色，想染的颜色为：赤褐色、黑色、白色、红色。

已知下面的信息：

（1）J左边的女士头发是棕色的；

（2）一位女士想把头发染成白色，另一位现在的头发是金黄色，N坐在她们两人之间；

（3）坐在1号位置上的女士的头发是红色的；

（4）K坐在想把头发染成黑色的女士旁边，而H坐在偶数位置上；

（5）灰色头发的女士想把她的头发染成赤褐色，她不在3号椅子上。

21. 1号位置上的女士是谁？

A. H。　B. N。　C. J。　D. K。　E. 无法判断。

22. 女士 N 现在的头发是什么颜色？

A. 棕色。　B. 金黄色。　C. 灰色。　D. 红色。　E. 无法判断。

23. 下面关于四位女士的说法不正确的一项是：

A. 四位女士按顺序依次为：K、N、J、H。

B. N、H 两位女士想染的头发颜色分别为黑色和赤褐色。

C. 四位女士想染的颜色按顺序依次为：白色、黑色、红色、赤褐色。

D. 四位女士现在头发的颜色按顺序依次为：红色、金黄色、棕色、灰色。

E. K、N 两位女士现在的头发颜色分别为红色和棕色。

24. 大多数炒股者自己对股市没有任何研究。他们当中，有的人完全听经纪人的，有的人只凭预感，有的人跟定某些老手，就像赌博，跟着别人下注。尽管如此，炒股赔钱的只是少数，大多数还是赚钱的。

如果上述断定为真，则以下哪项相关断定也一定为真？

Ⅰ. 在完全听经纪人的炒股者中，有人赚了钱。

Ⅱ. 在只凭预感的炒股者中，有人赚了钱。

Ⅲ. 在跟定某些老手的炒股者中，有人赚了钱。

A. 只有Ⅰ。　B. 只有Ⅱ。　C. 只有Ⅲ。

D. Ⅰ、Ⅱ和Ⅲ。　E. Ⅰ、Ⅱ和Ⅲ都不一定为真。

25. 现在很多青年人参与跑步运动，夜间跑步也正在成为一种时尚。但是，一项统计研究表明，一些人体器质性毛病都和跑步有关，例如，脊椎盘错位，足、踝扭伤，膝、腰关节磨损，等等。此项研究进一步表明，在刚开始跑步锻炼的人中，很少有这些毛病，而经常跑步的人中，多多少少都有这样的毛病。这说明人体扛不住经常性跑步产生的压力。

以下哪项是上述论证所假设的？

A. 经常跑步锻炼的人并不知道这项运动有害于身体。

B. 如果不经常跑步，人体不会出现器质性毛病。

C. 应当宣传跑步对人体有害，使更多的人不采用或放弃此种健身方式。

D. 和许多动物种类相比，人体器官对外部压力的抵抗能力较弱。

E. 跑步和人体的某些器质性毛病有因果关系。

26. 从理论上说，模拟系统比数字系统先进。在纯模拟系统中，一个信号可以无限制地细化，而数字系统不可能得出比其数字单位所能表达的更精确信号。但是，此种理论上的优点也带来实践上的短处。在模拟系统中，初始信号的每一步细化都对初始信号有极细微的改变，因为此种细化没有限制。所以，这种一开始微不足道的“杂音”，通过无限制地积累，就可以把初始信号所包含的信息变得面目全非。

如果上述断定为真，则最能支持以下哪项结论？

A. 有些想法在理论上说得通，但在实践中无法操作。

B. 对初始信号的细化，数字系统得出的结果比模拟系统更可靠。

C. 信息的模拟表达是不可取的，因为我们不需要无限制细化的信息。

D. 尽管有某些缺点，但模拟系统不仅在理论上，而且在实际运用中还是比数字系统先进。

E. 如果信号要复制的次数非常多，使用数字系统比模拟系统更可靠。

27. 人乘一次航班所受到的辐射量，不会大于接受一次牙齿 X 光检查。一次牙齿 X 光检查的辐射量对人体的影响几乎可以忽略不计，因此，空姐不必担心自己的职业会对健康带来潜在的危害。

以下哪项如果为真，则最能削弱上述论证？

A. 接受一次牙齿X光检查，所受的辐射对人体无害，不等于辐射对人体无害。

B. 辐射的影响，不仅对空姐存在，也对乘客存在。

C. 飞机航行产生的辐射，可能不止X射线。

D. 现代医学对辐射所造成的身体伤害的预防和治疗手段已经非常先进。

E. 受到辐射的时间越长、次数越多，辐射对人体的影响就越大。

28. 张教授：历史学不可能具有客观性。且不说历史学所涉及的历史事件大多数缺乏绝对真实的证据，即使这样的事件确实发生过，历史学家对此的解读都不可避免地受到其民族、宗教和阶级地位的影响。

李研究员：当然有历史学家难免存有偏见，但不能由此说历史学家都有偏见。是谁指出历史学理论中存在的偏见，并且有说服力地分析此种偏见产生的根源？不是别人，还是历史学家！

以下哪项最为恰当地指出了李研究员的反驳中存在的漏洞？

A. 忽视了这种可能性：能识别偏见的历史学家也可能存有偏见。

B. 忽视了这种可能性：即使历史学家对某个事件的解读没有个人偏见，但这个事件在历史上并没有发生过。

C. 使用某种偏见来反驳张教授的论证，而类似的偏见恰恰存在于张教授的论证中。

D. 忽视了这种可能性：历史学家对同一历史事件的不同解读都有其合理性。

E. 忽视了这种可能性：有的历史事件的发生具有足够的证据。

29. 一位医生给一组等候手术的前列腺肿瘤患者服用他从西红柿中提取的番茄红素制成的胶囊，每天两次，每次15毫克。3周后发现这组病人的肿瘤明显缩小，有的几乎消除。医生由此推测：番茄红素有缩小前列腺肿瘤的功效。

以下哪项如果为真，则最能支持医生的结论？

A. 服用番茄红素的前列腺肿瘤患者的年龄在45~65岁之间。

B. 服用番茄红素的前列腺肿瘤患者中有少数人的病情相当严重。

C. 还有一组相似的等候手术的前列腺肿瘤患者，没有服用番茄红素胶囊，他们的肿瘤没有缩小。

D. 番茄红素不仅存在于西红柿中，也存在于西瓜、葡萄等水果中。

E. 等候手术的前列腺肿瘤患者持续服用治疗肿瘤的西药。

30. 在“你最喜欢哪种宠物”的问卷调查中，波斯猫几乎名列榜首。众所周知，波斯猫价格昂贵且都非常高傲。而高傲的宠物都是很难与人亲近的。

如果上述断定为真，则以下哪项也一定为真？

Ⅰ. 人们喜欢的宠物中，有些难以与人亲近。

Ⅱ. 人们喜欢的宠物中，并非只有波斯猫难以亲近。

Ⅲ. 人们喜欢的宠物中，不难与人亲近的就不是波斯猫。

Ⅳ. 与人亲近的宠物价格都不昂贵。

A. 只有Ⅰ和Ⅱ。　　B. 只有Ⅰ和Ⅲ。　　C. 只有Ⅰ、Ⅲ和Ⅳ。

D. 只有Ⅰ、Ⅱ和Ⅲ。　　E. Ⅰ、Ⅱ、Ⅲ和Ⅳ。

管理类联考综合（199）逻辑冲刺模考题
卷2

（说明：参加管理类联考的同学，请模考本卷全部题目，限时60分钟；参加396经济类联考的同学，请模考本卷1~20题，限时40分钟。）

逻辑推理：第1~30小题，每小题2分，共60分。下列每题所给出的A、B、C、D、E五个选项中，只有一项是符合试题要求的。请在答题卡上将所选项的字母涂黑。

1. 某餐馆老板：顾客要求增加蔬菜的品种。为满足顾客的要求，本餐馆新推出了三个蔬菜品种：蒜叶茄丁、南瓜百合、浓汁土豆。前两个菜点的人很多，后一个菜价格相比最便宜，但几乎无人问津。这说明顾客一定不喜欢吃土豆。

   以下哪项最为恰当地指出了题干餐馆老板论证中存在的漏洞？

   A. 依据一个不具有代表性的样本得出与样本不相干的结论。

   B. 把主观性猜测当作客观性证据来得出一般性结论。

   C. 仅仅根据两个现象统计相关就断定它们因果相关。

   D. 把对某个现象的一种可能的解释当作唯一可能的解释。

   E. 误把两个不具有因果联系的事件认为有因果联系。

2. 宏云大师说，一个人，如果为了做某件好事，能够克服巨大的诱惑，他做这样的好事才是值得称赞的。宏云大师又说，有时一个人做某件好事，完全出于习惯，甚至出于本能，这也是值得称赞的。

   以下哪项如果为真，则能够合理地说明宏云大师的上面两句话看似矛盾但实际上并不冲突？

   A. 大多数人都会面对各种诱惑，但很少有人能战胜诱惑。

   B. 并非做任何一件好事都需要并且能够克服巨大的诱惑。

   C. 一个克服了巨大诱惑而做好事的人，不会想到是否能受到称赞。

   D. 是否克服了某种诱惑，或完全出于习惯，事关一个人的内心，旁人无从知晓。

   E. 只有长年面对并克服巨大的诱惑，才能练就圣人。圣人做好事，完全出于习惯和本能。

3. 人有5根手指，因为人是从鱼进化而来的，鱼鳍有5个趾骨。歧视某人有6根手指是一种偏见。一个人有5根或6根手指，手指对他或她所能起的作用，并不因此更多或更少。如果人是由鱼鳍上有6个趾骨的鱼进化而来的，他们仍然会像现在一样满意自己手指的数目。

   以下哪项如果为真，则最能加强上述论证？

   A. 没有人会歧视长有6根手指的人。

B. 所有人都同样满意自己手指的数目。
C. 人不会同样满意两种有不同用处的东西。
D. 两种用处相同的东西会获得人相同的满意度。
E. 人是由猿猴进化而来的，而不是由鱼进化而来的。

4. 伦理学家：汽车卖钱，完全是商品；小说和电影也卖钱，但不完全是商品。目前一些完全商品化的很有影响的小说和电影，不停地向读者和观众展示一些有道德缺陷的人所做的一些有道德缺陷的事。受众特别是其中的年青人会因此认为，这些有道德缺陷的人才是正常人，而主流价值观是不可信的说教。毫无疑问，这样的文艺作品对目前社会日益严重的道德问题有不可推卸的责任。
作家：如果目前社会确实存在日益严重的道德问题，要对此负责的也不应是小说或电影。小说或电影只是展示读者或观众想看的东西，至于想看还是不想看，有道德缺陷还是合乎情理，正常还是不正常，完全由观众自己决定，这有什么错？对作品限制过多，违背文学艺术发展的规律。
以下哪项对上述争论的焦点问题的概括最为恰当？
A. 目前社会是否存在严重的道德问题？
B. 是否应当无节制地在小说或电影中展示有道德缺陷的人所做的有道德缺陷的事？
C. 对小说或电影给以不必要的限制是否违背文学艺术发展的规律？
D. 一些小说或电影是否应当对社会的道德问题负责？
E. 主流价值观是不是不可信的说教？

5. 某国人口总量自2005年起开始下降，预计到2100年，该国人口总数将只有现在的一半。为此该国政府出台了一系列鼓励生育的政策。但到目前为止该国妇女平均只生育1.3个孩子，远低于维持人口正常更新的水平（2.07个）。因此，有人认为该国政府实施的这些鼓励生育的政策是无效的。
以下哪项如果为真，最能反驳上述论断？
A. 该国政府实施的这些鼓励生育的政策是一项长期国策，短时间内看不出效果。
B. 如果该国政府没有出台鼓励生育的政策，该国儿童人口总数会比现在低很多。
C. 如果该国政府出台更加有效的鼓励生育的政策，就可以提高人口数量。
D. 近年来该国人口总数呈缓慢上升的趋势。
E. 与该国地理位置相近的H国，生育水平也低于维持人口正常更新的水平。

6. 航空公司承诺：如果航班晚点24小时以上，乘客可以全额退票并得到原票价20%的补偿，或者安排三星级以上的宾馆休息。
以下哪项如果为真，则说明航空公司的承诺没有兑现？
Ⅰ. 李女士搭乘的航班晚点不到24小时，但航空公司应本人的要求，同意办理全额退票，并按原票价的20%给予补偿。
Ⅱ. 张先生搭乘的航班晚点超过24小时，航空公司同意安排三星级以上的宾馆休息，条件是不办理退票。
Ⅲ. 王小姐搭乘的航班晚点超过24小时，航空公司不同意安排三星级以上的宾馆休息，虽然同意办理退票，但不同意再给补偿。
A. 只有Ⅰ和Ⅱ。　　B. 只有Ⅱ和Ⅲ。　　C. 只有Ⅰ和Ⅲ。

D. 只有Ⅲ。　　　　　　　　E. Ⅰ、Ⅱ和Ⅲ。

7. 研究发现，一些动作反应持续异常的宠物的大脑组织中铝含量比正常值高出不少。因为含硅的片剂能抑制铝的活性，阻止其影响大脑组织，因此，这种片剂可有效地用于治疗宠物的动作反应异常。

以下哪项如果为真，则最能削弱上述论证？

A. 动物的异常动作和反应如果一直持续，会导致大脑组织中铝含量的提升。

B. 大脑组织中铝含量的异常提升，会导致动物动作异常。

C. 含硅片剂对大脑组织不会产生其他副作用。

D. 正常大脑组织中不含铝。

E. 动物的动作反应是否异常，要经过专业的测试才能确定。

8. 赵亮：应当创造条件让孩子们多参加体育比赛，培养他们超越对手的竞争精神和尽全力获胜的荣誉感，这对他们今后的成长有重要的意义。

王宜：我不同意你的看法。体育比赛不像数学竞赛，数学竞赛的参加者成绩可以都是优，但每次体育比赛的优胜者只是少数，多数是失败者，只是胜利者的陪衬。因此，让孩子们参加体育比赛，对其中的大多数人来说，结果是挫伤自信，这对他们今后的成长不利。

以下各项如果为真，都能指出王宜的反驳中存在的漏洞，除了：

A. 体育比赛中的失败者或失败方，其成绩和表现可以是很优秀的。

B. 和任何竞争一样，要在体育比赛中获胜，不可能不经历多次的失败。

C. 每次体育比赛中优胜者只是少数人，不等于体育参赛者只有少数人可能成为优胜者。

D. 大多数家长都支持自己的孩子有机会多参加体育比赛。

E. 体育比赛中的失败者不一定会因此自卑，反而越挫越勇。

9. 徐先生认识赵、钱、孙、李、周五位女士，其中：

①五位女士分别属于两个年龄档，有三位小于 30 岁，有两位大于 30 岁；

②五位女士的职业有两位是教师，其他三位是秘书；

③赵和孙属于相同年龄档；

④李和周不属于相同年龄档；

⑤钱和周的职业相同；

⑥孙和李的职业不相同；

⑦徐先生的妻子是一位年龄大于 30 岁的教师。

请问谁是徐先生的妻子？

A. 赵。　　B. 钱。　　C. 孙。　　D. 李。　　E. 周。

10. 科学家再次发现在美洲大陆曾经广泛种植的一种粮食作物，它每磅的蛋白质含量高于现在如小麦、水稻等主食作物。科学家声称，种植这种谷物对人口稠密、人均卡路里摄入量低和蛋白质来源不足的国家大为有利。

以下哪项如果是真的，则最能对上述科学家的声称构成质疑？

A. 全球的粮食供给只来自 20 种粮食作物。

B. 许多重要的粮食作物如马铃薯最初都产自新大陆。

C. 每磅小麦的蛋白质含量比大米的高。

D. 重新发现的农作物每磅产生的卡路里比目前的粮食作物都要高。

E. 重新发现的农作物平均亩产量远比现在的主食作物低得多。

11. 今年中国南方地区出现“民工荒”。究其原因，或者是由于民工在家乡已找到工作；或者是由于南方地区民工工资太低，不再具有吸引力；或者是由于新农村建设进展顺利，农民在农村既能增收，又能过上稳定的家庭生活。今年中国新农村建设进展确实顺利，农民在农村既能增收，又能过上稳定的家庭生活。

据此可以推出，今年南方地区出现“民工荒”的原因：

A. 是由于民工在家乡已找到工作。

B. 可能是由于民工在家乡已找到工作。

C. 不是由于民工在家乡已找到工作。

D. 是由于南方地区民工工资太低，不再具有吸引力。

E. 是由于南方地区民工工资太低，不再具有吸引力，或者民工在家乡已找到工作。

12. 某餐馆针对顾客口味的一项调查发现，所有喜欢川菜的顾客都喜欢徽菜，但都不喜欢粤菜；有些喜欢粤菜的顾客也喜欢徽菜。

如果上述断定为真，则以下各项都一定为真，除了：

A. 有的喜欢徽菜的顾客喜欢川菜。

B. 有的喜欢徽菜的顾客喜欢粤菜。

C. 有的喜欢徽菜的顾客既喜欢川菜又喜欢粤菜。

D. 有的喜欢徽菜的顾客不喜欢川菜。

E. 有的喜欢徽菜的顾客不喜欢粤菜。

13. 古希腊哲人说，未经反省的人生是没有价值的。

下面哪一个选项与这句格言的意思最不接近？

A. 只有经过反省，人生才有价值。

B. 要想人生有价值，就要不时地对人生进行反省。

C. 糊涂一世，快活一生。

D. 人应该活得明白一点。

E. 没有经过反省的人生一定没有价值。

14. 人的日常思维和行动，哪怕是极其微小的，都包含着有意识的主动行为，包含着某种创造性，而计算机的一切行为都是由预先编制的程序控制的，因此，计算机不可能拥有人所具有的主动性和创造性。

补充下面哪一项，能够最强有力地支持题干中的推理？

A. 计算机能够像人一样具有学习功能。

B. 计算机程序不能模拟人的主动性和创造性。

C. 在未来社会，人控制计算机还是计算机控制人，是很难说的一件事。

D. 人能够编出模拟人的主动性和创造性的计算机程序。

E. 计算机的计算能力比一些人强。

15. 一个热力站有 5 个阀门控制对外送蒸汽。使用这些阀门必须遵守以下操作规则：

（1）如果开启 1 号阀门，那么必须同时打开 2 号阀门并且关闭 5 号阀门；

（2）如果开启 2 号阀门或者 5 号阀门，则要关闭 4 号阀门；

（3）不能同时关闭 3 号阀门和 4 号阀门；

如果现在要打开1号阀门，那么另外同时要打开的阀门是哪两个？

A. 2号阀门和4号阀门。　B. 2号阀门和3号阀门。　C. 3号阀门和5号阀门。

D. 4号阀门和5号阀门。　E. 3号阀门和4号阀门。

16. 有一家权威民意调查机构，在世界范围内对“9·11”恐怖袭击事件的发生原因进行调查，结果发现：40%的人认为是由美国不公正的外交政策造成的，55%的人认为是由于伊斯兰文明与西方文明的冲突，23%的人认为是由于恐怖分子的邪恶本性，19%的人没有表示意见。

以下哪项最能合理地解释上述看似矛盾的陈述？

A. 调查样本的抽取不是随机的，因而不具有代表性。

B. 有的被调查者后来改变了自己的观点。

C. 有不少被调查者认为，“9·11”恐怖袭击发生的原因不是单一的，而是复合的。

D. 调查结果的计算出现技术性差错。

E. 在调查范围外还有人认为是由飞机的失误造成此次袭击。

17. 最新研究表明，在测谎时，被测试者是否出现行为失控，是一项有效的标准。这种行为失控，包括瞳孔放大，这说明高度警觉；脸部肌肉的微小抽动，这说明恐惧和慌乱。这种行为失控，只有通过排除而不是控制内心相关情绪才能消失。

以下哪项最有利于说明依照上述标准测谎可能不准确？

A. 一个回答谎言的被测试者可能意识到他或她正被测谎器仔细观测。

B. 一个回答真话的被测试者以前可能说过谎。

C. 一个老练的说谎者可能具有很强的控制情绪的能力。

D. 一个回答真话的被测试者的心理情绪可能在测谎环境的刺激下产生不良反应。

E. 一个回答谎言的被测试者可能是个瞎子。

18. 北美青少年的平均身高增长幅度要大于中国同龄人。有研究表明，北美中小学生的每周课外活动时间要明显多于中国的中小学生。因此，中国青少年要想长得更高，就必须在读中小学时增加课外活动时间。

以下哪项是上述论证必须假设的？

A. 中小学生只要增加课外活动时间就能长得更高。

B. 中小学生只要有同样的课外活动时间，就能长得一样高。

C. 年轻人长得较高就有较好的健康体质。

D. 课外活动是促使北美青少年长高的一个不可取代的因素。

E. 历史上北美人的平均身高均低于中国人。

19. 某大学正在组建团队参加国际大学生辩论赛。张珊和李思是两个候选辩手。甲说：“要么张珊入选，要么李思入选。”乙说：“张珊入选，或者李思入选。”组队结果说明，两人的预测只有一个成立。

上述断定能推出以下哪个结论？

A. 张珊和李思都入选。

B. 张珊和李思都未入选。

C. 张珊入选，李思未入选。

D. 张珊未入选，李思入选。

E. 题干的条件不足以推出两人是否入选的确定结论。

20～21题基于以下题干：

张教授：当代信息技术使得信息处理速度成为影响经济发展的最重要因素。因此，原来表示世界贫富差别的南北分界将很快消失，国家的贫富将和它们的地理位置无关，而只取决于对信息的处理速度。

李研究员：但是由于“南方”穷国缺乏足够的经济实力来发展信息技术，因此，信息技术将扩大而不是缩小南北的经济差距。

20. 李研究员的推断依赖于以下哪项假设？

A. “北方”富国的经济繁荣在很大程度上依赖于“南方”穷国的自然资源。

B. 信息技术的发展不会导致世界财富总量的增加，而只是改变原有的分布和结构。

C. 除了信息技术外，还有其他新技术影响世界的经济结构。

D. 至少有些“北方”富国能有效地运用其经济实力发展信息技术以促进经济发展。

E. 提高信息处理速度的经济成本并不高。

21. 以下哪项最为恰当地指出了张教授论证中的漏洞？

A. 夸大了目前南北世界的贫富差别。

B. 忽视了南北世界贫富差别带来的政治问题。

C. 由信息处理速度是影响经济发展的最重要因素，不当地得出：信息处理速度是影响经济发展的唯一因素。

D. 由世界贫富差别的界限将很快消失，不当地得出：国家的贫富将和它们的地理位置无关。

E. 忽视了世界贫富差别形成的历史原因。

22. 中国与美国相比，中国汽油含税零售价格要高一些，但不含税价格基本相同。以93号汽油为例，目前北京93号汽油含税零售价格为每升6.37元，不含税为每升4.25元；美国华盛顿、纽约、加利福尼亚州的汽油含税零售价格分别为每升5.21元、5.18元和4.41元，不含税价格分别为4.75元、4.20元和4.41元。

如果以下陈述为真，则哪一项将严重地削弱上述论证？

A. 中国的成品油价格是由政府掌控的。

B. 美国油价的构成非常透明，并且充分竞争，美国各州的油价差异很大。

C. 93号汽油是中国价格较低的汽油，而题干所列举的是美国最高的油价。

D. 美国人口仅占世界的4.6%，能源消耗总量约占世界的25%。

E. 与日本相比，中国汽油含税零售价格也要高一些。

23. 在印刷术出现以前，人们只能以昂贵手抄本的形式购买书，而用印刷术制作的书比手抄本便宜得多；在印刷术出现后的第一年，公众对印刷版的书的需求量比对手抄书的大许多倍。这种增加表明，在出版商第一次使用印刷术的方法来制作书的那一年，学会读书的人的数量急剧增加。

以下哪项如果为真，则对上述论证提出了质疑？

A. 印刷术出现后的第一年里，人们在没有作家或职员帮助下写的信的数量在急剧增加。

B. 印刷术制作的书的拥有者们常常在书的空白处写上一些评论的话。

C. 印刷术出现后的第一年，印刷版图书的购买者主要是那些以前经常买昂贵手抄本的人，但是用同样多的钱，他们可以买许多印刷版的书。

D. 印刷术出现后的第一年，印刷版的书主要是在非正式的读书俱乐部或图书馆里的朋友们之间相互传阅。

E. 印刷术发明后的第一年，印刷发行的书对不识字的人来说是无用的，因为那些书几乎没有插图。

24～26题基于以下题干：

某图书馆预算委员会，必须从以下8个学科领域G、L、M、N、P、R、S和W中，削减恰好5个领域的经费。同时，必须满足以下条件：

（1）如果G和S被削减，则W也被削减；

（2）如果N被削减，则R和S都不会被削减；

（3）如果P被削减，则L不会被削减；

（4）在L、M和R这3个学科领域中，恰好有2个领域被削减。

24. 如果W被削减，则下面哪一个选项有可能完整地列出另外4个被削减经费的领域？

A. G、M、P、S。 B. L、M、N、R。 C. L、M、P、S。

D. M、P、R、S。 E. L、R、N、S。

25. 如果L和S同被削减，则下面哪一个选项列出了经费可能同被削减的2个领域？

A. G、M。 B. G、P。 C. N、R。 D. P、R。 E. M、R。

26. 如果R未被削减，则下面哪一个选项必定是真的？

A. P被削减。 B. N未被削减。 C. G被削减。

D. S被削减。 E. S未被削减。

27. 互联网给人类带来极大便利。但是，1988年美国国防部的计算机主控中心遭黑客入侵，6 000台计算机无法正常运行。2002年，美军组建了世界上第一支由电脑专家和黑客组成的网络部队。2008年，俄罗斯在对格鲁吉亚采取军事行动之前，先攻击格鲁吉亚的互联网，使其政府、交通、通讯、媒体、金融服务业陷入瘫痪。由此可见，__________

以下哪一项陈述可以最合逻辑地完成上文的论述？

A. 网络已经成为世界各国赖以正常运转的“神经系统”。

B. 世界各国的网络系统都可能存在着安全漏洞。

C. 在未来战争中，网络战可能成为一种新的战争形式。

D. 及时对杀毒软件进行升级，可以最大限度地防范来自网络的病毒。

E. 网络的便利依赖于网络技术的掌握程度。

28. 当我们接受他人太多恩惠时，我们的自尊心就会受到伤害。如果你过分地帮助他人，就会让他觉得自己软弱无能。如果让他觉得自己软弱无能，就会使他陷入自卑的苦恼之中。一旦他陷入这种苦恼之中，他就会把自己苦恼的原因归罪于帮助他的人，反而对帮助他的人心生怨恨。

如果以上陈述为真，则以下哪一个选项也一定为真？

A. 你不要过分地帮助他人，或者使他陷入自卑的苦恼之中。

B. 如果他的自尊心受到了伤害，他一定接受了别人的太多恩惠。

C. 如果不让他觉得自己软弱无能，就不要去帮助他。

D. 只有你过分地帮助他人，才会使他觉得自己软弱无能。

E. 你有时过分地帮助他人不会让他对你心生怨恨。

29. 对6位罕见癌症的病人的研究表明，虽然他们生活在该县的不同地方，有很多不相同的病史、饮食爱好和个人习惯——其中2人抽烟，2人饮酒，但他们都是一家生产除草剂和杀虫剂的工厂的员工。由此可得出结论：接触该工厂生产的化学品很可能是他们患癌症的原因。

以下哪一项最为准确地概括了题干中的推理方法？

A. 通过找出事物之间的差异而得出一个一般性结论。

B. 消除不相干因素，找出一个共同特征，由此断定该特征与所研究事件有因果联系。

C. 根据6个病人的经历得出一个一般性结论。

D. 所提供的信息允许把一般性断言应用于一个特例。

E. 排除由其他因素导致所研究事件的可能，由此断定存在一种原因导致了该现象。

30. 20世纪初，德国科学家魏格纳提出“大陆漂移说”，由于他的学说假设了未经验明的足以使大陆漂移的动力，所以遭到强烈反对。我们现在接受魏格纳的理论，并不是因为我们确认了足以使大陆漂移的动力，而是因为新的仪器最终使我们能够通过观察去确认大陆的移动。

以上事例最好地说明了以下哪一项有关科学的陈述？

A. 科学的目标是用一个简单的理论去精确地解释自然界的多样性。

B. 在对自然界进行数学描述的过程中，科学在识别潜在动力方面已经变得非常精确。

C. 借助于统计方法和概率论，科学从对单一现象的描述转向对事物整体的研究。

D. 当一理论假定的事件被确认时，即使没有对该事件形成的原因作出解释，也可以接受该理论。

E. 理论被证明为真理的最有效途径就是反复经过实践的证明。

管理类联考综合（199）逻辑冲刺模考题卷 3

（说明：参加管理类联考的同学，请模考本卷全部题目，限时 60 分钟；参加 396 经济类联考的同学，请模考本卷 1 ~20 题，限时 40 分钟。）

逻辑推理：第 1 ~30 小题，每小题 2 分，共 60 分。下列每题所给出的 A、B、C、D、E 五个选项中，只有一项是符合试题要求的。请在答题卡上将所选项的字母涂黑。

1. 随着年龄的增长，人们每天对卡路里的需求量日趋减少，而对维生素 B6 的需求量却逐渐增加。除非老年人摄入维生素 B6 作为补充，或者吃些比他们年轻时吃的含更多维生素 B6 的食物，否则，他们不大可能获得所需要的维生素 B6。
   对以下哪项问题的回答，最有助于评估上述论证？
   A. 大多数人在年轻时的饮食所含维生素 B6 的量是否远超出他们当时每天所需的量？
   B. 强化食品中维生素 B6 是否比日常饮食中的维生素 B6 更容易被身体吸收？
   C. 每天需要的卡路里减少的量是否比每天需要增加的维生素 B6 的量更大？
   D. 老年人每天未获得足够的维生素 B6 的后果是否比年轻人更严重？
   E. 老年人通过摄入的维生素 B6 的食物来源有哪些？

2. 生活应该是一系列冒险，它很有乐趣，偶尔让人感到兴奋，有时却又好像是让人通向不可预知未来的痛苦旅程。当你试图以一种创造性的方式生活时，即使你身处沙漠中，也会遇到灵感之井、妙想之泉，它们却不是能事先拥有的。
   下面哪一个选项所强调的意思与题干的主旨相同？
   A. 英国哲学家休谟说，习惯是人生的伟大指南。
   B. 美国诗人弗罗斯特说，假如我知道写诗的结果，我就不会开始写诗。
   C. 法国化学家巴斯德说，机遇只偏爱有准备的头脑。
   D. 美国哲学家怀特海说，观念的改变损失最小，成就最大。
   E. 德国哲学家康德说，我们其实根本不可能认识到事物的真象，我们只能认识事物的表象。

3. 有网友发帖称，8 月 28 日从湖北襄樊到陕西安康的某次列车，其有效席位为 978 个，实际售票数却高达 3 633 张。铁道部要求，普快列车超员率不得超过 50%，这次列车却超过 370%，属于严重超员。
   如果以下陈述为真，则哪一项将对该网友的论断构成严重质疑？
   A. 每年春运期间是铁路客流量的高峰期，但 8 月底并不是春运时期。
   B. 从湖北襄樊到陕西安康的这次列车是慢车，不是普快列车。

C. 该次列车途经20多个车站，每站都有许多旅客上下车。

D. 大多数网友不了解铁路系统的售票机制。

E. 有时为了给特殊乘客预留席位，网友估计的有效席位数一般都低于实际数量。

4. 大多数人都熟悉安徒生童话《皇帝的新衣》，故事中有两个裁缝告诉皇帝，他们缝制出的衣服有一种奇异的功能：凡是不称职的人或者愚蠢的人都看不见这衣服。

以下各项陈述都可以从裁缝的断言中合乎逻辑地推出，除了：

A. 凡是不称职的人都看不见这衣服。

B. 有些称职的人能够看见这衣服。

C. 凡是能看见这衣服的人都是称职的人或者不愚蠢的人。

D. 凡是看不见这衣服的人都是不称职的人或者愚蠢的人。

E. 凡是愚蠢的人都看不见这衣服。

5. 基因能控制生物的性状，转基因技术是将一种生物的基因转入另一种生物中，使被转入基因的生物产生人类所需要的性状。这种技术自产生之日起就备受争议。公众最关心转基因食品的安全性：这类食品是否对人有毒？是否会引起过敏？一位专家断言：转基因食品是安全的，可放心食用。

以下各项陈述都支持这位专家的断言，除了：

A. 转基因农作物抗杂草，所以无需使用含有致癌物质的除草剂。

B. 转基因作物在全球大面积商业化种植13年来，从未发生过安全性事故。

C. 普通水稻的害虫食用转基因水稻后会中毒，所以种植转基因水稻无需使用农药。

D. 杂交育种产生的作物是安全的，用传统方法对作物品种的杂交选育，实质上也是转基因。

E. 转基因食品在上市之前已经经过大量的安全性试验。

6. 如果人体缺碘，就会发生甲状腺肿大，俗称“大脖子病”。过去我国缺碘人口达7亿多，从1994年起我国实行食盐加碘政策。推行加碘盐十多年后，大脖子病的发病率直线下降，但在部分地区，甲亢、甲状腺炎等甲状腺疾病却明显增多。有人认为，食盐加碘是导致国内部分地区甲状腺疾病增多的原因。

如果以下陈述为真，则哪一项能给上述观点以最强的支持？

A. 某项调查表明，食盐加碘8年的乡镇与食盐未加碘的乡镇相比，其年均甲亢发病率明显增高。

B. 甲亢、甲状腺炎等甲状腺疾病患者应该禁食海产品、含碘药物和加碘食盐。

C. 目前，我国在绝大多数高碘地区已经停止供应加碘食盐。

D. 我国沿海地区居民常吃海鱼、海带、紫带等，这些海产品含有丰富的碘。

E. 专家认为，食盐加碘与甲状腺疾病的多发并无直接关系。

7. 自1990年到2005年，中国的男性超重比例从4%上升到15%，女性超重比例从11%上升到20%。同一时期，墨西哥的男性超重比例从35%上升到68%，女性超重比例从43%上升到70%。由此可见，无论在中国还是在墨西哥，女性超重的增长速度都高于男性超重的增长速度。

以下哪项陈述最为准确地描述了上述论证的缺陷？

A. 某一类个体所具有的特征通常不是由这些个体所组成的群体的特征。

B. 中国与墨西哥两国在超重人口的起点上不具有可比性。

C. 论证中提供的论据与所得出的结论是不一致的。

D. 在使用统计数据时，忽视了基数、百分比和绝对值之间的相对变化。

E. 美国在 1990 年到 2005 年女性超重比例没有中国高。

8 ~ 10 题基于以下题干：

一幢公寓楼有 5 层，每层有 1 到 2 套公寓。该楼上共有 8 套公寓，有 8 户居民住在不同的公寓里，分别是 J、K、L、M、N、O、P、Q。关于他们，必须满足以下条件：

J 住在有两套公寓的楼层上；

K 恰好住在 P 的上面一层；

第二层仅有一套公寓；

M 和 N 住在同一层；

O 和 Q 不住在同一层；

L 住的楼层上只有一套公寓；

Q 既不住在一楼也不住在二楼。

8. 根据题干可以推断，下面哪一项一定正确？

A. Q 住在第三层。　B. Q 住在第五层。　C. L 不住在第四层。

D. N 不住在第二层。　E. K 住在第二层。

9. 若 J 住在四楼且 K 住在五楼，则下面哪一项可能正确？

A. O 住在第一层。　B. Q 住在第四层。　C. N 住在第五层。

D. L 住在第四层。　E. M 住在第二层。

10. 若 O 住在二楼，那么下面哪一项不可能正确？

A. K 住在第四层。　B. K 住在第五层。　C. L 住在第一层。

D. L 住在第四层。　E. M 住在第一层。

11. 产品价格的上升通常会使其销量减少，除非价格上升的同时伴随着质量的提高。时装却是一个例外。在某时装店，一款女装标价 86 元无人问津，老板灵机一动，改为 286 元，衣服却很快被售出。

如果以下陈述为真，则哪一项最能解释上述的反常现象？

A. 在时装市场上，服装产品是充分竞争性产品。

B. 许多消费者在购买服装时，看重电视广告或名人对服装的评价。

C. 消费者常常以价格的高低作为判断服装质量的主要标尺。

D. 有的女士购买时装时往往不买最好，只买最贵。

E. 由于这件女装长期滞销，所以老板改价只是为了“死马当作活马医”。

12. 标准抗生素通常只含有一种活性成分，而草本抗菌药物却含有多种。因此，草本药物在对抗新的抗药菌时，比标准抗生素更有可能维持其效用。对菌株来说，它对草本药物产生抗性的难度，就像厨师难以做出一道能同时满足几十位客人口味的菜肴一样，而做出一道满足一位客人口味的菜肴则容易得多。

以下哪项中的推理方式与上述论证中的最相似？

A. 如果你在银行有大量存款，你的购买力就会很强。如果你的购买力很强，你就会幸福。所以，如果你在银行有大量存款，你就会幸福。

B. 足月出生的婴儿在出生后所具有的某种本能反应到2个月时就会消失，这个婴儿已经3个月了，还有这种本能反应。所以，这个婴儿不是足月出生的。

C. 根据规模大小的不同，超市可能需要1至3个保安来防止偷窃。如果哪个超市决定用3个保安，那么它肯定是个大超市。

D. 电流通过导线如同水流通过管道。由于大口径的管道比小口径的管道输送的流量大，所以，较粗的导线比较细的导线输送的电量大。

E. 如果今天天气晴朗，我就去打球，我今天没有去打球，所以今天下雨了。

13. 张华对王磊说："你对我说，作为公司的合法拥有者，只要我愿意，我就有权卖掉它。可是，你又对我说，如果我卖掉它，忠诚的员工们将会因此遭受不幸，因而我无权这样做。显然，你的这两种说法是前后矛盾的。"

以下哪项陈述最为准确地描述了张华推论中的缺陷？

A. 张华忽略了他的员工也有与卖掉这个公司相关的权利。

B. 张华没有为卖掉他的公司提供充足可靠的理由。

C. 张华现在无权卖掉他的公司不意味着他永远无权卖掉它。

D. 张华将公司的拥有权与对忠诚员工的负责权混为一谈。

E. 事实上张华有权卖掉公司，别人无权干涉。

14. 心理学家在对一家商场停车场的长期观察中发现，当有一辆车在一旁安静地等待进入车位时，驾驶员平均花39秒驶出车位；当等待进入的车主不耐烦地鸣笛时，驾驶员平均花51秒驶出车位；当没有车等待进入车位时，驾驶员平均花32秒就能驶出车位。这表明驾驶员对即将驶出的车位仍具有占有欲，而且占有欲随着其他驾驶员对这个车位期望的增强而增强。

如果以下哪项陈述为真，则能最强有力地削弱上文中的推测？

A. 在商场停车场驶出或驶入的驾驶员，大多数都是业余的驾驶员，其中有许多是驾驶里程不足5 000公里的新手。

B. 当有人在一旁不耐烦地鸣笛时，有些正在驶出车位的驾驶员会感到不快，这种不快影响他们驶出车位的时间。

C. 当有人在一旁期待驾驶员娴熟地将车子驶出时，大多数驾驶员会产生心理压力，这种压力越大，驾驶员驶出车位的速度就越慢。

D. 就有车辆等待进入车位而言，与邻近的其他停车场相比，在商场停车场驶出和驶入车位的事例未必有代表性。

E. 该心理学家在计算驾驶员驶出车位的时间时可能有误。

15. 索马里自1991年以来，实际处于武装势力割据的无政府状态。1991年索马里的人均GDP是210美元，2011年增长到600美元，同年，坦桑尼亚的人均GDP是548美元、中非是436美元、埃塞俄比亚是350美元。由此看来，与非洲许多有强大中央政府统治的国家相比，处于无政府状态的索马里，其民众生活水平一点也不差。

以下哪项如果正确，则最能削弱题干中的论证？

A. 索马里的财富集中在少数人手中，许多民众因安全或失业等因素陷入贫困。

B. 人均GDP的增长得益于索马里海盗劫持各国商船，掠夺别国的财产。

C. 索马里人均GDP增长的原因是无政府状态中包含的经济自由的事实。

D. 依据某种单一指标来判断一个国家民众的总体生活水平是不可靠的。

E. 有的非洲国家的经济发展情况好于索马里。

16. 悉尼大学商学院的核心科目“商学的批判性思维”，期末考试有 1 200 名学生参加，却有 400 多人不及格，其中有八成是中国留学生。悉尼大学解释说：“中国学生缺乏批判性思维，英语水平欠佳。”学生代表 L 对此申诉说：“学校录取的学生，英语水平都是通过学校认可的，商学院入学考试要求雅思 7 分，我们都达到了这个水平。”

以下哪项陈述是学生代表 L 的申诉所依赖的假设？

A. 校方在为中国留学生评定成绩时可能存在不公正的歧视行为。

B. 校方对学生不及格有不可推卸的责任，重修费用应当减半。

C. 学校对学生入学英语水平的要求与入学后各科学习结业时的要求相同。

D. 每门课的重修费用是 5 000 澳元，如此高的不及格率是由于校方想赚取重修费。

E. 校方对入学学生的英语成绩要求很高。

17. 违反道德的行为是违背人性的，而所有违背人性的事都是一样的坏。因为杀人是不道德的，所以杀死一个人和杀死一百个人是一样的坏。

以下哪项陈述的观点最符合上文所表达的原则？

A. 牺牲一人救了一个人，与牺牲一人救了一百个人是一样的高尚。

B. 抢劫既是不道德的，也是违背人性的，它与杀死一个人是一样的坏。

C. 在只有杀死一人才能救另一人的情况下，杀人与不杀人是一样的坏。

D. 强奸既然是不道德的，社会就应该像防止杀人那样来防止强奸。

E. 过失杀人与故意杀人一样的坏。

18. 中国自周朝开始便实行“同姓不婚”的礼制。《曲礼》说：“同姓为宗，有合族之义，故系之以姓……虽百世，婚姻不得通，周道然也。”《国语》说：“娶妻避其同姓。”又说：“同姓不婚，恶不殖也。”由此看来，我国古人早就懂得现代遗传学中“优生优育”的原理，否则就不会意识到近亲结婚的危害性。

如果以下哪项陈述为真，则最能削弱作者对“同姓不婚”的解释？

A. 异族通婚的礼制为国与国的政治联姻奠定了礼法性的基础。

B. 我国古人基于同姓婚姻导致乱伦和生育不良的经验而制定“同姓不婚”的礼制。

C. 秦国和晋国相互通婚称为“秦晋之好”，“秦晋之好”是“同姓不婚”的楷模。

D. “同姓不婚”的礼制鼓励异族通婚，异族通婚促进了各族之间的融合。

E. “同姓不婚”的礼制始于周朝，但在当时的贵族中仍存在同姓通婚的情况。

19. 美国汽车“三包法案”实施后的几年中，汽车公司因向退货人支付退款而遭受了巨大损失。因此，2014 年我国《家用汽车产品修理、更换、退货责任规定》（简称“三包法”）实施前，业内人士预测该汽车“三包法”会对汽车厂家造成很大冲击。但“三包法”实施一年以来，记者在北京、四川等地多家 4S 店的调查显示，依据“三包法”退换车的案例为零。

如果以下陈述为真，则哪项最好地解释了上述反常现象？

A. “三包法”实施一年后，仅有 7% 的消费者在购车前了解“三包权益”。

B. 多数汽车经销商没有按法规要求向消费者介绍其享有的“三包权益”。

C. “三包法”保护车主利益的关键条款缺乏可操作性，导致退换车很难成功。

D. 为免受法律的惩罚，汽车厂家和经销商提高了维修方面的服务质量。

E. 并非所有的问题都符合“三包法”的规定。

20. 2008年5月12日，四川汶川发生强烈地震，伤亡惨重。有人联想到震前有媒体报道过绵竹发生了上万只蟾蜍集体大迁移的现象，认为这种动物异常行为是发生地震的预兆，质问为何没有引起地震专家的重视，以便及时作出地震预报，甚至嘲笑说：“养专家不如养蛤蟆。”

下面的选项都构成对“蟾蜍大迁移是地震预兆”的质疑，除了：

A. 为什么作为震中的汶川没有蟾蜍大迁移？为何其他受灾地区也没有蟾蜍大迁移？

B. 国际地震学界难道认可蟾蜍大迁移这类动物异常行为与地震之间的相关性吗？

C. 蟾蜍大迁移这类动物异常行为在全国范围内可谓天天都有，地震局若据此作出地震预报，我们岂不时时生活在恐慌之中？

D. 为什么会发生蟾蜍大迁移这类现象？这么多蟾蜍是从哪里来的？

E. 媒体关于绵竹发生的上万只蟾蜍集体大迁移的事件是否符合事实？

21. 三位母亲张、王、李和三位儿子小明、小亮和小强在海滩上玩，已知以下线索：

①张不是小明的妈妈，小明穿红色泳衣；

②小强在海滩上玩得相当愉快；

③王的儿子穿绿色泳衣；

④那个叫小亮的小男孩穿着橙色泳衣。

下面哪项关于三位母亲和三个孩子的说法正确？

A. 穿橙色泳衣的孩子的妈妈是张。

B. 小明的妈妈是张或王。

C. 在海滩上玩得相当愉快的孩子的妈妈是张。

D. 李的儿子在海滩上玩得相当愉快。

E. 小亮的妈妈是李。

22. 简装书比精装书售价明显较低。因此，如果图书馆只购置简装书，不购置精装书，就可以用同样的钱购置更多的书，从而既节省开支，又更能满足读者的需要。

以下哪项如果为真，则最不能削弱上述论证？

A. 简装书中有些是粗制滥造品。

B. 精装版的书的质量明显高于简装版的。

C. 一些经典著作只有精装本，没有简装本。

D. 简装书的使用寿命明显低于精装本。

E. 相当多的读者有读精装本的偏好。

23～24题基于以下题干：

张珊：尽管大家都知道吸烟有害健康，但国家并没有禁烟法规。在家里我可以自由地吸烟，但在飞机上却被禁止吸烟。这规定实际上侵犯了我吸烟的权利。

李思：在飞机或其他公共场合禁止吸烟，就是一种有限制的禁烟法规。这样的规定之所以必要，是因为你在家里吸烟只影响你自己或少数人，但在飞机上吸烟影响公众。

张珊：如果吸烟影响公众就应当禁止，那么，国家应当无限制地禁止吸烟，而不是有限制地禁止吸烟，例如只在飞机上。因为中国烟民数量世界第一，目前已达3.5亿，比美国总人口还多，这本身就是一个大公众。

23. 以下哪项最为恰当地概括了李思的论证所运用的方法？

A. 给出一个定义。　B. 进行一种类比。　C. 导出某种矛盾。

D. 指出某种区别。　E. 质疑某个假设。

24. 以下哪项如果为真，则最为恰当地概括了张珊对李思的反驳中存在的漏洞？

A. 忽视了中国的烟民尽管绝对数量世界第一，但在全国总人口中占的比例并不是最高的。

B. 忽视了世界上的国家或者不禁止吸烟，或者只是有限制地禁止吸烟，并没有国家无条件禁止吸烟。

C. 忽视了飞机上许多乘客是不吸烟者。

D. 忽视了烟草业的利润是国家税收的重要来源。

E. 低估了吸烟对健康的严重危害。

25 ~ 27 题基于以下题干：

一位药物专家只从 G、H、J、K、L 这 5 种不同的鱼类药物中选择 3 种，并且只从 W、X、Y、Z 这 4 种不同的草类药物中选择 2 种，来配制一副药方。他的选择必须符合下列条件：

（1）如果他选 G，就不能选 H，也不能选 Y；

（2）他不能选 H，除非他选 K；

（3）他不能选 J，除非他选 W；

（4）如果他选 K，就一定选 X。

25. 如果药物专家选 H，那么以下哪项一定是真的？

A. 他至少选一种 W。　B. 他至少选一种 X。　C. 他选 J，但不选 Y。

D. 他选 K，但不选 X。　E. 他选 G，但不选 K。

26. 如果药物专家选 X 和 Z，那么以下哪项可能是药物的配制？

A. G、H、K。　B. G、J、K。　C. G、K、L。

D. H、J、L。　E. W、K、L。

27. 以下除了哪项外都可能是药物的配制？

A. W 和 X。　B. W 和 Y。　C. W 和 Z。

D. X 和 Y。　E. K 和 L。

28. 狗比人类能听到频率更高的声音，猫比正常人在微弱光线中视力更好，鸭嘴兽能感受到人类通常感觉不到的微弱电信号。

上述陈述均不能支持下述判断，除了：

A. 大多数动物的感觉能力强于人类所显示的感觉能力。

B. 任何能在弱光中看见东西的人都不如猫在弱光中的视力。

C. 研究者不应为发现鸭嘴兽的所有感觉能力均比人类所显示的能力强而感到吃惊。

D. 在进化中，人类的眼睛和耳朵发生改变使人的感觉力不那么敏锐了。

E. 有些动物有着区别于人的感觉能力。

29. 和抽香烟相比，抽雪茄或烟袋对人们健康的危害要小得多。但是，对吸香烟者来说，如果完全戒烟，则能明显减少因吸烟造成的健康危害；如果戒香烟后改抽雪茄或烟袋，则受到的危害和原来差不多。

以下哪项如果为真，则最能合理地解释上述现象？

A. 抽雪茄或烟袋的吸烟者完全戒烟后并不能明显减少因吸烟造成的健康危害。

B. 抽雪茄或烟袋的吸烟者戒烟后改抽香烟受到的危害比原来大。

C. 大多数吸烟者都抽香烟。

D. 香烟有不同的品牌，不同品牌的香烟有不同的质量，不同质量的香烟对健康的危害程度不同。

E. 由抽香烟改为抽雪茄或烟袋的吸烟者的抽烟方式，和从不抽香烟的吸烟者有很大不同。

30. 三个人 A、B、C 打扮得一模一样，排成一排，A 从来不说假话，B 从不说真话，C 既说真话也说假话。

测试者问第一个人："你是谁？" 回答是："我是 C"；

测试者问第二个人："第一个人是谁？" 回答是："他是 B"；

测试者问第三个人："第一个人是谁？" 回答是："他是 A"。

根据这些回答可以推断，以下哪项为真？

A. 第一个人是 A，第二个人是 C，第三个人是 B。

B. 第一个人是 B，第二个人是 A，第三个人是 C。

C. 第一个人是 B，第二个人是 C，第三个人是 A。

D. 第一个人是 C，第二个人是 A，第三个人是 B。

E. 第一个人是 C，第二个人是 B，第三个人是 A。

管理类联考综合（199）逻辑冲刺模考题
卷 4

（说明：参加管理类联考的同学，请模考本卷全部题目，限时 60 分钟；参加 396 经济类联考的同学，请模考本卷 1 ~ 20 题，限时 40 分钟。）

逻辑推理：第 1 ~ 30 小题，每小题 2 分，共 60 分。下列每题所给出的 A、B、C、D、E 五个选项中，只有一项是符合试题要求的。请在答题卡上将所选项的字母涂黑。

1. 黄某说张某胖，张某说范某胖，范某和李某都说自己不胖。
   如果四人的陈述中只有一个错，那么谁一定胖？
   A. 黄某。　B. 张某。　C. 范某。
   D. 张某和范某。　E. 张某和黄某。

2. 近 12 个月来，深圳楼市经历了一次惊心动魄的下挫，楼市均价以 36% 的幅度暴跌，如果算上更早之前 18 个月的疯狂上涨，深圳楼市在整整 30 个月里，带着各种人体验了一回过山车般的晕眩。没有人知道这辆快车的终点在哪里，当然更没有人知道该怎样下车。
   如果以上陈述为真，则以下哪项陈述必然为假？
   A. 所有的人都不知道这辆快车的终点在哪里，并且所有的人都不知道该如何下车。
   B. 有的人知道这辆快车的终点在哪里，但所有的人都不知道该如何下车。
   C. 有的人不知道这辆快车的终点在哪里，并且有的人不知道该如何下车。
   D. 没有人知道这辆快车的终点在哪里，并且有的人不知道该如何下车。
   E. 有的人不知道这辆快车的终点在哪里，并且所有的人都不知道该如何下车。

3. 研究表明，在大学教师中有 90% 的重度失眠者经常工作到凌晨 2 点。张宏是一名大学教师，而且经常工作到凌晨 2 点，所以，张宏很可能是一位重度失眠者。
   以下哪项陈述最为准确地指明了上文推理中的错误？
   A. 它依赖于一个未确证的假设：90% 的大学教师经常工作到凌晨 2 点。
   B. 它没有考虑到这种情况：张宏有可能属于那些 10% 经常工作到凌晨 2 点而没有患重度失眠症的人。
   C. 它没有考虑到这种情况：除了经常工作到凌晨 2 点以外，还有其他导致大学教师患重度失眠症的原因。
   D. 它依赖于一个未确证的假设：经常工作到凌晨 2 点是人们患重度失眠症的唯一原因。
   E. 它依赖于一个未确证的假设：经常工作到凌晨 2 点的大学教师有 90% 是重度失眠者。

4. 由垃圾渗出物所导致的污染问题，在那些人均产值每年为 4 000 至 5 000 美元之间的国家最严重，相对贫穷或富裕的国家没有那么严重。工业发展在起步阶段，其污染问题都比较严重，当工业发展能创造出足够多的手段来处理这类问题时，污染问题就会减少。目前X国的人均产值是每年5 000美元，未来几年，X国由垃圾渗出物引起的污染问题会逐渐渐少。

以下哪项陈述是上述论证所依赖的假设？

A. 在随后几年里，X国将对不合法的垃圾处理制定一套罚款制度。

B. 在随后几年里，X国周边的国家将减少排放到空气和水中的污染物。

C. 在随后几年里，X国的工业发展将会增长。

D. 在随后几年里，X国的工业化进程将会受到治理污染问题的影响。

E. 在随后几年里，X国将减少垃圾排放。

5. 缺少睡眠已经成为影响公共安全的一大隐患。交通部的调查显示，有37%的人说他们曾在方向盘后面打盹或睡着了，因疲劳驾驶而导致的交通事故大约是酒后驾车所导致的交通事故的1.5倍。因此，我们今天需要做的不是加重对酒后驾车的惩罚力度，而是制定与驾驶者睡眠相关的法律。

如果以下陈述为真，则哪一项对上述论证的削弱程度最小？

A. 目前，世界上没有任何一个国家制定了与驾驶者睡眠相关的法律。

B. 目前，人们还没有找到能够判定疲劳驾驶的科学标准和法定标准。

C. 酒后驾车导致的死亡人数与疲劳驾驶导致的死亡人数几乎持平。

D. 加重对酒后驾车的惩罚与制定关于驾驶者睡眠的法律同等重要。

E. 酒后驾车比疲劳驾驶有更加严重的社会危害性。

6. 需求量总是与价格呈相反方向变化。如果价格变化导致总收入与价格反向变化，那么需求就是有弹性的。在2007年，虽然W大学的学费降低了20%，但是W大学收到的学费总额却比2006年增加了。在这种情况下，对W大学的需求就是有弹性的。

如果以上陈述为真，则以下哪项陈述也一定为真？

A. 如果价格的变化导致总收入与价格同向变化，那么需求就是有弹性的。

B. 与2006年相比，学费降低20%会给W大学带来更好的经济效益。

C. 如果需求是有弹性的，那么价格变化会导致总收入与价格同向变化。

D. 与2006年相比，W大学在2007年招生增长的幅度超过了20%。

E. 目前中国好的大学总是供不应求，每个学生都希望自己能上个好大学。

7～8题基于以下题干：

朱红：红松鼠在糖松的树皮上打洞以吸取树液。既然糖松的树液主要是由水和少量的糖组成的，那么大致可以确定红松鼠是为了寻找水或糖。水在松树生长的地方很容易通过其他方式获得。因此，红松鼠不会是因为找水而费力地打洞，它们可能是在寻找糖。

林娜：一定不是找糖而是找其他什么东西，因为糖松树液中糖的浓度太低了，红松鼠必须饮用大量的树液才能获得一点点糖。

7. 朱红的论证是通过以下哪种方式展开的？

A. 陈述了一个一般规律，该论证是运用这个规律的一个实例。

B. 对更大范围的一部分可观察行为作出了描述。

C. 根据被清楚理解的现象和未被解释的现象之间的相似性进行类推。

D. 排除对一个被观察现象的一种解释，得出了另一种可能的解释。

E. 运用一个实例来补充推广一个一般性的见解。

8. 如果以下哪项陈述为真，则能最严重地动摇林娜对朱红的反驳？

A. 一旦某只红松鼠在一颗糖松的树干上打洞吸取树液，另一只红松鼠也会这样做。

B. 红松鼠很少在树液含糖浓度比糖松还低的其他树上打洞。

C. 红松鼠要等从树洞里渗出的树液中的大部分水分蒸发后，才来吸食这些树液。

D. 在可以从糖松上获得树液的季节，天气已经冷得可以阻止树液从树中渗出了。

E. 红松鼠的主食是针叶树的种子，并非糖松的树液。

9. 参加一次中美两国学生交流会的 110 名学生中，男生 65 人，美国学生 51 人，中国男生 32 人。

根据以上陈述可以推断，以下哪项关于参加会议的人员情况一定为真？

Ⅰ. 美国男生 33 人。

Ⅱ. 中国女生 17 人。

Ⅲ. 美国女生 18 人。

A. 只有Ⅰ。 B. 只有Ⅰ和Ⅱ。 C. 只有Ⅱ。

D. 只有Ⅰ和Ⅲ。 E. Ⅰ、Ⅱ和Ⅲ。

10. 多人游戏纸牌，如扑克和桥牌，使用了一些骗对手的技巧。不过，仅由一个人玩的游戏纸牌并非如此。所以，使用一些骗对手的技巧并不是所有游戏纸牌的本质特征。

下面哪一个选项的推理结构与题干的最为类似？

A. 轮盘赌和双骰子赌使用的赔率有利于庄家。既然它们是能够在赌博机上找到的仅有的赌博类型，其赔率有利于庄家就是能够在赌博机上玩的所有游戏的本质特征。

B. 大多数飞机都有机翼，但直升机没有机翼。所以，有机翼并不是所有飞机的本质特征。

C. 动物学家发现，鹿偶尔也吃肉。不过，如果鹿不是食草动物，它们的牙齿形状将会与它们现有的很不相同。所以，食草是鹿的一个本质特征。

D. 所有的猫都是肉食动物，食肉是肉食动物的本质特征。所以，食肉是猫的本质特征。

E. 大多数哺乳动物都是胎生的，鸭嘴兽是哺乳动物。因此，鸭嘴兽是胎生的。

11. 地球的卫星、木星的卫星以及土星的卫星，全都是行星系统的例证，其中卫星在一个比它大得多的星体引力场中运行。由此可见，在每一个这样的系统中，卫星都以一种椭圆轨道运行。

以上陈述可以合乎逻辑地推出下面哪一项陈述？

A. 所有的天体都以椭圆轨道运行。

B. 非椭圆轨道违背了天体力学的规律。

C. 天王星这颗行星的卫星以椭圆轨道运行。

D. 一个星体越大，它施加给另一个星体的引力就越大。

E. 八大行星围绕太阳以椭圆轨道运行。

12. 人们通常不使用基本的经济原则来进行决策，该原则首先理性地衡量所有的可能性，而后作出预计能够将利益最大化、并将损失最小化的选择。常规上讲，人们在这方面是以非理性的方式处理信息的。

以下哪项如果为真，则都能为上述观点提供论据，除了：

A. 人们倾向于依赖可看到的相对好处对新信息采取行动，而不是依据他们已有的信息。

B. 人们更愿意选择一个他们主动选择的大的冒险，即使他们知道主动采取的冒险从统计上讲更危险。

C. 人们倾向于形成有潜在危害的习惯，即使他们有清楚的证据显示他们的同辈以及专家反对这种行为。

D. 人们更注意避免卷入有很多人在内的事故境况中，而不那么注意避免可能发生少数人受害的事故的境况，虽然他们也能认识到在后一种情况下，发生事故的可能性更大。

E. 人们通常对医生关于某种疾病最佳治疗的意见给予更多的重视，而不对邻居的观点给予重视，如果他们意识到邻居不是疾病治疗的专家。

13. 按照我国城市当前水消费量来计算，如果每吨水增收5分钱的水费，则每年可增加25亿元收入。这显然是解决自来水公司年年亏损问题的好办法。这样做还可以减少消费者对水的需求，养成节约用水的良好习惯，从而保护我国非常短缺的水资源。

以下哪一项最为清楚地指出了上述论证中的错误？

A. 作者引用了无关的数据和材料。

B. 作者所依据的我国城市当前水消费量的数据不准确。

C. 作者作出了相互矛盾的假定。

D. 作者错把结果当成了原因。

E. 作者的论证无逻辑错误。

14. 历史学家普遍同意，在过去的年代里，所有的民主体制都衰落了，这是因为相互竞争的特殊利益集团之间无休止地争辩，伴随而来的是政府效率低下、荒诞政事、贪污腐败以及社会道德价值观在整体上的堕落。每一天的新闻报道都在证实所有这些弊端都正在美国重现。

假设以上陈述为真，则下面哪一个结论将得到最强的支持？

A. 如果民主制的经历是一个可靠的指标，则美国的民主制正在衰落中。

B. 非民主社会不会遭到民主社会所面临的那些问题。

C. 新闻报道通常只关注负面新闻。

D. 在将来，美国将走向独裁体制。

E. 在将来，中国将必然强于美国。

15. 近20年来，美国女性神职人员的数量增加了两倍多，越来越多的女性加入牧师的行列。与此同时，允许妇女担任神职人员的宗教团体的教徒数量却大大减少，而不允许妇女担任神职人员的宗教团体的教徒数量则显著增加。为了减少教徒的流失，宗教团体应当排斥女性神职人员。

如果以下陈述为真，则哪一项将最有力地强化上述论证？

A. 宗教团体的教徒数量多不能说明这种宗教握有真经，所有较大的宗教在刚开始时教徒数量都很少。

B. 调查显示，77%的教徒说他们需要到教堂净化心灵，而女性牧师在布道时却只谈社会福利问题。

C. 女性牧师面临的最大压力是神职和家庭的兼顾，有56%的女性牧师说，即使有朋友帮助，也难以消除她们的忧郁情绪。

D. 在允许女性担任神职人员的宗教组织中，女性牧师很少独立主持较大的礼拜活动。

E. 女性牧师相比男性牧师更能了解教徒心中的忧虑。

16. 1990 年以来，在中国的外商投资企业累计近 30 万家。2005 年以前，全国有 55% 的外资企业年报亏损。2008 年，仅苏州市外资企业全年亏损额就达 93 亿元。令人不解的是，许多外资企业经营状况良好，账面却连年亏损；尽管持续亏损，但这些企业却越战越勇，不断扩大在华投资规模。

如果以下陈述为真，则哪一项能够最好地解释上述看似矛盾的现象？

A. 在亏损的外资企业中，有一小部分属于经常性亏损。

B. 许多亏损的外资企业是国际同行业中的佼佼者。

C. 目前全球业界公认，到中国投资有可能获得更多的利润。

D. 许多“亏损”的外资企业将利润转移至境外，从而逃避中国的企业所得税。

E. 外资企业的亏损原因很复杂。

17. 胡品：谁也搞不清甲型流感究竟是怎样传入中国的，但它对我国人口稠密地区经济发展的负面影响是巨大的。如果这种疫病在今秋继续传播蔓延，那么国民经济的巨大损失将是不可挽回的。

吴艳：所以啊，要想挽回这种损失，只需要阻止疫病的传播就可以了。

以下哪项陈述与胡品的断言一致而与吴艳的断言不一致？

A. 疫病的传播被阻断而国民经济遭受了不可挽回的损失。

B. 疫病继续传播蔓延而国民经济遭受了不可挽回的损失。

C. 疫病的传播被阻断而国民经济没有遭受不可挽回的损失。

D. 疫病的传播被控制在一定范围内而国民经济没有遭受不可挽回的损失。

E. 疫病继续传播蔓延而国民经济没有遭受不可挽回的损失。

18. 最近，一些儿科医生声称，狗最倾向于咬 13 岁以下的儿童。他们的论据是：被狗咬伤而前来就医的大多是 13 岁以下的儿童。他们还发现，咬伤患儿的狗大多是雄性德国牧羊犬。

如果以下陈述为真，则哪一项最能严重地削弱儿科医生的结论？

A. 被狗咬伤并致死的大多数人，其年龄都在 65 岁以上。

B. 被狗咬伤的 13 岁以上的人大多数不去医院就医。

C. 许多被狗严重咬伤的 13 岁以下儿童是被雄性德国牧羊犬咬伤的。

D. 许多 13 岁以下被狗咬伤的儿童就医时病情已经恶化了。

E. 女童比男童更易于被狗咬伤。

19. 美国 2006 年人口普查显示，男婴与女婴的比例是 51∶49；等到这些孩子长到 18 岁时，性别比例却发生了相反的变化，男女比例是 49∶51。而在 25 岁到 34 岁的单身族中，性别比例严重失调，男女比例是 46∶54。美国越来越多的女性将面临找对象的压力。

如果以下陈述为真，则哪一项最有助于解释上述性别比例的变化？

A. 在 40～69 岁的美国女人中，约有四分之一的人正在与比她们至少小 10 岁的男人约会。

B. 2005 年，单身女子是美国的第二大购房群体，其购房量是单身男子购房量的 2 倍。

C. 在青春期，因车祸、溺水、犯罪等而死亡的美国男孩远远多于美国女孩。

D. 1970 年，美国约有 30 万桩跨国婚姻；到 2005 年增加 10 倍，占所有婚姻的 5.4%。

E. 人口普查的数据来源应当涉及全美国。

20. 父母不可能整天与他们的未成年孩子待在一起。即使他们能够这样做，他们也并不总是能够阻止他们的孩子去做可能伤害他人或损坏他人财产的事情。因此，父母不应因为他们的未成年孩子所犯的过错而受到指责和惩罚。
如果以下一般原则成立，则哪一项最有助于支持上面论证中的结论？
A. 未成年孩子所从事的所有活动都应该受到成年人的监管。
B. 在司法审判体系中，应该像对待成年人一样对待未成年孩子。
C. 父母应当保护子女的人身权不受侵害。
D. 父母有责任教育他们的未成年孩子去分辨对错。
E. 人们只应该对那些他们能够加以控制的行为承担责任。

21. 老爸：在学校谈女朋友了吧？
儿子：没有。
老爸：电脑怎么没带回来？
儿子：放学校了。
老爸：该不是你女朋友在玩吧？
儿子：瞎说，她自己有。
以下哪项最为恰当地概括了题干中老爸的提问和儿子的回答中存在的不当？
A. 老爸的提问以势压人，儿子的回答避重就轻。
B. 老爸的提问捕风捉影，儿子的回答转移话题。
C. 老爸的提问强词夺理，儿子的回答模棱两可。
D. 老爸的提问不当预设，儿子的回答自相矛盾。
E. 老爸的提问非黑即白，儿子的回答自相矛盾。

22. 刘易斯、汤姆逊、萨利三人被哈佛大学、加利福尼亚大学和麻省理工学院录取。对他们分别被哪个学校录取，邻居们作了如下猜测：
邻居A：刘易斯被加利福尼亚大学录取，萨利被麻省理工学院录取。
邻居B：刘易斯被麻省理工学院录取，汤姆逊被加利福尼亚大学录取。
邻居C：刘易斯被哈佛大学录取，萨利被加利福尼亚大学录取。
结果，邻居们的猜测各对了一半。
那么，他们的录取情况是：
A. 刘易斯、汤姆逊、萨利分别被哈佛大学、加利福尼亚大学和麻省理工学院录取。
B. 刘易斯、汤姆逊、萨利分别被加利福尼亚大学、麻省理工学院和哈佛大学录取。
C. 刘易斯、汤姆逊、萨利分别被麻省理工学院、加利福尼亚大学和哈佛大学录取。
D. 刘易斯、汤姆逊、萨利分别被哈佛大学、麻省理工学院和加利福尼亚大学录取。
E. 刘易斯、汤姆逊、萨利分别被加利福尼亚大学、哈佛大学和麻省理工学院录取。

23. 一位花匠从七种花P、Q、R、S、T、U、V中选择五种，任何五种花的组合必须满足以下条件：
（1）如果选用P，那么不能选用T；
（2）如果选用Q，那么也必须选用U；
（3）如果选用R，那么也必须选用T。
以下哪项是可以接受的花的选择组合？

A. P、Q、S、T、U。　B. P、Q、R、U、V。　C. Q、R、S、U、V。

D. Q、R、S、T、U。　E. Q、R、S、T、V。

24. 没有人想死。即使是想上天堂的人，也不想搭乘死亡的列车到达那里。然而，死亡是我们共同的宿命，没有人能逃过这个宿命，而且也理应如此。因为死亡很可能是生命独一无二的最棒发明，它是生命改变的原动力，它清除老一代的生命，为新一代开道。

如果以上陈述为真，则下面哪一项陈述必定为假？

A. 所有人都不能逃过死亡的宿命。

B. 人并不都能逃过死亡的宿命。

C. 并非人都不能逃过死亡的宿命。

D. 张博不能逃过死亡的宿命。

E. 并非所有人都能逃过死亡的宿命。

25. 未来的中国，将是一个更加开放包容、文明和谐的国家。一个国家、一个民族，只有开放包容，才能发展进步。唯有开放，先进和有用的东西才能进得来；唯有包容，吸收借鉴优秀文化，才能使自己充实和强大起来。

如果以上说法为真，那么以下哪项陈述一定为假？

A. 一个国家或民族，即使不开放包容，也能发展进步。

B. 一个国家或民族，如果不开放包容，它就不能发展进步。

C. 一个国家或民族，如果要发展进步，它就必须开放包容。

D. 一个国家或民族，即使开放包容，也可能不会发展进步。

E. 一个国家或民族，如果包容，就能使自己充实和强大起来。

26. 自从 1989 年阿拉斯加埃克森油轮灾难和 1991 年中东战争以来，航空油料的价格已经巨幅上涨。在同一时期内，几种石油衍生品的价格也大幅上扬。这两个事实表明：航空油料是石油衍生品。

以下哪项陈述最好地评价了上述论证？

A. 好的思维，因为航空油料是石油衍生品。

B. 坏的思维，没有精确地陈述所有的事实。

C. 坏的思维，同一时期内食品价格也上涨了，但这不能证明航空油料是食品。

D. 坏的思维，给定关于石油衍生品的事实，不能得出关于航空油料的任何结论。

E. 坏的思维，航空油料不是石油衍生品。

27 ~ 30 题基于以下题干：

某企业评选年度优秀职员，J、K、L、M、N、O、P 七位候选人按得票的多少排序，得票最多的名列第一。每人得的票数均不同。

J 的票数比 O 多；O 的票数比 K 多；K 的票数比 M 多；N 不是最后一名；P 的票数比 L 少，但是比 N 多，也比 O 多。

27. 以下哪项从第一名到最后一名的排序不违反条件？

A. J、L、P、N、K、O、M。　B. J、L、P、O、K、M、N。

C. L、P、J、N、O、K、M。　D. L、P、N、O、J、K、M。

E. O、L、P、N、J、K、M。

28. 如果 P、O、K 的排名连续，则以下哪项一定为假？

A. J 的票数比 L 多。

B. J 的票数比 P 多。

C. N 的票数比 O 多。

D. N 的票数比 M 多。

E. L 的票数比 K 多。

29. 最多几人可能是前三名？

A. 3。 B. 4。 C. 5。 D. 6。 E. 7。

30. 如果 P 的票数比 J 多，则最多有几个人的排名可以确定？

A. 2。 B. 3。 C. 4。 D. 5。 E. 6。

管理类联考综合（199）逻辑冲刺模考题卷5

（说明：参加管理类联考的同学，请模考本卷全部题目，限时60分钟；参加396经济类联考的同学，请模考本卷1～20题，限时40分钟。）

逻辑推理：第1～30小题，每小题2分，共60分。下列每题所给出的A、B、C、D、E五个选项中，只有一项是符合试题要求的。请在答题卡上将所选项的字母涂黑。

1～2题基于以下题干：

在第16届喀山世界游泳锦标赛中，宁泽涛以47秒84夺得男子100米自由泳决赛冠军，获得本人首枚世锦赛金牌。对此，网友评论不一。

张珊：宁泽涛今晚只是运气好而已，他今天游了47秒84，但这只是一个很一般的成绩，他去年曾经游过46秒9的成绩。

李思：我不同意。这就像一个人718分拿了高考状元，但你却说他考得不好，因为他在一次模考中曾经考过725分。

1. 以下哪项最为确切地概括了李思的反驳所运用的方法？
   A. 提出了一个比对方更有力的证据。
   B. 运用一个反例，质疑对方的论据。
   C. 提出了一个反例来反驳对方的一般性结论。
   D. 构造了一个和对方类似的论证，但这个论证的结论显然是不可接受的。
   E. 指出对方对所引用数据的解释有误，即使这些数据自身并非不准确。

2. 以下哪项最为恰当地概括了张珊和李思争论的焦点？
   A. 高考状元是否真的优秀？
   B. 宁泽涛是否是最优秀的运动员？
   C. 张珊论据所引用的数据是否准确？
   D. 是否应该通过历史成绩来断定运动员的大赛表现？
   E. 张珊对宁泽涛的评价是否合理？

3. 《乐记》和《系辞》中都有“天尊地卑”“方以类聚，物以群分”等文句，由于《系辞》的文段写得比较自然，一气呵成，而《乐记》则显得勉强生硬，分散拖沓。所以，一定是《乐记》沿袭或引用了《系辞》的文句。
   以下哪项陈述如果为真，则能最有力地削弱上述论证的结论？
   A. 经典著作的形成通常都经历了一个由不成熟到成熟的漫长过程。
   B. 《乐记》和《系辞》都是儒家的经典著作，成书年代尚未确定。

C. “天尊地卑”在比《系辞》更古老的《尚书》中被当作习语使用过。

D.《系辞》以“礼”为重来讲“天地之别”，《乐记》以“乐”为重来讲“天地之和”。

E. 著名史学家张教授指出，要确定《乐记》是否沿袭或引用了《系辞》，需要更多证据。

4. 某发展中国家所面临的问题是，要维持它的经济发展，必须不断加强国内企业的竞争力；要保持社会稳定，必须不断建立健全养老、医疗、失业等社会保障体系。而要建立健全社会保障体系，则需要企业每年为职工缴纳一定比例的社会保险费。如果企业每年为职工缴纳这样比例的社会保险费，则会降低企业的竞争力。

以下哪项结论可以从上面的陈述中推出？

A. 这个国家或者无法维持它的经济发展，或者不能保持它的社会稳定。

B. 这个国家或者可以维持它的经济发展，或者可以保持它的社会稳定。

C. 如果降低企业每年为职工缴纳社会保险费的比例，则可以保持企业的竞争力。

D. 这个国家的经济发展会受到一定影响。

E. 这个国家有的企业会选择放弃为职工缴纳社会保险费。

5. 甲、乙、丙、丁四人涉嫌某案被传讯。

甲说：“作案者是乙。”

乙说：“作案者是甲。”

丙说：“作案者不是我。”

丁说：“作案者在我们四人中。”

如果四人中有且只有一个说真话，则以下哪项断定成立？

A. 作案者是甲。

B. 作案者是乙。

C. 作案者是丙。

D. 甲、乙、丙、丁四人都不是作案者。

E. 题干中的条件不足以断定谁是作案者。

6. S 城的人非常喜欢喝酒，经常出现酗酒闹事事件，影响了 S 城的治安环境。为了改善城市的治安环境，市政府决定：减少 S 城烈酒的产量。

以下哪项最能对市政府的决定进行质疑？

A. 影响了 S 城治安环境的不仅仅是酗酒闹事。

B. 有些喝低度酒的人也酗酒闹事。

C. S 城市场上的烈酒大多数来自其他城市。

D. S 城的经济收入主要来源于烈酒生产。

E. 喜欢喝酒是 S 城人的传统习惯。

7. 在最近召开的关于北海环境污染问题的会议上，大多数与会国都同意对流入北海的水质采取统一的质量控制，不管环境污染是否是因为某一特定流入源造成的。当然，为了避免过分僵化的控制，____________________

为完成上述段落，横线的部分补充以下哪项最为合适？

A. 采用的任何统一控制办法都必须施行不误。

B. 受控制的任何物质必须是确实产生环境危害的。

C. 那些同意统一质量控制的国家是那些排放量很大的国家。

D. 那些将被控制的污染物质，目前在北海已经有了。

E. 北海已遭受的环境危害是可恢复的。

8. 大学生小王参加研究生入学考试，一共考了四门科目：政治、英语、专业科目一、专业科目二。政治和专业科目一的成绩之和与另外两门科目的成绩之和相等。政治和专业科目二的成绩之和大于另外两门科目的成绩之和。专业科目一的成绩比政治和英语两门科目的成绩之和还高。

根据以上条件可以推断，小王四门科目的成绩从高到低的排列顺序是：

A. 专业科目一、专业科目二、英语、政治。

B. 专业科目二、专业科目一、政治、英语。

C. 专业科目一、专业科目二、政治、英语。

D. 专业科目二、专业科目一、英语、政治。

E. 政治、英语、专业科目一、专业科目二。

9. 当代商城年终特别奖的评定结果即将揭晓。该商城营业部的四位职工在对本部门的评定结果进行推测。

张艳说："如果营业部经理能评上，那么李霞也能评上。"

李霞说："我看我们营业部没人能评上。"

于平说："我看营业部经理评不上。"

赵蓉说："恕我直言，我看李霞评不上，但营业部经理能评上。"

结果证明，四位职工中只有一人的推测成立。

如果上述断定是真的，则以下哪项也一定是真的？

A. 张艳的推测成立。

B. 李霞的推测成立。

C. 如果李霞评不上年终特别奖，则赵蓉的推测成立。

D. 赵蓉的推测成立。

E. 如果李霞评不上年终特别奖，则张艳的推测成立。

10. 在美国，企业高级主管和董事们买卖他们手里的本公司股票是很普遍的。一般来说，某种股票内部卖与买的比率低于 2∶1 时，股票价格会迅速上升。近些天来，虽然 MEGA 公司的股票价格一直在下跌，但公司的高级主管和董事们购进的股票却九倍于卖出的股票。

以上事实最能支持以下哪种预测？

A. MEGA 股票内部买卖的不平衡今后还将增大。

B. MEGA 股票的内部购买会马上停止。

C. MEGA 股票的价格会马上上涨。

D. MEGA 股票的价格会继续下降，但速度放慢。

E. MEGA 股票的大部分仍将由其高级主管和董事们持有。

11. 中国人仇富，居然有那么多人为骗子说话，只因为他们骗的是富人，我敢断定，那些骂富人的人，每天都在梦想成为富人。如果他们有机会成为富人，未必就比他们所骂的人干净。况且，并非所有的富人都为富不仁，至少我周围有的富人就不是，我看到他们辛勤工作且有慈悲心怀。——有网友对达芬奇家具造假事件的网上评论如是说。

根据该网友的说法，不能合逻辑地确定以下哪项申述的真假？

A. 有的仇富者是中国人。

B. 有的富人并非为富不仁。

C. 那些每天都在梦想成为富人的人却在骂富人。

D. 有的辛勤工作且有慈悲心怀的人是富人。

E. 有的中国人仇富。

12. 在许多鸟群中，首先发现捕食者的鸟会发出警戒的叫声，于是鸟群散开。有一种理论认为，发出叫声的鸟通过将注意力吸引到自己身上而拯救了同伴，即为了鸟群的利益而自我牺牲。

以下哪项如果为真，则最能直接削弱上述结论？

A. 许多鸟群栖息时，会有一些鸟轮流负责警戒，危险来临时发出叫声，以此增加群体的生存机会。

B. 喊叫的鸟想找到更为安全的位置，但是不敢擅自打破原有的队形，否则捕食者会发现脱离队形的单个鸟。

C. 危险来临时，喊叫的鸟和同伴相比可能处于更安全的位置，它发出喊叫是为了提醒它的伴侣。

D. 鸟群之间存在亲缘关系，同胞之间有相同的基因，喊叫的鸟虽然有可能牺牲自己，却可以挽救更多的同胞，从而延续自己的基因。

E. 鸣叫的鸟可能只是因为发现了捕食者而感到惊恐。

13. 某国H省为农业大省，94%的面积为农村地区；H省也是城市人口最集中的大省，70%的人口为城市居民。就城市人口占全省总人口的比例而言，H省是全国最高的。

上述断定最能支持以下哪项结论？

A. H省人口密度在全国所有省份中最高。

B. 全国没有其他省份比H省有如此少的地区用于城市居民居住。

C. 近年来，H省的城市人口增长率明显高于农村人口增长率。

D. H省农村人口占全省总人口的比例在全国是最低的。

E. H省大部分土地都不适合城市居民居住。

14. 绝大多数慷慨的父母是好父母，但是一些自私自利的父母也是好父母。然而，所有好父母都有一个特征：他们都是好的听众。

如果上面段落里的所有陈述都是正确的，则下面哪一项也必然正确？

A. 所有是好的听众的父母是好父母。

B. 一些是好的听众的父母不是好父母。

C. 绝大多数是好的听众的父母是慷慨大方的。

D. 一些是好的听众的父母是自私自利的。

E. 自私自利的父母中是好的听众的人数比慷慨的父母中的少。

15. 有专家建议，为盘活土地资源、有效保护耕地，让农民像城市人一样住进楼房是个不错的选择，这样就可以将农民现有的住房“叠起来”，从而节省大量土地资源。

以下哪项如果为真，则最能削弱上述专家的观点？

A. 由于农民的生产、生活习惯，他们大多表示不愿住楼房。

B. 建楼房消耗的资源与现建有的农民住房消耗的资源差不多。

C. 大部分农民表示，即使搬进楼房居住，他们也不会将现有的房子拆掉。

D. 农民住进楼房后远离田地，影响农业生产，会从效益上降低土地资源的利用。

E. 新建楼房需要消耗大量资金，这会给政府财政造成负担。

16. 古罗马的西塞罗曾说："优雅和美不可能与健康分开。"意大利文艺复兴时代的人道主义者洛伦佐·巴拉强调说，健康是一种宝贵的品质，是"肉体的天赋"，是大自然的恩赐。他写道："很多健康的人并不美，但是没有一个美的人是不健康的。"

以下各项都可以从洛伦佐·巴拉的论述中推出，除了：

A. 有些不美的人是健康的。

B. 有些美的人不是健康的。

C. 有些健康的人是美的。

D. 没有一个不健康的人是美的。

E. 不可能美但是不健康。

17. 机场候机大厅里有三位乘客坐在椅子上聊天。坐在左边座位的乘客要去法国，中间座位的乘客要去德国，右边座位的乘客要去英国。要去法国的乘客说："我们三人这次旅行的目的地恰好是我们三人的祖国，可我们每个人的目的地又不是自己的祖国。"德国人听了，无限感慨地回应说："我离开家乡很多年了，真想回去看看。"

根据题干可以推知，以下哪项判断是正确的？

A. 中间座位的乘客是英国人。

B. 中间座位的乘客是法国人。

C. 德国人坐在最左边。

D. 英国人坐在最右边。

E. 最右边的乘客是法国人。

18. 淮州市的发展前景不容乐观，它的发展依赖于工业，工业为居民提供岗位和工资，而它的自然环境保护则取决于消除工业污染，工业污染危及它的空气、水和建筑。不幸的是，它的工业不可避免地产生污染。

如果以上所说的都是真的，则它们能最有力地支持下面哪项陈述？

A. 淮州市的生活质量只取决于它的经济增长和自然生存环境。

B. 淮州市一定会遇到经济发展停滞或自然环境恶化的问题。

C. 近年来淮州市的经济环境已经恶化。

D. 淮州市空气、水和建筑物的污染主要是化工企业造成的。

E. 淮州市的污染将不可避免。

19. 在经济全球化的今天，西方的文化经典与传统仍在生存和延续。在美国，总统手按着《圣经》宣誓就职，小学生每周都要手按胸口背诵"一个在上帝庇护下的国家"的誓言。而在中国，小学生早已不再读经，也没有人手按《论语》宣誓就职，中国已成为一个几乎将文化经典与传统丧失殆尽的国家。

以下哪项陈述是上面论证所依赖的假设？

A. 随着科学技术的突飞猛进，西方的文化经典与传统正在走向衰落。

B. 中国历史上的官员从来没有手按某一部经典宣誓就职的传统。

C. 小学生读经是一个国家和民族保持文化经典与传统的象征。

D. 一个国家和民族的文化经典与传统具有科学难以替代的作用。

E. 传统文化的丧失往往会导致一系列的社会问题，例如犯罪率提高。

20. 长期以来，在床上抽烟是家庭火灾的主要原因。尽管在过去 20 年中，抽烟的人数显著下降，但死于家庭火灾的人数却没有显著减少。

如果以下陈述为真，都有助于解释上述看似矛盾的陈述，除了：

A. 床上抽烟的人通常烟瘾很大，与那些不在床上抽烟的人相比，他们更不可能戒烟。

B. 过去20年中人口密度一直在增加，现在一次家庭火灾造成的死亡人数比20年前的多。

C. 由床上抽烟引起的火灾通常发生在房主入睡之后。

D. 与其他类型的家庭火灾相比，床上抽烟引起的家庭火灾造成的损失通常较小。

E. 现代家庭中的木质家具和家用电器等易燃物增加，更容易引起严重后果。

21. 今年上半年，北京凯华出租汽车公司接到的乘客投诉电话是北京安达出租汽车公司的2倍，这说明安达出租汽车公司比凯华出租汽车公司的管理更规范，服务质量更高。

如果以上陈述为真，则以下哪一项最能支持上述结论？

A. 凯华出租汽车公司的投诉电话号码数不如安达出租汽车公司的多。

B. 凯华出租汽车公司的投诉电话数量比安达出租汽车公司上升得快。

C. 安达出租汽车公司的在运营车辆是凯华出租汽车公司的2倍。

D. 打给凯华出租汽车公司的投诉电话通常比打给安达出租汽车公司的投诉电话时间更长。

E. 有的顾客在遭遇较差的服务时，不会投诉。

22. 在奥运会110米跨栏比赛中，刘翔获得冠军，并打破奥运会纪录，平了世界纪录。他在面对记者时说："谁说亚洲人不能成为短跑王？只要有我在！你相信我！""谁说亚洲人不能进短跨前八，我非要拿个冠军！相信在我身上会发生更多的奇迹，你们要相信我！""黑人运动员已经在这个项目上垄断了很多年了。黄皮肤的运动员不能老落在黑人运动员后面，从我开始，一个新的篇章就要开启了！"

刘翔夺冠的事实以及他的话不构成对下面哪个断言的反驳？

A. 只有黑人运动员才能成为田径直道冠军。

B. 所有短跑王都不是黄皮肤选手。

C. 大部分田径冠军是黑人运动员。

D. 如果谁是短跑王，谁就具有非洲黑人血统。

E. 田径直道冠军或者是非洲选手，或者是欧洲选手，或者是美洲选手。

23. 有一个袋子里装有红、白、黑三种颜色的球，共100只。

甲说："袋子里至少有一种颜色的球少于33只。"

乙说："袋子里至少有一种颜色的球不少于33只。"

丙说："袋子里任何两种颜色的球的总和不超过99只。"

以下哪项结论成立？

A. 甲、乙、丙的看法都正确。

B. 甲和丙的看法正确，乙的看法不正确。

C. 乙和丙的看法正确，甲的看法不正确。

D. 甲和乙的看法正确，丙的看法不正确。

E. 甲、乙、丙的看法都不正确。

24. 一项调查表明，一些新闻类期刊每一份杂志平均有4~5个读者。由此可以推断，在《诗刊》12 000 个订户的背后有 48 000 ~ 60 000 个读者。

下列哪项是上述估算的前提？

A. 大多数《诗刊》的读者都是该刊物的订户。

B. 《诗刊》的读者与订户的比例与文中提到的新闻类期刊的读者与订户的比例相同。

C. 读者通常都喜欢阅读一种以上的刊物。

D. 新闻类期刊的读者数与《诗刊》的读者数相近。

E. 大多数期刊订户都喜欢把自己的杂志与同事、亲友共享。

25. 近年来，我国的房价一路飙升。2007 年 8 月国务院决定通过扩大廉租住房制度的保障范围来解决城市 1 000 万户低收入家庭的住房问题。为实现这一目标，需要政府发放租赁或补贴或提供廉租住房，而要建设住房，则需要土地和资金。一位记者以《低收入家庭跨入廉租房时代》为题进行报道，这表明他对实现这一目标有信心。

以下各项如果为真，都能增强这位记者的信心，除了：

A. 即使在发达国家，大部分低收入家庭也是靠租房而不是买房来解决居住问题。

B. 国务院要求地方政府将廉租住房保障资金纳入地方财政年度预算，对于中西部财政困难地区，中央财政给予支持。

C. 国土资源部要求各地国土资源管理部门优先安排解决廉租住房的用地。

D. 国务院要求地方政府至少要将土地出让净收益的 10% 用于廉租住房保障资金。

E. 人民代表大会通过一项决议，对于建造廉租房的开发商，有税收减免的政策。

26 ~ 29 题基于以下题干：

在一次魔术表演中，从七位魔术师——G、H、K、L、N、P 和 Q 中，选择 6 位上场表演，表演时分成两队：1 队和 2 队。每队有前、中、后三个位置，上场的魔术师恰好每人各占一个位置，魔术师的选择和位置安排必须符合下列条件：

（1）如果安排 G 或 H 上场，他们必须在前位；

（2）如果安排 K 上场，他必须在中位；

（3）如果安排 L 上场，他必须在 1 队；

（4）P 和 K 都不能与 N 在同一个队；

（5）P 不能与 Q 在同一个队；

（6）如果 H 在 2 队，则 Q 在 1 队的中位。

26. 以下哪项列出的是 2 队上场表演可接受的安排？

A. 前：H；中：P；后：K。

B. 前：H；中：L；后：N。

C. 前：G；中：Q；后：P。

D. 前：G；中：Q；后：N。

E. 前：H；中：Q；后：N。

27. 如果 H 在 2 队，则下列哪项列出的是 1 队可以接受的上场表演安排？

A. 前：L；中：Q；后：N。

B. 前：G；中：K；后：N。

C. 前：L；中：Q；后：G。

D. 前：G；中：K；后：L。

E. 前：P；中：Q；后：G。

28. 如果 G 在 1 队，则以下哪一对魔术师可以在 1 队？

A. K 和 L。 B. K 和 P。 C. L 和 N。 D. L 和 Q。 E. H 和 P。

29. 如果G在1队并且K在2队，则下列哪个魔术师一定在2队的后位？

A. L。 B. N。 C. P。 D. Q。 E. H。

30. 去年，冈比亚从第三世界国际基金会得到了25亿美元的贷款，它的国民生产总值增长了5%；今年，冈比亚向第三世界国际基金会提出两倍于去年的贷款要求，它的领导人并因此期待今年的国民生产总值将增加10%。但专家认为，即使上述贷款要求得到满足，冈比亚领导人的期待也很可能落空。

以下哪项如果为真，则将支持专家的意见？

Ⅰ. 去年该国5%的GNP增长率主要得益于农业大丰收，而这又主要是难得的风调雨顺所致。

Ⅱ. 冈比亚的经济还未强到足以每年吸收30亿美元以上的外来资金。

Ⅲ. 冈比亚不具备足够的重工业基础以支持每年6%以上的GNP增长率。

A. 仅Ⅰ。 B. 仅Ⅱ。 C. 仅Ⅰ和Ⅱ。

D. 仅Ⅱ和Ⅲ。 E. Ⅰ、Ⅱ和Ⅲ。

管理类联考综合（199）逻辑冲刺模考题卷 6

（说明：参加管理类联考的同学，请模考本卷全部题目，限时 60 分钟；参加 396 经济类联考的同学，请模考本卷 1～20 题，限时 40 分钟。）

逻辑推理：第 1～30 小题，每小题 2 分，共 60 分。下列每题所给出的 A、B、C、D、E 五个选项中，只有一项是符合试题要求的。请在答题卡上将所选项的字母涂黑。

1. 有两类恐怖故事：一类描写疯狂科学家的实验，一类讲述凶猛的怪兽。在关于怪兽的恐怖故事中，怪兽象征着主人公心理的混乱。关于疯狂科学家的恐怖故事则典型地表达了作者的感受：仅有科学知识不足以指导人类的探索活动。尽管有这些区别，但这两类恐怖故事仍具有如下共同特点：它们描述了违反自然规律的现象，它们都想使读者产生恐惧感。

   如果以上陈述为真，则以下哪一项一定为真？

   A. 对怪兽的所有描写都描述了违反自然规律的现象。

   B. 某些运用了象征手法的故事描述了违反自然规律的现象。

   C. 大部分关于疯狂科学家的故事表达了作者反科学的观点。

   D. 任何种类的恐怖故事都描写了心理混乱的人物。

   E. 关于科学家的故事都表达了作者对于科学探索的担忧。

2. 革命根据地等叫做“红色景点”，到红色景点参观叫做“红色旅游”。浙江省长兴县新四军苏浙军区纪念馆以前收费卖门票时游客非常多，去年 7 月按省文物局规定免费开放后却变得冷冷清清。全国不少红色景点都出现了类似的尴尬局面。

   以下哪项陈述如果为真，则能够最好地解释上述奇怪的现象？

   A. 很多游客为上海世博会所吸引。

   B. 一些红色景点的公共设施比较落后，服务质量不高。

   C. 国家六部委号召免费开放红色景点，旨在取消价格门槛，让更多的人接受红色教育。

   D. 大部分游客通过旅行社的安排进行红色旅游，而旅行社的大部分盈利来自门票提成。

   E. 参观红色景点的游客有不少是学校组织的教师和学生。

3. 有三户人家，每家有一个孩子，他们的名字是：小萍（女）、小红（女）、小虎（男）。孩子的爸爸是老王、老张和老陈，妈妈是刘蓉、李玲和方丽。对于这三家人，已知：

   （1）老王家和李玲家的孩子都参加了少年女子游泳队；

   （2）老张的女儿不是小红；

   （3）老陈和方丽不是一家。

依据以上条件可以推知，下面哪项判断是正确的？

A. 老王、刘蓉和小萍是一家。
B. 老张、李玲和小红是一家。
C. 老陈、方丽和小虎是一家。
D. 老王、方丽和小红是一家。
E. 老陈、刘蓉和小红是一家。

4. 20 世纪初的政治哲学家中不乏社会主义者和共产主义者，这类政治哲学家无一不受到罗莎·卢森堡的影响。而受罗莎·卢森堡影响的人都不主张极权主义。

如果上述断定为真，则以下哪项一定为真？

Ⅰ. 20 世纪初的社会主义政治哲学家都不主张极权主义。

Ⅱ. 20 世纪初不主张极权主义的政治哲学家都受罗莎·卢森堡的影响。

Ⅲ. 20 世纪初受罗莎·卢森堡影响的政治哲学家或者是社会主义者，或者是共产主义者。

A. 只有Ⅰ。
B. 只有Ⅱ。
C. 只有Ⅲ。
D. 只有Ⅰ和Ⅱ。
E. Ⅰ、Ⅱ和Ⅲ。

5. 交管局要求司机在通过某特定路段时，在白天也要像晚上一样使用大灯，结果发现这条路上的年事故发生率比从前降低了 15%。他们得出结论说，在全市范围内都推行该项规定会同样地降低事故发生率。

以下哪项如果为真，则最能支持上述论断？

A. 该测试路段在选取时包括了在该市驾车时可能遇见的多种路况。
B. 由于可以选择其他路线，因此所测试路段的交通量在测试期间减少了。
C. 在某些条件下，包括有雾和暴雨的条件下，大多数司机已经在白天使用了大灯。
D. 司机们对在该测试路段使用大灯的要求的了解来自在每个行驶方向上的三个显著的标牌。
E. 该特定路段由于附近山群遮挡，导致白天能见度非常低。

6. 某著名画家新近谈道：我年纪大了，却整天忙活，没时间去想死，也没心思去想。再说了，死就死呗，又不是只有我一个人死，别人都不死。李白死了，苏东坡死了，曹雪芹也死了，也没怎么样，只不过后人在读他们的作品而已。

从该画家的话中，只能合乎逻辑地推出下面哪个陈述？

A. 除该画家之外的其他人也都会死。
B. 该画家会死。
C. 并非有的人不会死。
D. 如果该画家会死，至少有些别的人也会死。
E. 所有人都会死。

7. 美国斯坦福大学梅丽莎·莫尔博士在《天哪：脏话简史》一书中谈到一个有趣的现象：有些患阿尔茨海默症或中过风的病人在彻底丧失语言能力后，仍能反复说出某个脏话。这不免令人感到困惑：难道说脏话不是在说话吗？

如果以下陈述为真，则哪一项能最好地解释上述现象？

A. 在约 100 万个英语单词中，尽管只有十多个是脏话，但它们的使用频率非常高。
B. 脑科学家的研究证实，人的精神能够在生理学的意义上改变身体状态。
C. 脏话是最能表达极端情绪的词语，说脏话能减轻压力并有助于忍受疼痛。
D. 有时候说脏话不仅是骂人，也是对情绪的发泄。

E. 一般的词语被保存在控制自主行为和理性思考的大脑上层区域，而脏话被保存在负责情绪和本能反应的大脑下层区域。

8. 在某餐馆中，所有的菜或属于川菜系或属于粤菜系，张先生的菜中有川菜，因此张先生的菜中没有粤菜。

以下哪项最能增强上述论证？

A. 餐馆规定，点粤菜就不能点川菜，反之亦然。

B. 餐馆规定，如果点了川菜，可以不点粤菜，但点了粤菜，一定也要点川菜。

C. 张先生是四川人，只喜欢川菜。

D. 张先生是广东人，他喜欢粤菜。

E. 张先生是四川人，最不喜欢粤菜。

9. 有人说：“哺乳动物都是胎生的。”

以下哪项最能驳斥上述判断？

A. 也许有的非哺乳动物是胎生的。

B. 可能有的哺乳动物不是胎生的。

C. 没有见到过非胎生的哺乳动物。

D. 非胎生的动物不大可能是哺乳动物。

E. 鸭嘴兽是哺乳动物，但不是胎生的。

10. 某地住着甲、乙两个部落，甲部落总是讲真话，乙部落总是讲假话。一天，一个旅行者来到这里，碰到一个土著人 A。旅行者就问他：“你是哪一个部落的人？” A 回答说：“我是甲部落的人。” 这时，又过来一个土著人 B，旅行者就请 A 去问 B 属于哪一个部落。A 问过 B 后，回来对旅行者说：“他说他是甲部落的人。”

从题干可以推知，下面关于 A、B 所属部落的断定哪一项是正确的？

A. A 是甲部落，B 是乙部落。

B. A 是乙部落，B 是甲部落。

C. A 是甲部落，B 所属部落不明。

D. A 所属部落不明，B 是乙部落。

E. A、B 所属部落不明。

11. 张珊：尽管本地区几年来中学招生人数持续下降，但是小学招生人数却在大幅增加。因此，地区校务委员会提出建造一所新的小学。

李思：另一个方案可以是将一些中学教室临时改为小学学生教室。

下面哪项如果正确，则最有助于支持李思的可替换方案？

A. 一些中学教室不能被改造为适合小学学生使用的教室。

B. 建造一个中学的成本比建造一个小学的成本高。

C. 虽然出生率未提高，但送孩子去本地区中学的家庭数目显著增多。

D. 中学气氛可能危及小学学生的安全和自信。

E. 即使该地区中学人数开始下降以前，有几个中学的教室也很少被使用。

12 ~ 14 题基于以下题干：

在赛马比赛中，共有 5 位骑手：G、H、I、J、K，这 5 位骑手在各自的跑道上骑的赛马分别是 5 匹马之一：P、Q、R、S、T。

已知以下信息：

（1）G 不是最先，就是最后到达终点；

（2）J总是先于K到达终点；
（3）H总是先于I到达终点；
（4）P总是最先到达终点；
（5）Q总是第二到达终点；
（6）没有并列名次出现。

12. 最多可能有几位骑手可以骑Q？

A. 1。　B. 2。　C. 3。　D. 4。　E. 5。

13. 如果K第二个且S第四个到达终点，那么以下哪项可能为假？

A. J骑的马是P。　B. H骑的马是T。　C. I骑的马是S。
D. G最后到达终点。　E. K骑的马是Q。

14. 以下哪项能够充分地确定骑手和赛马的准确顺序？

A. H骑R比I骑S领先一个名次到达终点。
B. H骑R比K骑T领先两个名次到达终点。
C. I骑R比K骑S领先一个名次到达终点。
D. J骑P比K骑S领先两个名次到达终点。
E. J骑P比H骑S领先两个名次到达终点。

15. 没有计算机能够做人类大脑所能做的一切事情，因为有些问题不能通过运行任何机械程序来解决。而计算机只能通过运行机械程序去解决问题。

以下哪项陈述是以上论述所依赖的假设？

A. 至少有一个问题，它能够通过运行机械程序来解决，却不能被任何人的大脑所解决。
B. 至少有一个问题，它不能通过运行任何机械程序来解决，却能够被至少一个人的大脑所解决。
C. 至少有一个问题，它能够通过运行任何机械程序来解决，却不能被任何人的大脑所解决。
D. 每一个问题，若能通过运行至少一套机械程序来解决，就能被每个人的大脑所解决。
E. 每一个问题，它不能通过运行任何机械程序来解决，却能够被至少一个人的大脑所解决。

16. 美国有些州的法官是通过选举产生的。选举通常需要得到利益集团的资金支持，这有可能直接或间接地影响司法公正。一项研究表明，在涉案一方是自己的竞选资助人的案件中，路易斯安那州最高法院的法官有65%的判决支持了竞选资助人。这说明，给予法官的竞选资助与有利于资助人的判决之间存在相关性。

以下哪项陈述最好地指出了上述论证中存在的问题？

A. 该论证不恰当地预设，在涉案一方是竞选资助人的案件中，支持资助人的判决比例不应超出50%。
B. 该论证未能说明竞选资助的额度对判决结果的影响。
C. 该论证忽略了以下事实：在竞选资助和司法判决完全透明的情况下，媒体对司法的监督无处不在。
D. 该论证没有给出竞选资助人在所有涉案当事人中所占的比例。
E. 在涉及竞选资助人的案件中，司法公正不仅仅体现在竞选资助人是否胜诉。

17. 某俱乐部大厅门口贴着一张通知：欢迎加入俱乐部！只要你愿意，并且通过推理取得一张申请表，就可以获得会员资格了！走进大厅看到左右各有一个箱子，左边的箱子上写着一句话："申请表不在此箱中。"右边的箱子上也写着一句话："这两句话中只有一句话是真的。"

假设介入此活动的人都具有正常的思维水平，则可推出以下哪项是真的？

A. 左边箱子上的话是真的。
B. 右边箱子上的话是真的。
C. 申请表在左边的箱子里。
D. 申请表在右边的箱子里。
E. 这两句话都是假的。

18. 罗伯特、欧文、叶赛宁都新买了汽车，汽车的牌子是奔驰、本田和皇冠。他们一起来到朋友汤姆家里，让汤姆猜猜他们三人各买的是什么牌子的车。汤姆猜道："罗伯特买的是奔驰车，叶赛宁买的肯定不是皇冠车，欧文自然不会是奔驰车。"很可惜，汤姆的这种猜法只猜对了一个。

由题干可以推知下面哪项为真？

A. 罗伯特买的是本田车，欧文买的是奔驰车，叶赛宁买的是皇冠车。
B. 罗伯特买的是奔驰车，欧文买的是皇冠车，叶赛宁买的是本田车。
C. 罗伯特买的是奔驰车，欧文买的是本田车，叶赛宁买的是皇冠车。
D. 罗伯特买的是皇冠车，欧文买的是奔驰车，叶赛宁买的是本田车。
E. 罗伯特买的是皇冠车，欧文买的是本田车，叶赛宁买的是奔驰车。

19. 1987 年以来，中国人口出生率逐渐走低，以"民工荒"为标志的劳动力短缺现象于 2004 年首次出现，劳动力的绝对数量在 2013 年左右达到峰值后将逐渐下降。今后，企业为保证用工必须提高工人的工资水平和福利待遇，从而增加劳动力成本在生产总成本中的比重。

如果以下陈述为真，则哪一项能够对上述结论构成最有力的质疑？

A. 中国社会的"老龄化"进程正在加快，相关部门提出延迟退休以解决养老金短缺问题。
B. 提高工人的工资水平和福利待遇对企业利润有一定的损害。
C. 相关部门正在研究是否应该对计划生育政策作出适当调整。
D. 企业为保持利润会想方设法降低生产成本。
E. 国内一些劳动密集型企业开始增加生产线上机器人的数量。

20. 人们一直认为管理者的决策都是逐步推理，而不是凭直觉。但是最近一项研究表明，高层管理者比中、基层管理者更多地使用直觉决策，这就证实了直觉其实比精心的、有条理的推理更有效。

以上结论是建立在以下哪项假设基础之上的？

A. 有条理的、逐步的推理对于许多日常管理决策是不适用的。
B. 高层管理者制定决策时，有能力凭直觉决策或者有条理、逐步地分析推理决策。
C. 中、基层管理者采用有条理决策和直觉决策时同样简单。
D. 高层管理者在多数情况下采用直觉决策。
E. 高层管理者的决策比中、基层管理者的决策更有效。

21. 一个地区的能源消耗增长与经济增长是呈正相关的，二者增长的幅度差通常不大于

15%。2013年，浙江省统计报告显示：该省的能源消耗增长了30%，而经济增长率却是12.7%。

以下各项如果为真，则都可能对上文中的不一致之处作出合理的解释，除了：

A. 一些地方官员为了给本地区的经济发展留点余地，低报了经济增长的数字。

B. 民营经济在浙江的经济中占的比例较大，某些民营经济的增长难以被统计到。

C. 由于能源价格的大幅上涨，浙江新投资上马的企业有90%属于低能消耗企业。

D. 由于能源价格的大幅上涨，高能耗的大型国有企业的经济增长普遍下滑。

E. 浙江省政府联合社会资本进行了大规模的投资活动，但是其能带来的经济效益需要在若干年之后才能显现。

22. 对胎儿的基因检测在道德上是错误的。人们无权只因不接受一个潜在生命体的性别，或因其有某种生理缺陷，就将其杀死。

如果以下陈述为真，则哪一项对上文中的论断提供了最强的支持？

A. 如果允许事先选择婴儿的性别，将会造成下一代性别比例失调，引发严重的社会问题。

B. 所有的人生来都是平等的，无论是男是女，也无论其身体是否有缺陷。

C. 身体有缺陷的人同样可以做出伟大贡献，例如霍金的身体状况糟糕透顶，却被誉为“当代的爱因斯坦”。

D. 女人同样可以取得优异成绩，赢得社会的尊敬。

E. 科学家已经掌握基因检测的方法。

23. 培光中学有受到希望工程捐助的学生不努力学习，这使该校所有的教师感到痛心。

已知上述断定为真，那么以下哪些断定不能确定真假？

Ⅰ. 不是所有受到希望工程捐助的学生都认真学习，使该校所有的教师感到痛心。

Ⅱ. 有些未受到希望工程捐助的学生不努力学习，并不使该校有些教师感到痛心。

Ⅲ. 有些受到希望工程捐助的学生不努力学习，并不使该校有些教师感到痛心。

A. Ⅰ、Ⅱ和Ⅲ。　　B. Ⅰ和Ⅱ。

C. 仅Ⅰ。　　D. 仅Ⅱ。

E. 仅Ⅲ。

24. 出席学术讨论会的有3个足球爱好者，4个亚洲人，2个日本人，5个商人。以上叙述涉及了所有晚会参加者，其中日本人不经商。那么，参加晚会的人数是：

A. 最多14人，最少5人。　　B. 最多14人，最少7人。

C. 最多12人，最少7人。　　D. 最多12人，最少5人。

E. 最多12人，最少8人。

25. 中国的历史上，一般都给官员比较低的薪水，这样皇帝便于控制他，因为薪水低了以后，官员肯定要贪污。皇帝就可以抓住这个把柄，想治他就治他。如果薪水高了，官员不贪污的话，皇帝就没办法治他了。

以下哪项是上述论证所依赖的假设？

A. 迫使官员贪污是皇帝控制官员最愚蠢的方法。

B. 迫使官员贪污是皇帝控制官员最廉价的方法。

C. 迫使官员贪污的皇帝是治理国家比较有效的皇帝。

D. 迫使官员贪污是皇帝控制官员最好用的方法。

E. 迫使官员贪污是皇帝控制官员的唯一方法。

26 ~ 27 题基于以下题干：

赵亮：和古代奥运会不同，现代奥运会允许专业运动员和业余运动员一起比赛。专业运动员一般都有业余运动员所缺少的物质和技术资源，特别是有些专业运动员是由国家直接培养的，这使得专业运动员和业余运动员之间的比赛事实上不平等。因此，允许专业运动员参加比赛违反奥运会的平等原则，不符合奥林匹克精神。

王宜：现代奥运会的精神是向更高的体育竞赛纪录冲击，不管此种纪录是专业还是业余运动员创造的。因此，不允许专业运动员参加奥林匹克运动会是没有道理的。

26. 以下哪项最为恰当地概括了两人的争论焦点？

A. 允许专业运动员和业余运动员一起参加比赛是否违反平等原则？

B. 专业运动员和业余运动员是否拥有同样的物质和技术资源？

C. 现代奥运会的目标是否为冲击更高的体育竞赛纪录？

D. 允许专业运动员和业余运动员一起参加比赛是否违反奥林匹克精神？

E. 专业运动员是否应该由国家直接培养？

27. 以下哪项如果为真，则最能削弱赵亮的论证？

A. 只有少数国家动用国家力量培养奥运会运动员。

B. 历届奥运会中，业余运动员的数量都明显超过专业运动员。

C. 历届奥运会中，破世界纪录的大都是业余运动员。

D. 历届奥运会中，运动员的成绩和是否拥有物质和技术资源之间没有显而易见的关系。

E. 古代奥运会没有专业运动员参赛，是因为那时候没有专业运动员。

28 ~ 30 题基于以下题干：

5 个学生 H、L、P、R 和 S 中的每一个人将在三月份恰好参观 3 个城市 M、T 和 V 中的一个城市，已知以下条件：

（1）S 和 P 参观的城市互不相同；

（2）H 和 R 参观同一座城市；

（3）L 或者参观 M 或者参观 T；

（4）若 P 参观 V，则 H 和他一起参观 V；

（5）每一个学生参观这 3 个城市中的某一个城市时，其他 4 个学生中至少有 1 个学生与他前往。

28. 关于三月份参观的城市下面哪一项可能正确？

A. H、L、P 参观 T；R、S 参观 V。

B. H、L、P、R 参观 M；S 参观 V。

C. H、P、R 参观 T；L、S 参观 M。

D. H、R、S 参观 M；L、P 参观 V。

E. H、L、P 参观 M；R、S 参观 V。

29. 若 H 和 S 一起参观了某一个城市，则下面哪一项可能正确？

A. H 和 P 参观了同一城市。

B. L 和 R 参观了同一城市。

C. P 参观 V。

D. P参观T。

E. H和L参观了同一城市。

30. 若S参观V，则关于三月份参观的城市下面哪一项一定正确？

A. H参观M。

B. L参观M。

C. P参观T。

D. L参观V。

E. L和P参观了同一座城市。

管理类联考综合（199）逻辑冲刺模考题
卷7

（说明：参加管理类联考的同学，请模考本卷全部题目，限时60分钟；参加396经济类联考的同学，请模考本卷1～20题，限时40分钟。）

逻辑推理：第1～30小题，每小题2分，共60分。下列每题所给出的A、B、C、D、E五个选项中，只有一项是符合试题要求的。请在答题卡上将所选项的字母涂黑。

1. 唐三藏一行西天取经，遇到火焰山。八戒说：“只拣无火处走便罢。”唐三藏道：“我只欲往有经处去。”沙僧道：“有经处有火。”

   如果沙僧的话为真，则以下哪一项陈述必然为真？

   A. 有些无火处有经。
   B. 有些有经处无火。
   C. 凡有火处皆有经。
   D. 凡无火处皆无经。
   E. 凡无经处皆无火。

2. 美国电动汽车Tesla使用的电池是由近7 000块松下18650型电池通过串联、并联结合在一起的大电池包。Tesla电池动力系统的安全性一直受到汽车界的质疑。一位电池专家说，18650型电池在美国的起火概率是0.002‰，那么，7 000块小电池组成的电池包的起火概率就是0.14%，以Tesla目前的销量看，这将导致它几乎每个月发生一次电池起火事故。

   如果以下陈述为真，则哪一项能最有力地削弱专家的判断？

   A. 18650型电池具有能量密度大、稳定、一致性好的特点。
   B. 全球每年生产数十亿块18650型电池，其安全级别不断提高。
   C. Tesla有非常先进的电池管理系统，会自动断开工作异常的电池单元的输出。
   D. 18650型电池可循环充电次数多，因此大大延长了电池的使用寿命。
   E. Tesla的销量没有想象中那么大。

3. 信息时代，媒体的作用不仅越来越重要，而且越来越敏感。一个优秀记者，最重要的是要实事求是。优秀的记者才能得到公众的认可。优秀的记者还要充分具备刻苦无怨的敬业精神，具备启发大众正义嗅觉的理念，正是这些崇高的职业道德和能力，支撑着优秀记者“横眉冷对千夫指，俯首甘为孺子牛”。

   如果以上陈述为真，则以下哪项陈述也一定为真？

   A. 不如实反映社会现象的记者不会被公众接受。
   B. 记者工作需要高尚的品德。
   C. 优秀记者应该对社会文明有积极导向作用。
   D. 优秀记者需要刻苦无怨的敬业精神。

E. 只要是优秀的记者就能得到公众的认可。

4.《大医精诚》一文出自中国唐朝孙思邈所著《备急千金要方》第一卷，是中医学典籍中论述医德的一篇重要文献。该文论述了一个好医生应该具有的素质：一是精，即要求医者有精湛的医术；二是诚，即要求医者有高尚的品德，具有同情仁爱救人之心。

从上文可合乎逻辑地推出以下各项陈述，除了：

A. 具有精湛医术的人是好医生。

B. 好医生应有高尚的品德。

C. 没有精湛的医术，只有高尚的品德，也不是好医生。

D. 若没有高尚的品德，就不能成为好医生。

E. 好医生应有精湛的医术。

5. 张珊、李思、王五、赵六四个人去购物，要么买了包包（钱包、背包），要么买了首饰（项链、戒指），每人只买一种。张珊和王五同时买首饰或包包，李思和赵六同时买首饰或包包。

已知下列条件：

（1）张珊没有买项链；

（2）李思没有买戒指；

（3）王五没有买钱包；

（4）赵六没有买背包。

根据以上陈述可以推知，以下哪项一定为真？

A. 赵六买了钱包。　　B. 李思没有买项链。　　C. 张珊没有买背包。

D. 张珊没有买戒指。　　E. 王五没有买背包。

6. 一个马克木留兵可以敌三个法兰西兵，一个马克木留营和一个法兰西营打个平手，一个法兰西军团可以敌五个马克木留军团。

以下哪项显然不能从上述断定中推出？

A. 整体的力量不等于各部分力量的简单相加。

B. 军事竞争不只是单个士兵战斗力和武器威力的竞争。

C. 军事谋略在战争中起着举足轻重的作用。

D. 整体的力量必然大于各部分力量的简单相加。

E. 马克木留兵的个人战斗力一般地要超过法兰西兵。

7～8题基于以下题干：

美国是当今世界上最富裕的国家，所以每一个美国人都是富人。

7. 假设以下哪项，能使上述论证成立？

Ⅰ. 世界上最富裕的国家的含义是人均收入世界上最高。

Ⅱ. 世界上最富裕的国家的含义是每个国民都是富人。

Ⅲ. 世界上最富裕的国家的含义是国民中没有赤贫者。

A. 仅Ⅰ。　　B. 仅Ⅱ。　　C. 仅Ⅲ。

D. 仅Ⅱ和Ⅲ。　　E. Ⅰ、Ⅱ和Ⅲ。

8. 为使上述论证成立，以下哪项必须假设？

Ⅰ. 世界上最富裕的国家的含义是人均收入世界上最高。

Ⅱ. 世界上最富裕的国家的含义是每个国民都是富人。

Ⅲ. 世界上最富裕的国家的含义是国民中没有赤贫者。

A. 仅Ⅰ。 B. 仅Ⅱ。 C. 仅Ⅲ。

D. 仅Ⅱ和Ⅲ。 E. Ⅰ、Ⅱ和Ⅲ。

9. 许多种属的蜘蛛通过改变它们自身的颜色来和它们所寄住的花的颜色相匹配。这些蜘蛛的捕食对象——昆虫，和人类不同，却拥有如此敏锐的分辨颜色的本领，它们能够很容易地发现经过颜色伪装的蜘蛛。因此，蜘蛛通过改变颜色伪装自己必定是为了躲避它们自己的天敌。

下面哪项如果为真，则最能有力地加强上面的推理？

A. 以这些自身会变颜色的蜘蛛为食的是一些蝙蝠，它们通过发出的声波的回音来捕食猎物。

B. 一些以这些自身会变颜色的蜘蛛为食的动物很少去捕获蜘蛛以防止自己摄入的蜘蛛毒液过量而受到损害。

C. 自身会变颜色的蜘蛛比那些缺少此能力的蜘蛛拥有更敏锐的分辨颜色的能力。

D. 自身会变颜色的蜘蛛织的蛛网很容易被它们的天敌发现。

E. 以自身会变颜色的蜘蛛为食的鸟类分辨颜色的能力并不比人类分辨颜色的能力敏锐多少。

10. 北京市为缓解交通压力实行机动车辆限行政策，每辆机动车周一到周五都要限行一天，周末不限行。某公司有 A、B、C、D、E 五辆车，保证每天至少有四辆车可以上路行驶。已知：E 车周四限行，B 车昨天限行，从今天算起，A、C 两车连续四天都能上路行驶，E 车明天可以上路。

如果以上陈述为真，则以下哪项也一定为真？

A. 今天是周二。 B. 今天是周三。 C. A 车周三限行。

D. C 车周五限行。 E. 今天是周四。

11. 学校的篮球队、排球队、乒乓球队在暑假期间训练学生的数量分别为 75、75、100 人次，而参加训练的学生总共 150 人。

之所以出现这种现象，下列的情况都是可能的，除了：

A. 有的学生参加了两项训练。

B. 有的学生参加了三项训练。

C. 参加两项训练的学生不多于 100 人。

D. 参加两项训练的学生多于 100 人。

E. 参加两项训练的学生为 50 人。

12. 市政府对震后恢复重建的招标政策是标的最低的投标人可以中标。有人认为，如果执行这项政策，一些中标者会偷工减料，造成工程质量低下。这不仅会导致追加建设资金的后果，而且会危及民众生命安全。如果我们要杜绝“豆腐渣工程”，就必须改变这种错误的政策。

以下哪项陈述如果为真，则能最有力地削弱上述论证？

A. 重建损毁的建筑的需求可以为该市居民提供许多就业机会。

B. 该市的建筑合同很少具体规定建筑材料的质量和雇工要求。

C. 该政策还包括：只有那些其标书满足严格质量标准，并且达到一定资质的建筑公司才能投标。

D. 如果建筑设计有缺陷，即使用最好的建筑材料和一流的工程质量建成的建筑也有危险。

E. 目前，暂时想不出来比招标更好的政策来解决这个问题。

13. 某百货商场的二楼是“儿童世界”，其中儿童玩具的出售依靠商场的电脑系统，实现了顾客自助，精简了员工队伍。现在，商场经理打算把此电脑系统也应用于童装的销售。
以下哪项如果成立，则可说明该百货商场将电脑系统应用于童装销售是错误的举措？

A. 玩具销售和童装销售的电脑系统所用的电脑性能相似。

B. 真正实现顾客自助不能没有计算机。

C. 应用电脑系统也需要维护人员。

D. 此百货商场的童装档次较高，大多是名牌产品。

E. 许多孩子的家长是在销售员的极力怂恿下才买童装的。

14. 中国民营企业家陈光标在四川汶川大地震发生后，率先带着人员和设备赶赴灾区实施民间救援。他曾经说过：“如果你有一杯水，你可以独自享用；如果你有一桶水，你可以存放家中；如果你有一条河流，你就要学会与他人分享。”
以下哪项陈述与陈光标的断言发生了最严重的不一致？

A. 如果你没有一条河流，你就不必学会与他人分享。

B. 我确实拥有一条河流，但它是我的，我为什么要学会与他人分享？

C. 或者你没有一条河流，或者你要学会与他人分享。

D. 如果你没有一桶水，你也不会拥有一条河流。

E. 即便我没有河流，我也应该与他人分享我的一桶水，甚至一杯水。

15. 隔壁老王买了块新手表。他把新手表与家中的挂钟对照，发现手表比挂钟一天慢了三分钟；后来他又把家中的挂钟与电台的标准时对照，发现挂钟比电台标准时一天快了三分钟。隔壁老王因此推断：他的手表是准确的。
以下哪项是对隔壁老王推断的正确评价？

A. 隔壁老王的推断是正确的，因为手表比挂钟慢三分钟，挂钟比标准时快三分钟，这说明手表准时。

B. 隔壁老王的推断是错误的，因为他不应把手表和挂钟比，应直接和标准时比。

C. 隔壁老王的推断是错误的，因为挂钟比标准时快三分钟，是标准的三分钟，手表比挂钟慢三分钟是不标准的三分钟。

D. 隔壁老王的推断既无法断定为正确，也无法断定为错误。

E. 以上说法都不正确。

16. 一项研究表明，吃芹菜有助于抑制好斗情绪。151 名女性接受了调查。在称自己经常吃芹菜的女性中，95% 称自己很少有好斗情绪，或者很少被彻底激怒。在不经常吃芹菜的女性中，53% 称自己经常有焦虑、愤怒和好斗的情绪。
以下陈述都能削弱上述的结论，除了：

A. 那些经常吃芹菜的女性更注意健身，而健身消耗掉大量体能，十分疲惫，抑制了好斗情绪。

B. 女性受访者易受暗示且更愿意合作，会有意无意地配合研究者，按他们所希望的方向去回答问题。

C. 像安慰剂有疗效一样，吃芹菜会抑制好斗情绪的说法激发了女性受访者的一系列心理和精神活动，让她们感觉不那么好斗了。

D. 芹菜具有平肝清热、除烦消肿、解毒宣肺、健胃利血、降低血压、健脑镇静之功效。

E. 该调查得到了一家蔬菜销售公司的资助。

17. 逻辑学博士后：政客宣称人们投许诺减税的候选人选票的事情表明人们想要一个比现在的政府提供更少服务的政府。如果按这样的推理思路来讲，那么在晚会上喝很多酒的人就是为了想在第二天早上出现头痛的症状。

下面哪一项可以替代上面关于人们喝很多酒的语句而不损害逻辑学博士后的推理力度？

A. 花超过他们支付能力的钱购买某件物品的人们就是想要这件物品。

B. 想找到和现在的工作不同的工作的人就是压根不想工作。

C. 想购买新车的人就是想拥有由制造厂家担保的汽车。

D. 在工作日早上，决定在床上额外多待一会的人就是想随后为了准时到达工作地点而急匆匆赶路。

E. 买彩票的人就是为了获得赢得彩票而带来的经济上的自由。

18. 去年的通货膨胀率是1.2%，今年到目前已经达到4%。因此我们可以得出结论：通货膨胀率呈上升趋势，明年的通货膨胀率会更高。

以下哪项如果为真，则最能严重地削弱上述结论？

A. 通货膨胀率是根据有代表性的经济灵敏数据样本计算的，而不是根据所有数据。

B. 去年油价下跌导致通货膨胀率暂时低于近几年来4%的平均水平。

C. 通货膨胀促使增加工人工资，而工资的增长又成为推动通货膨胀率以4%或更高速度增长的动力。

D. 去年1.2%的通货膨胀率是十年来最低的。

E. 政府干预对通货膨胀率不会有重大影响。

19. 巨额财产来源不明罪在客观上有利于保护贪污受贿者。一旦巨额财产被装入“来源不明”的筐中，其来源就不必一一查明，这对于那些贪污受贿者是多大的宽容啊！并且，该罪名给予司法人员以过大的“自由裁量权”和“勾兑空间”。因此，应将巨额财产来源不明以贪污受贿罪论处。

以下哪项陈述不支持上述论证？

A. 贪官知道，一旦其贪污受贿的财产被认定为“来源不明”，就可以减轻惩罚；中国现有侦察手段落后，坦白者有可能招致比死不认账者更严重的处罚。

B. 试问有谁不知道自己家里的财产是从哪里来的？巨额财产来源不明罪有利于“从轻从快”地打击贪官，但不利于社会正义。

C. “无罪推定”“沉默权”等都是现代法治的基本观念，如果没有证据证明被告人有罪，他就应该被认定为无罪。

D. 新加坡、文莱、印度的法律都规定，公务员财产来源不明的应以贪污受贿罪论处。

E. 通常司法人员容易禁受不住物质的诱惑，容易将能定罪成贪污的官员转向巨额财产来源不明罪，从而达到轻判的目的。

20. 2014年3月8日凌晨，马来西亚航空公司的MH370航班在越南的雷达覆盖边界与空中交通管制失去联系。在MH370失踪16天后的3月24日，马来西亚总理纳吉布宣布，此航班已经在南印度洋飞行终结。此事引发了公众对航空安全的关注。统计数据显示，从20世纪50年代到现在，民用航班的事故率一直在下降，每亿客公里的死亡人数，1945年为2.78人，20世纪50年代为0.90人，近30年为0.013人。然而，近几十年来民航事故的绝对数量却在增加。

如果以下陈述为真，则哪一项可以最好地解释上述看似矛盾的现象？

A. 信息技术日新月异，现在如果某地发生民航事故，消息会很快传遍世界。

B. 民航安全方面，事故率最低的是欧盟，事故率较高的是非洲。

C. 近几十年来民航的运输量快速增长。

D. 近几十年来地球气候变化异常，大雾等恶劣天气增多。

E. 近几十年来民航事故的起因大多是偶然因素。

21. 即使是天下最勤奋的人，也不可能读完天下所有的书。

以下哪项是以上陈述的逻辑推论？

A. 天下最勤奋的人必定读不完天下所有的书。

B. 天下最勤奋的人不一定能读完天下所有的书。

C. 天下最勤奋的人有可能读完天下所有的书。

D. 读完天下所有书的人必定是天下最勤奋的人。

E. 不勤奋的人连很少的书都读不完。

22. 1960—1970年间，非洲国家津巴布韦境内的狩猎者猎捕了6 500多头大象以获取象牙，这一时期津国大象总数从35 000头下降到30 000头以下。1970年津国采取了保护大象的措施，1970—1980年间逮捕并驱逐了800多名狩猎人。但是，到1980年津国大象总数还是下降到21 000头。

以下哪项如果为真，则最有助于解释上述看似矛盾的现象？

A. 1960—1980年间逮捕的狩猎者并未被判处长期徒刑。

B. 津国的一个邻国1970—1980年间大象数量略有回升。

C. 1970年以前，津国反对捕杀大象的法律没有得到执行。

D. 1970—1980年间，津国大量砍伐了大象赖以生存的森林。

E. 公众反对滥捕大象呼声高涨，1970—1980年间象牙的需求下降。

23. 很多人认为网恋不靠谱。芝加哥大学的一个研究小组对1.9万名在2005—2012年间结婚的美国人进行在线调查后发现，超过三分之一的人是通过约会网站或Facebook等社交网络与其配偶认识的；这些被调查对象总的离婚率远低于平均离婚率。这项调查表明，网恋在成就稳定的婚姻方面是很靠谱的。

如果以下陈述为真，则哪一项能最有力地质疑上述结论？

A. 仍遵循传统的线下约会方式的人，不是年龄特别大就是特别年轻。

B. 该项研究背后的资助者是某家约会网站。

C. 被调查对象的结婚时间比较短。

D. 与网恋相比，工作联系、朋友介绍、就读同一所学校是觅得配偶更为常见的途径。

E. 网恋后离婚的家庭与传统婚恋后离婚的家庭相比，离婚原因并不相同。

24. 广告："脂立消"是一种新型减肥药，它可以有效地帮助胖人减肥。在临床实验中，100

个服用“脂立消”的人中只有 6 人报告有副作用。因此，94% 的人在服用了“脂立消”后有积极效果，这种药是市场上最有效的减肥药。

以下哪项陈述最恰当地指出了该广告存在的逻辑问题？

A. 该广告贬低其他减肥药，却没有提供足够的证据，存在不正当竞争。

B. 该广告使用了“最有效”的字样，而这是新广告法禁止的。

C. 该广告在证明“脂立消”的减肥效果时，所提供的样本数据太小，没有代表性。

D. 移花接木，夸大其词，虚假宣传，这是所有广告的通病，该广告也不例外。

E. 该广告做了可疑的假定：如果该药没有副作用，它就对减肥有积极效果。

25. 李明：“目前我国已经具备了开征遗产税的条件。我国已经有一大批人进入了高收入阶层，遗产税的开征有了雄厚的现实经济基础。我国的基尼系数已超过了 4.0 的国际警戒线，社会的贫富差距在逐渐加大，这对遗产税的开征提出了迫切的要求。”

张涛：“我国目前还不具备开征遗产税的条件。如果现在实施遗产税，很可能遇到征不到税的问题。”

以下哪项如果为真，则最能加强张涛的反对意见？

A. 目前我国的人均寿命为 72 岁，我国目前的富裕人群的年龄为 35 ~ 50 岁。

B. 目前在我国，无论平民百姓还是百万富翁都想把自己的财富留给子孙。

C. 只有在对个人信息很清楚的情况下才能实施遗产税。

D. 我国有些富有的影视明星不到 60 岁就不幸去世了。

E. 加拿大、澳大利亚、新西兰、意大利相继停征了遗产税。

26. 关于如何界定“裸官”，2010 年发布的相关《暂行规定》明确了以下 3 类国家工作人员为“裸官”：配偶、子女均已移居国（境）外的；没有子女，配偶已移居国（境）外的；没有配偶，子女均已移居国（境）外的。2014 年中组部下发的相关《管理办法》规定：配偶已移居国（境）外的，或者没有配偶，子女均已移居国（境）外的国家工作人员均为“裸官”。

以下哪一项陈述与上述两个文件的规定是相符的？

A. 根据《管理办法》，只有子女均已移居国（境）外的国家工作人员才是“裸官”。

B. 对于既有配偶也有子女的国家工作人员来说，两个文件的规定是相同的。

C. 根据《暂行规定》，只要某国家工作人员的配偶已移居国（境）外，他（她）就是“裸官”。

D. 对于只有配偶没有子女的国家工作人员来说，两个文件的规定是相同的。

E. 对于既没有配偶也没有子女的国家工作人员来说，两个文件的规定是相同的。

27. 在某一市政府，法官推翻了嫌疑犯拥有非法武器的罪名。一看到警察，那个嫌疑犯就开始逃跑。当警察追他时，他就随即扔掉了那件非法武器。那个法官的推理如下：警察追击的唯一原因是嫌疑犯逃跑；从警察旁边逃跑自身并不能使人合情合理地怀疑他有犯罪行为；在非法追击中收集的证据是不能被接受的。因此，这个案例中的证据是不能被接受的。

下面哪一条原则如果正确，则最有助于证明那个法官关于那些证据是不能被接受的判决是合理的？

A. 只要涉及其他重要因素，从警察那儿逃跑就能使人产生一个合情合理的有关犯罪行为的怀疑。

B. 人们可以合法地从警察那儿逃跑，仅当这些人在不卷入任何犯罪行为时。

C. 仅当一个人的举动使人合情合理地怀疑他有犯罪行为时，警察才能合法地追击他。

D. 从警察那儿逃跑自身不应被认为是一个犯罪行为。

E. 在一个人的举动能使人合情合理地怀疑他有犯罪行为的情况下，警察都能合法地追击那个人。

28～30题基于以下题干：

过新年，小明家吃团圆饭，7个家庭成员——小明、妹妹、阿姨、爷爷、奶奶、妈妈和爸爸坐在一张长方形桌子旁边。已知下列条件：

（1）3个人坐在桌子的一边，另3个人坐在桌子的另一边，并且彼此相对，还有一个人坐在桌子的头部，没有人在桌子的尾部；

（2）妹妹总是坐在桌子两边的任一边上，且离桌头的距离最远；

（3）妈妈和阿姨相邻；

（4）阿姨和爸爸不能相邻；

（5）若爸爸不坐在桌头时，爷爷坐在桌头。

28. 下面哪一项对小明家7个家庭成员座位的安排（从妹妹开始，经桌头再到另一边）是可以接受的？

A. 妹妹、奶奶、小明、爸爸、阿姨、妈妈、爷爷。

B. 妹妹、小明、奶奶、爸爸、妈妈、阿姨、爷爷。

C. 妹妹、奶奶、爸爸、妈妈、阿姨、爷爷、小明。

D. 妹妹、爸爸、爷爷、奶奶、阿姨、妈妈、小明。

E. 妹妹、爷爷、奶奶、爸爸、阿姨、妈妈、小明。

29. 若爷爷坐在小明的对面，则奶奶必须与下面哪一个人相邻？

A. 小明。 B. 妹妹。 C. 阿姨。 D. 妈妈。 E. 爸爸。

30. 若小明坐在爸爸的对面且与阿姨相邻，则哪一个人必须坐在妹妹的对面？

A. 阿姨。 B. 爷爷。 C. 奶奶。 D. 妈妈。 E. 爸爸。

管理类联考综合（199）逻辑冲刺模考题卷8

（说明：参加管理类联考的同学，请模考本卷全部题目，限时60分钟；参加396经济类联考的同学，请模考本卷1~20题，限时40分钟。）

逻辑推理：第1~30小题，每小题2分，共60分。下列每题所给出的A、B、C、D、E五个选项中，只有一项是符合试题要求的。请在答题卡上将所选项的字母涂黑。

1. 2014年多名明星因涉毒被警方抓获。8月13日，北京市演出行业协会和各大演出公司签订了《北京市演艺界禁毒承诺书》，承诺不录用、不组织涉毒艺人参加演艺活动。对于这种做法涉嫌就业歧视的质疑，某律师回应说："这不存在就业歧视，因为还有很多别的职业可以选择。"

以下哪一项指出了该律师回答中存在的逻辑问题？

A. 按该律师的说法，任何搞就业歧视的人都可以像他这样为自己辩护。

B. 该律师没有考虑到，一个受过多年职业训练且只擅长表演的人转行是很困难的。

C. 该律师的回答与国务院戒毒条例关于"戒毒人员在就业方面不受歧视"的规定不一致。

D. 该律师错误地假定演艺业要比其他行业具备更高的职业道德水准。

E. 该律师的回答暗含一个错误的假定。

2. 通常认为人的审美判断是主观的，短时间内的确如此，人们对当代艺术作品的评价就经常出现较大分歧。但是，随着时间的流逝，审美中的主观因素逐渐消失。若一件艺术作品历经几个世纪还能持续给人带来愉悦和美感，如同达·芬奇的绘画和巴赫的音乐那样，我们就可以相当客观地称它为伟大的作品。

以上陈述最好地支持了以下哪项陈述？

A. 达·芬奇、巴赫在世时，人们对其作品的评价是不同的。

B. 对于当代艺术作品的价值很难作出客观的认定。

C. 对于同一件艺术作品，不同时代人们的评价有很大差异。

D. 如果批评家对一件当代艺术作品一致予以肯定，这件作品就是伟大的作品。

E. 对于一个艺术品来说，炒作也是必不可少的。

3. 警方对嫌犯说："你总是撒谎，我们不能相信你。当你开始说真话时，我们就开始相信你。"

以下哪一项陈述是警方的言论中所隐含的假设？

A. 警方从来不相信这个嫌犯会说真话。

B. 警方认定嫌犯知道什么是说谎。

C. 警方知道嫌犯什么时候说真话。

D. 警方相信嫌犯最终将会说真话。

E. 警方是在欲擒故纵。

4. “东胡林人”遗址是新石器时代早期的人类文化遗址，在遗址中发现的人骨化石经鉴定属两个成年男性个体和一个少年女性个体。在少女遗骸的颈部位置有用小螺壳串制的项链，腕部佩戴有牛肋骨制成的骨镯。这说明在新石器时代早期，人类的审美意识已开始萌动。

以下哪项如果为真，则最能削弱上述判断？

A. 新石器时代的饰品通常是石器。

B. 出土的项链和骨镯都十分粗糙。

C. 项链和骨镯的作用主要是表示社会地位。

D. 两个成年男性遗骸的颈部有更大的项链。

E. 爱美是女人的天性，自古她们就喜欢佩戴一些饰品来展现自身的美。

5. 太阳能不像传统的煤、气能源和原子能那样，它不会产生污染，无须运输，没有辐射的危险，不受制于电力公司。所以，应该鼓励人们使用太阳能。

以下哪项陈述如果为真，则能够最有力地削弱上述论证？

A. 很少有人研究过太阳能如何在家庭中应用。

B. 满足四口之家需要的太阳能设备的成本等于该家庭一年所需传统能源的成本。

C. 采集并且长期保存太阳能的有效方法还没有找到。

D. 反对使用太阳能的人士认为，这样做会造成能源垄断。

E. 最近某科技公司开发出了高效转换太阳能的电池。

6. 1997 年，鼻窦炎是某国最普遍的慢性病，其次是关节炎和高血压。关节炎和高血压的发病率随年龄增长而增大，但鼻窦炎的发病率在所有年龄段都是相同的。该国人口的平均年龄在 1997—2015 年间将有所增加。

根据以上信息可以推知，以下哪项作为对该慢性病状况得出的结论最为恰当？

A. 到 2015 年，关节炎和高血压将比鼻窦炎更普遍。

B. 到 2015 年，关节炎将成为最普遍的慢性病。

C. 1997—2015 年间，鼻窦炎患者的平均年龄将增加。

D. 到 2015 年，患鼻窦炎的人数比 1997 年减少。

E. 到 2015 年，相当一大部分人口将患以上所提到的慢性病中的一种。

7. 最近，国家新闻出版总署等八大部委联合宣布，“网络游戏防沉迷系统”及配套的《网络游戏防沉迷系统实名认证方案》将于今年正式实施，未成年人玩网络游戏超过 5 小时，经验值和收益将计为 0。这一方案的实施，将有效地防止未成年人沉迷于网络游戏。

以下哪项说法如果正确，则能够最有力地削弱上述结论？

A. 许多未成年人只是偶尔玩玩网络游戏，网络游戏防沉迷系统，对他们并无作用。

B. “网络游戏防沉迷系统”对成年人不起作用，未成年人有可能冒用成年人身份或利用网上一些生成假身份证号码的工具登录网络游戏。

C. “网络游戏防沉迷系统”的推出，意味着未成年人玩网络游戏得到了主管部门的允许，从而可以从秘密走向公开化。

D. 除网络游戏外，还有单机游戏、电视机上玩的 PS 游戏等，网络游戏防沉迷系统可能会使很多未成年玩家转向这些游戏。

E. 很多家长认为未成年人持续玩 5 个小时游戏明显时间过长，防沉迷系统应该更加严格。

8. 一支攻击型军队必须具有“三大件”：一是航母编队，二是战斗机，三是海外军事基地。目前的中国“一无所有”，根本无法形成攻击链。因此，聪明的兰德公司认为：“中国距离‘破坏’地区军事平衡还相差很远”。

下面哪一选项在论证方式上与题干相同？

A. 崛起的中国必须以强大的军事力量支撑自己的脊梁。中国要崛起，所以，中国必须拥有强大的军事力量。

B. 只有聪明且勤奋，才能有大成就；李明既不聪明也不勤奋，所以，他不会有大成就。

C. 如果吃高蛋白、高热量和高脂肪的食品过多，就会发胖；我很少吃这类食品，所以，我不会发胖。

D. 如果 139 是偶数，则它能够被 2 整除；139 不能被 2 整除，所以，139 不是偶数。

E. 小白是个爱美的女生，而爱美的女生都喜欢做蛋卷头，所以小白喜欢做蛋卷头。

9. 最近，有几百只海豹因吃了受到化学物质污染的一种鱼而死亡。这种化学物质即使量很小，也能使哺乳动物中毒。然而人吃了这种鱼却没有中毒。

以下哪项如果正确，则最有助于解释上面陈述中的矛盾？

A. 受到这种化学物质污染的鱼本身并没有受到化学物质的伤害。

B. 有毒的化学物质聚集在那些海豹吃而人不吃的鱼的部位。

C. 在某些既不吃鱼也不吃鱼制品的人体内，也发现了微量的这种化学毒物。

D. 被这种化学物质污染的鱼只占海豹总进食量的很少一部分。

E. 人类和海豹的消化系统有很大差别。

10. 有 86 位患有 T 型疾病的患者接受同样的治疗。在一项研究中，将他们平分为两组，其中一组的所有成员每周参加一次集体鼓励活动，而另外一组没有。10 年后，每一组都有 41 位病人去世。很明显，集体鼓励活动并不能使患有 T 型疾病的患者活得更长。

以下哪项陈述如果为真，则能够最有力地削弱上述论证？

A. 10 年后还活着的患者，参加集体鼓励活动的两位比没参加的两位活得更长一些。

B. 每周参加一次集体鼓励活动的那组成员平均要比另外一组多活两年的时间。

C. 一些医生认为每周参加一次集体鼓励活动会降低接受治疗的患者的信心。

D. 每周参加一次集体鼓励活动的患者报告说，这种活动能帮助他们与疾病作斗争。

E. 一些患者认为，参加集体鼓励活动总时刻提醒自己病人的身份，使其无法以平常心正常生活。

11 ~ 12 题基于以下题干：

始建于 17 世纪的别墅风格别具特色。4 个人张、王、李、赵有 4 栋别墅 M、N、O、P，建造于 1610 年、1685 年、1708 年、1770 年。且已知下面的线索：

（1）N 属于赵，2 号房产在该栋别墅之后建造，且与其建造时间相邻；

（2）张拥有的别墅沿顺时针方向与 M 建筑相邻，而后者至今仍然是一家酒吧；

（3）李的那栋始建于 1685 年的别墅不是 O；

（4）在最东面的不是建于1708年的P建筑（默认P建筑是1708年建造的）；

（5）最晚建造的那所房子是张的房子。

11. 房子O建于哪一年？

A. 1685年。
B. 1770年。
C. 1610年。
D. 1708年。
E. 条件不足，无法判断。

12. 下面说法一定正确的是哪一项？

A. 最晚建造的那所房子是王的房子。
B. 1610年的建筑是赵的房子。
C. 最东面的房子是张的。
D. 那栋始建于1685年的别墅是P。
E. M和P相邻。

13. 当一个国家出现通货膨胀或经济过热时，政府常常采取收紧银根、提高利率、提高贴现率等紧缩的货币政策进行调控。但是，1990年日本政府为打压过高的股市和房地产泡沫，持续提高贴现率，最后造成通货紧缩，导致日本经济十几年停滞不前。1995年至1996年，泰国中央银行为抑制资产价格泡沫，不断收紧银根，持续提高利率，抑制了投资和消费，导致了经济大衰退。

以下哪项陈述最为恰当地概括了上述论证的结论？

A. 提高银行存款利率可以抑制通货膨胀。
B. 紧缩的货币政策有可能导致经济滑坡。
C. 经济的发展是有周期的。
D. 使用货币政策可以控制经济的发展。
E. 绝对不能使用货币政策来调节经济周期。

14. 有一位从事互联网（Internet）教学工作的专家一次在一个城市公开演讲，说到Internet是世界上最大的相互连接起来的计算机网络，可以完成小型局部的计算机网络永远也办不到的事情。一位听众听到这里，站起来问道："昨天晚上我在电视里看到了世界上最大的一个西瓜，可是，我并不觉得它有什么特殊之处呀"。

根据上文情景，这位听众的问话隐含了以下哪项假设？

A. 比较大小对能力、性质的决定，西瓜可能与计算机网络不同。
B. 比较大小对能力、性质的决定，计算机网络与西瓜并无不同。
C. 大的西瓜也不过就是让人吃而已，当然还可以出名，让大家都知道。
D. 通过电视，我们就可以看到一些没有网络以前不可能看到的新鲜事。
E. 小型局部的计算机网络确实不能具备像Internet那么大的功能。

15. 为了测试今后的消费趋势，《消费者》杂志对读者作了一次消费意向调查。60%的被调查者声称计划在三个月内购买一台空调或至少一件家电大件。《消费者》杂志因此得出结论：下个季度的社会消费额将很可能提高。

以下哪项如果为真，则最能削弱以上结论？

A. 家电中，各种不同品牌的产品在价格上有很大的差异。
B. 某些抢手的家电产品是进口货，但并不会形成对国内市场的冲击。
C. 并非所有《消费者》的读者都接受了调查。
D. 从定价等方面看，《消费者》的读者比普通消费者要更为富裕。

E. 空调的价格有可能下调。

16. 在一种网络游戏中，如果一位玩家在 A 地拥有一家旅馆，他就必须同时拥有 A 地和 B 地。如果他在 C 花园拥有一家旅馆，他就必须拥有 C 花园以及 A 地和 B 地两者之一。如果他拥有 B 地，那么他还拥有 C 花园。

假如该玩家不拥有 B 地，则可以推出下面哪一个结论？

A. 该玩家在 A 地拥有一家旅馆。
B. 该玩家在 C 花园拥有一家旅馆。
C. 该玩家拥有 C 花园和 A 地。
D. 该玩家在 A 地不拥有旅馆。
E. 该玩家在 C 花园没有旅馆。

17. 甲、乙、丙和丁是同班同学。

甲说："我班同学都是团员。"

乙说："丁不是团员。"

丙说："我班有人不是团员。"

丁说："乙不是团员。"

已知只有一个人说假话，则以下哪项必定为真？

A. 说假话的是甲，乙不是团员。
B. 说假话的是乙，丙不是团员。
C. 说假话的是丙，丁不是团员。
D. 说假话的是丁，乙不是团员。
E. 说假话的是甲，丙不是团员。

18. 甲、乙和丙，一位是山东人，一位是河南人，一位是湖北人。现在只知道：丙比湖北人年龄大，甲和河南人不同岁，河南人比乙年龄小。

由此可以推知：

A. 甲不是湖北人。
B. 河南人比甲年龄小。
C. 河南人比山东人年龄大。
D. 湖北人年龄最小。
E. 甲是山东人。

19. 有六位工程师 K、L、M、N、O、P 坐在环绕圆桌连续等距排放的六张椅子上研究一项工程，每张椅子只坐一人，六张椅子的顺序编号依次为：1、2、3、4、5、6。其中：

（1）P 和 N 相邻；

（2）L 和 N 相邻或者 L 和 M 相邻；

（3）K 和 M 不相邻；

（4）如果 O 和 P 相邻，则 O 和 M 不相邻。

如果 L 和 P 相邻，那么以下哪项也一定是相邻的？

A. K 和 O。
B. L 和 N。
C. L 和 O。
D. M 和 P。
E. O 和 N。

20. 对于希望健身的人士来说，多种体育锻炼交替进行比单一项目的锻炼效果好。单一项目的锻炼使人的少数肌肉发达，而多种体育锻炼交替进行可以全面发展人体的肌肉群，后者比前者消耗更多的卡路里。

以下哪项陈述如果为真，则能最有力地加强上述论证？

A. 在健康人中，健康的增进与卡路里的消耗成正比。

B. 通过运动训练来健身是最有效的。

C. 那些大病初愈的人不适宜进行紧张的单一体育锻炼。

D. 全面发展人体的肌肉群比促进少数肌肉发达困难得多。

E. 极少数人能坚持每天进行体育锻炼。

21. 政府与民营企业合作完成某个项目的模式（简称 PPP）能够使政府获得资金，也可以让社会资本进入电力、铁路等公用事业领域。这种模式中存在的问题是政府违约或投资人违约而给对方造成经济损失。在以往的 PPP 项目中，政府违约不是小概率事件。尽管地方政府违约的现象屡见不鲜，但投资人还是一如既往积极地投资于 PPP 项目。

如果以下哪一项陈述为真，则能够最好地解释上述看似矛盾的现象？

A. 随着经济体制的改革和新城镇化建设的推进，PPP 模式被社会各界寄予厚望。

B. PPP 模式比较复杂，地方政府的谈判能力和 PPP 专业能力都不如投资人。

C. 今年国家发改委发布了 80 个重要的项目，鼓励社会资本以 PPP 等方式参与建设和运营。

D. 如果政府不违约，PPP 项目对于民营企业来说是有利可图的。

E. 投资人设法通过和政府的合作，将其他方面的利益转移到自己的企业。

22. 保护思想自由的人争论说，思想自由是智力进步的前提条件。因为思想自由允许思考者追求自己的想法，而不管这些想法会冒犯谁，以及会把他们引到什么方向。然而，一个人必须挖掘出与某些想法相关的充分联系，才能促使智力进步，为此，思考者需要思考法则。所以，关于思想自由的论证是不成立的。

加入以下哪项陈述，能够合乎逻辑地得出上文的结论？

A. 在那些保护思想自由的社会里，思考者总是缺乏思考法则。

B. 思考者把他的思想路线局限于某一正统思想，这会阻碍他们的智力进步。

C. 思想自由能够引发创造力，而创造力能够帮助发现真理。

D. 没有思想法则，思考者就不能拥有思想自由。

E. 思考者拥有思想自由，这与他人无关。

23. 动物种群的跨物种研究表明，出生一个月就与母亲隔离的幼仔常常表现出很强的侵略性。例如，在觅食时好斗且拼抢争食，别的幼仔都退让了，它还在争抢。解释这个现象的假说是，形成侵略性强的毛病是由于幼仔在初生阶段缺乏由父母引导的社会化训练。

以下哪项陈述如果为真，则能够最有力地加强上述论证？

A. 早期与母亲隔离的羚羊在冲突中表现出极大的侵略性以确立其在种群中的优势地位。

B. 在父母的社会化训练环境中长大的黑猩猩在交配冲突中的侵略性，比没有在这一环境中长大的黑猩猩弱得多。

C. 出生头三个月被人领养的婴儿在童年时期常常表现得富有侵略性。

D. 许多北极熊在争食冲突中的侵略性比交配冲突中的侵略性强。

E. 有些专家认为，子女的侵略性是由先天因素造成的。

24. 经济学家：现在中央政府是按照 GDP 指标考量地方政府的政绩。要提高地方的 GDP，需要大量资金。在现行体制下，地方政府只有通过转让土地才能筹集大量资金。要想高价拍卖土地，则房价必须高，因此地方政府有很强的推高房价的动力。但中央政府已经出台一系列措施稳定房价，如果地方政府仍大力推高房价，则可能受到中央政府的责罚。

以下哪项陈述是这位经济学家论述的逻辑结论？

A. 在现行体制下，如果地方政府降低房价，则不会受到中央政府的责罚。

B. 在现行体制下，如果地方政府不追究 GDP 政绩，则不会大力推高房价。

C. 在现行体制下，地方政府肯定不会降低房价。

D. 在现行体制下，地方政府可能受到中央政府的责罚，或者无法提高其 GDP 政绩。

E. 在现行体制下，通过拍卖土地来筹集大量资金的方法不可取。

25. 为提供额外收入改善城市公交服务，Y 市的市长建议提高公共汽车车费。公交服务公司的领导却指出，前一次提高公交车费导致很多通常乘公交车的人放弃了公交系统服务，以致该服务公司的总收入降低。这名领导争辩道，再次提高车费只会导致另一次收入下降。

该名领导的论述基于下面哪个假设？

A. 以前车票价格提高的数量和这次建议的一样。

B. 提高车费不一定引起城市公共汽车服务业的收入减少。

C. 降低车费可以吸引更多的乘客，从而提高公共汽车服务业的收入。

D. 目前乘坐公共汽车的人可以选择不坐公共汽车。

E. 增加费用不会引起部分乘客的不满。

26 ~ 28 题基于以下题干：

一位音乐制作人正在一张接一张地录制 7 张唱片：F、G、H、J、K、L 和 M，但不必按这一次序录制。安排录制这 7 张唱片的次序时，必须满足下述条件：

（1）F 必须排在第二位；

（2）J 不能排在第七位；

（3）G 既不能紧挨在 H 的前面，也不能紧接在 H 的后面；

（4）H 必定在 L 前面的某个位置；

（5）L 必须在 M 前面的某个位置。

26. 下面哪一项列出了可以被第一个录制的唱片的完整且准确的清单？

A. G、J、K。

B. G、H、J、K。

C. G、H、J、L。

D. G、J、K、L。

E. G、J、K、M。

27. 录制 M 的最早的位置是：

A. 第一。

B. 第三。

C. 第四。

D. 第五。

E. 第六。

28. 如果 G 紧挨在 H 的前面，且所有其他条件仍然有效，下面的任一选项都可以是真的，除了：

A. J 紧挨在 F 的前面。

B. K 紧挨在 G 的前面。

C. J 紧接在 L 的后面。

D. J 紧接在 K 的后面。

E. K 紧接在 M 的后面。

29. 慢性背疼通常是由成疝的或退化的脊椎骨引起的。在大多数情况下，脊椎骨在慢性疼痛形成之前就已受损。实际上，30 岁以上的人中，有 1/5 的人脊椎骨成疝或退化，但并不显示任何慢性症状。在这种情况下，如果后来发生慢性背疼痛，一般都是由于缺乏锻炼致使腹部和脊部的肌肉退化引起的。

上面的陈述如果正确，则能最强有力地支持下面哪一项？

A. 30岁以上的人中，有4/5的人可以确信他们从来不会患慢性背疼痛。

B. 经常锻炼腹部和脊部肌肉的人可以确信不会患慢性背疼痛。

C. 人们在他们的脊椎骨第一次成疝或退化时，很少会遭受甚至是轻微的和短暂的背疼。

D. 医生可以准确地预测哪些没有患慢性背疼的人将来会患慢性背疼。

E. 存在一个能有效延缓或防止起源于目前无症状的成疝的或退化的脊椎骨的疼痛出现的策略。

30. 近年来，专家呼吁禁止在动物饲料中添加作为催长素的联苯化合物，因为这种物质对人体有害。近十多年来，人们发现许多牧民饲养的荷兰奶牛的饲料中有联苯残留物。

以下哪项陈述如果为真，则能最有力地支持专家的观点？

A. 荷兰奶牛乳制品的营养含量较其他地区高。

B. 在许多荷兰奶牛的血液和尿液中已经发现了联苯残留物。

C. 荷兰奶牛乳制品生产地区的癌症发病率居全国第一。

D. 荷兰奶牛的不孕不育率高于其他奶牛的平均水平。

E. 近两年来，荷兰奶牛乳制品消费者中膀胱癌的发病率特别高。

管理类联考综合（199）逻辑冲刺模考题卷 9

（说明：参加管理类联考的同学，请模考本卷全部题目，限时 60 分钟；参加 396 经济类联考的同学，请模考本卷 1 ~20 题，限时 40 分钟。）

逻辑推理：第 1 ~30 小题，每小题 2 分，共 60 分。下列每题所给出的 A、B、C、D、E 五个选项中，只有一项是符合试题要求的。请在答题卡上将所选项的字母涂黑。

1. 由于照片是光线将物体印记在胶片上的，因此，在某种意义上，每张照片都是真的。但是，用照片来表现事物总是与事物本身有差别，照片不能表现完全的真实性，在这个意义上，它是假的。所以，仅仅靠一张照片不能最终证实任何东西。

   以下哪项陈述是使上述结论得以推出的假设？

   A. 完全的真实性是不可知的。

   B. 任何不能表现完全的真实性的东西都不能构成最终的证据。

   C. 如果有其他证据表明拍摄现场的真实性，则可以使用照片作为辅助的证据。

   D. 周某拍摄的华南虎照片不能作为陕西有华南虎生存的证据。

   E. 法庭一般不会将照片作为犯罪的最终证据。

2. 对中国 31 个省市自治区的商人信任度的调查结果表明，一半本地人都认为本地人值得信任。如北京人为北京人打出的可信任度分数是 57.9，而为天津人打出的分数是 15。有一个地方例外，就是 H 省人自己并不信赖 H 省人。

   以下陈述如果为真，除了哪项之外，则都能对上述的例外提供合理的解释？

   A. H 省本来就骗子多，互不信任。

   B. H 省绝大多数的被抽查者是从外地去那里经商留下来的。

   C. 外地人对 H 省商人不了解，给他们打的信任分数很低。

   D. 在 H 省经商的大多数商人不是本地人。

   E. 大量北方人因为喜欢 H 省的天气去 H 省定居而成为 H 省人。

3. 今天的美国人比 1965 年的美国人的运动量减少了 32%，预计到 2030 年将减少 46%；在中国，与 1991 年相比，人们的运动量减少了 45%，预计到 2030 年将减少 51%。缺少运动已经成为一个全球性的问题。

   以下哪项陈述如果为真，则最能支持上述观点？

   A. 在运动量方面，中国和美国分别是亚洲和美洲最有代表性的国家。

   B. 人们保持健康的方式日益多样性，已不仅局限于运动。

   C. 中国人与美国人相比，运动量更少一些。

D. 其他国家人们的运动量情况和中国、美国大致相同。
E. 中国和美国都是运动量缺乏这一问题较为严重的国家。

4. 韩国人爱吃酸菜，罗艺爱吃酸菜，所以，罗艺是韩国人。
能证明上述推理荒谬的是：
A. 所有的阿肯特人都说谎，汤姆是阿肯特人，所以，汤姆说谎。
B. 会走路的动物都有腿，桌子有腿，所以，桌子是会走路的动物。
C. 雪村爱翠花，翠花爱吃酸菜，所以，雪村爱吃酸菜。
D. 所有的金子都闪光，所以，有些闪光的是金子。
E. 老吕喜欢汤唯，汤唯是女神，故老吕喜欢女神。

5. 在国内，私有化的概念说起来好像就是把国有资产分掉，而实质上则是对私有财产所有权的保护问题。如果没有对这个权利进行保护的法律基础，国有资产能够被分掉，分得的财产也随时可以被没收。
以上论述如果为真，则能最有力地支持以下哪项陈述？
A. 如果没有私有财产可以保护，保护私有财产的法律就毫无意义。
B. 即使有保护私有财产的法律，如果不能有效地执行也无济于事。
C. 私有化的制度是建立在拥有私有财产的合法权利的基础上的。
D. 私有化和市场自由化是社会主义市场经济都应该重视的问题。
E. 保护私有财产的法律可以帮助企业家将国有资产分掉。

6. 为了深入研究和彻底解决目前地球表面臭氧层所受到的破坏问题，科学家在空间实验中使用了宇宙飞船。这一做法引来了环保主义者的批评。他们的理由是，发射一次宇宙飞船对地球臭氧层造成的破坏，等于目前一年地球臭氧层所受到的破坏。
以下哪项对上述环保主义者的批评的评价最为恰当？
A. 上述环保主义者的批评是成立的。
B. 上述环保主义者的批评有漏洞，这一漏洞也类似地存在于以下陈述中：试图考研究生是不值得的，因为有可能考不上。
C. 上述环保主义者的批评有漏洞，这一漏洞也类似地存在于以下陈述中：父母养育儿女的巨大付出是不值得的，因为儿女长大后不一定孝敬父母。
D. 上述环保主义者的批评有漏洞，这一漏洞也类似地存在于以下陈述中：某项目投资30亿，投产后第一年的收益不到投资额的十分之一，因此，这项投资是失败的。
E. 上述环保主义者的批评有漏洞，这一漏洞也类似地存在于以下陈述中：一次银行持枪抢劫，劫犯劫走了200万现金，而警方侦破此案的支出还不止200万，因此，这一案件的侦破是得不偿失的。

7. 软饮料制造商：我们的新型儿童软饮料“力比咖”增加了钙的含量。由于钙对形成健康的骨骼非常重要，所以经常饮用“力比咖”会使孩子更加健康。
消费者代表：但“力比咖”中同时含有大量的糖分，经常食用大量的糖是不利于健康的，尤其是对孩子。
在对软饮料制造商的回应中，消费者代表做了下列哪一项反驳？
A. 对制造商宣称的钙元素在儿童饮食中的营养价值提出质疑。
B. 争论说如果对制造商引用的证据加以正确地考虑，会得出完全相反的结论。

C. 暗示产品制造商通常对该产品的营养价值毫不关心。

D. 怀疑某种物质是否在适度食用时有利于健康，而过度食用时则对健康有害。

E. 举出其他事实以向制造商所做的结论提出质疑。

8. 禁止在大众媒介上做香烟广告并未减少吸烟人数，他们知道在哪里弄到烟，不需要广告给他们提供信息。

以下哪项如果为真，则最能反驳上述观点？

A. 看到或听到某产品广告往往会提高人们对该产品的需求欲望。

B. 禁止在大众媒介上做香烟广告会使零售点香烟广告增加。

C. 在大众媒介上做广告已成为香烟厂家的一项巨大开支。

D. 反对香烟的人从发现香烟危害之日起就开始在大众媒介上宣传。

E. 青年人比老年人更不易受大众媒介上的广告影响。

9. 香港的繁荣是事实。英国对香港的殖民统治也是事实。有人因此得出结论：是英国的统治造就了香港的繁荣。

以下哪项如果为真，则最能有力地削弱上述推论？

A. 香港的繁荣仅是近几十年的事，而英国对香港的殖民统治已经达到百年。

B. 英国本土的经济一直处在不景气与衰退之中。

C. 绝大多数英国殖民地都已经获得了独立。

D. 亚洲“四小龙”中的其他“三小龙”，并不是英国的殖民地。

E. 香港的繁荣得益于它的国际金融中心的地位。

10. 要么采取紧缩的财政政策，要么采取扩张的财政政策，由于紧缩的财政政策会导致更多的人下岗，所以，必须采取扩张的财政政策。

以下哪一个问题，对评论上述论证最重要？

A. 紧缩的财政政策是否还有其他不利影响？

B. 既不是紧缩的也不是扩张的财政政策是否存在？

C. 扩张的财政政策能否使就业率有大幅度的提高？

D. 扩张的财政政策是否能导致其他不利后果？

E. 扩张的财政政策是否有助于提高职工的平均工资？

11. 人们总是这样质问律师：“你明知罪犯有罪，为什么还要真诚地为他辩护？”律师回答说：“我这样做，是为了维护法律赋予被告的合法权利，这对于实施法律的公正是必不可少的。”

从律师的回答中，我们能得出以下哪项结论？

Ⅰ. 被告即使是真的罪犯，也拥有法律赋予的合法权利。

Ⅱ. 只要维护被告（包括真正的罪犯）的合法权利，就能保证实施法律的公正。

Ⅲ. 如果剥夺那些明显是罪犯的被告的一切权利，那么就无法保证实施法律的公正。

A. Ⅰ、Ⅱ、Ⅲ。　B. 仅Ⅰ。　C. 仅Ⅰ、Ⅱ。

D. 仅Ⅰ、Ⅲ。　E. 仅Ⅱ、Ⅲ。

12. 药品制造商：尽管我们公司要求使用我们新药的病人同时购买一次性的用于每周血液测试的工具，但那些工具的花费是完全需要的，每周必须做血液测试以监视新药的潜在的可能非常危险的副作用。

下列哪项如果正确，则能最反对药品制造商的论述？

A. 购买血液测试工具的花费没有阻止任何病人获得药和工具。

B. 医学实验室能够做血液测试，对病人或他们的保险商的要价低于制造商对工具的要价。

C. 一年的药物和每周的血液测试工具使病人或他们的保险商花费超过 1 万美元。

D. 大多数政府和其他健康保险项目不补偿病人为药品和血液测试工具所付的全部费用。

E. 遭受该药一个或一个以上危险的副作用的病人会花费很多钱治疗。

13. 二氧化硫是造成酸雨的重要原因。某地区饱受酸雨困扰，为改善这一状况，该地区 1—6 月累计减排 11.8 万吨二氧化硫，同比下降 9.1%。根据监测，虽然本地区空气中的二氧化硫含量降低，但是酸雨的频率却上升了 7.1%。

以下最能解释这一现象的是：

A. 该地区空气中的部分二氧化硫是从周围地区飘移过来的。

B. 虽然二氧化硫的排放得到控制，但其效果要经过一段时间才能显现。

C. 机动车的大量增加加剧了氮氧化物的排放，而氮氧化物也是造成酸雨的重要原因。

D. 尽管二氧化硫的排放总量减少了，但二氧化硫在污染物中所占的比重没有变。

E. 减排二氧化硫的政策得到了大多数重工厂的支持。

14. 李明极有可能是一位资深的逻辑学教师。李明像绝大多数资深的逻辑学教师一样，熟悉哥德尔的完全性定理和不完全性定理，而绝大多数不是资深的逻辑学教师的人并不熟悉这些定理。实际上，许多不是资深的逻辑学教师的人甚至没有听说过哥德尔。

以下哪一项陈述准确地指出了上述推理的缺陷？

A. 忽视了这种可能性：大多数熟悉哥德尔这些定理的人不是资深的逻辑学教师。

B. 忽视了这种可能性：有些资深的逻辑学教师不熟悉哥德尔的这些定理。

C. 推理中“资深的”这一概念是模糊的概念。

D. 不加证明就断定不熟悉哥德尔完全性定理和不完全性定理的人也没有听说过哥德尔。

E. 忽视了这种可能性：资深的逻辑学教师还熟悉其他逻辑定理。

15. 对于北京这样的大都市，如果继续发展汽车工业，则会加剧目前城市交通的拥堵；除非能有效缓解目前城市交通的拥堵，否则，就无法维护正常的工作和生活秩序。如果不继续发展汽车工业，则会导致一系列相关产业的萎缩，一个直接的后果就是社会失业率增加。

从以上断定能推出以下哪项结论？

A. 对于北京来说，增加社会失业率是维护城市正常工作和生活秩序所不得不付出的代价。

B. 对于北京来说，正确的选择是继续发展汽车工业。

C. 对于北京来说，正确的选择是不继续发展汽车工业。

D. 对于北京来说，社会失业率增加就会缓解城市的交通拥堵。

E. 对于北京来说，如果不发展汽车工业，就能维护正常的工作和生活秩序。

16. 某国科学家日前称：他们最近首次在实验室成功地利用胚胎干细胞人工培育出 O 型 RH 阴性血液，由于 O 型 RH 阴性血液被称为“万能血型”，能够与任何其他血型相匹配，这就使得人类将不必再为血源紧张而发愁。

以下哪项如果为真，则最能削弱上述结论？

A. 经过诱导，多功能干细胞同样可能产生血液。

B. 对于很多病人来说，供血不足并非是一个致命的威胁。

C. 利用胚胎干细胞人工培育 O 型 RH 阴性血液现在比较贵。

D. 制造 O 型 RH 阴性血液需要 A、B 和 AB 型 RH 阴性血液作为原料，这些血型同样稀缺。

E. 其他国家权威专家质疑该国科学家实验的真实性，并要求其公开实验资料。

17. 在某一地区的几个国家中，讲卡若尼安语言的人占总人口的少数。一个国际团体建议以一个独立国家的方式给予讲卡若尼安语言的人居住的地区自主权，在那里讲卡若尼安语言的人可以占总人口的大多数。但是，讲卡若尼安语言的人居住在几个广为分散的地方，这些地方不能以单一连续的边界相连接，同时也就不允许讲卡若尼安语言的人占总人口的多数。因此，那个建议不能得到满足。

以上论述依赖于下面哪项假设？

A. 曾经存在一个讲卡若尼安语言的人占总人口多数的国家。

B. 讲卡若尼安语言的人倾向于认为他们自己构成了一个单独的社区。

C. 那个建议不能以创建一个由不相连接的地区构成的国家的方式得到满足。

D. 新的讲卡若尼安语言国家的公民不包括任何不讲卡若尼安语言的人。

E. 大多数国家都有几种不同的语言。

18. 学校学习成绩排名前百分之五的同学要参加竞赛培训，后百分之五的同学要参加社会实践。小李的学习成绩高于小王的学习成绩，小王的学习成绩低于学校的平均成绩。

下列哪项最不可能发生？

A. 小李和小王都要参加社会实践。

B. 小王和小李都没有参加社会实践。

C. 小李和小王都没有参加竞赛培训。

D. 小李参加竞赛培训。

E. 小王参加竞赛培训，小李没有参加竞赛培训。

19. 某公园内有个奇怪的摊主小周，他只在星期一、星期二、星期三、星期五和星期六工作，而且他只出售 4 种商品：玩具汽车、充气气球、橡皮泥和遥控飞机。每个工作日，他上午只卖 1 种商品，下午只卖 1 种商品，而且还知道以下条件：

（1）小周只在两个连续的下午卖玩具汽车；

（2）小周只在 1 个上午和 3 个下午卖橡皮泥；

（3）星期六这天，小周既不卖玩具汽车，也不卖充气气球。

若上述情况为真，请问哪一天小周一定会卖玩具汽车？

A. 星期一。　　B. 星期二。　　C. 星期三。

D. 星期五。　　E. 不能确定。

20. N 中学在进行高考免试学生的推荐时，共有甲、乙、丙、丁、戊、己、庚 7 位同学入围。在 7 人中，有 3 位同学是女生，4 位同学是男生；有 4 位同学年龄为 18 岁，而另 3 位同学年龄则为 17 岁。已知，甲、丙和戊年龄相同，而乙、庚的年龄则不相同；乙、丁与己的性别相同，而甲与庚的性别则不相同。最后，只有一位 17 岁的女生得到推荐资格。

据此，可以推出获得推荐资格的是：

A. 庚。　　B. 戊。　　C. 乙。　　D. 甲。　　E. 己。

21. 一块石头被石匠修整后暴露于自然环境中时，一层泥土和其他的矿物便逐渐地开始在刚修整过的石头的表面聚集，这层泥土和矿物被称作岩石覆盖层。在安第斯纪念碑的石头的覆盖层下面，发现了被埋藏一千多年的有机物质。因为那些有机物质肯定是在石头被修理后不久就附着生长到它上面的，也就是说，那个纪念碑是在1492年欧洲人到达美洲之前很早建造的。
下面哪项如果正确，则能最严重地削弱上述论证？
A. 岩石覆盖层自身就含有有机物质。
B. 在安第斯，1492年前后重新使用古人修理过的石头的现象非常普遍。
C. 安第斯纪念碑与在西亚古代遗址发现的纪念碑极为相似。
D. 最早的关于安第斯纪念碑的书面资料始于1778年。
E. 贮存在干燥和封闭地方的、修理过的石头表现出：倘若能形成岩石覆盖层的话，形成的速度也会非常慢。

22. 小平忘记了今天是星期几，于是他去问O、P、Q三人。O回答："我也忘记今天是星期几了，但你可以去问P、Q两人。"P回答："昨天是我说谎的日子。"Q的回答和P一样。已知：
①O从来不说谎；
②P在星期一、星期二、星期三这三天说谎，其余时间都讲真话；
③Q在星期四、星期五、星期六这三天说谎，其余时间都讲真话。
根据以上条件可以推知，今天是星期几？
A. 星期一。 B. 星期二。 C. 星期四。 D. 星期日。 E. 星期六。

23. 过去的20年里，科幻类小说占全部小说的销售比例从1%提高到了10%。其间，对这种小说的评论也有明显的增加。一些书商认为，科幻小说销售量的上升主要得益于有促销作用的评论。
以下哪项如果为真，则最能削弱题干中书商的看法？
A. 科幻小说的评论，几乎没有读者。
B. 科幻小说的读者中，几乎没有人读科幻小说的评论。
C. 科幻小说评论文章的读者，几乎都不购买科幻小说。
D. 科幻小说评论文章的作者中，包括著名的科学家。
E. 科幻小说评论文章的作者中，包括因鼓吹伪科学而臭了名声的作家。

24. 一天晚上有一个人在一条街上丢了他的钥匙，便在路灯下寻找。旁边有位路人奇怪地问他："你的钥匙是掉在路灯下的吗？"他回答说："我也不知道，可是现在只有路灯下能够看得见啊。"
以下哪项假设最能反映这位丢钥匙的人的思路？
A. 丢了钥匙不一定要找，可以另配一把。
B. 丢了钥匙一定要在丢掉的地方寻找，否则不可能找到。
C. 丢了钥匙要在能够看得见的地方寻找。
D. 丢了钥匙在路灯下寻找，找到的可能性不一定比在别处大。
E. 晚上丢了钥匙，可以等天亮了再找，更容易找到。

25～26 题基于以下题干：

对于上市公司而言，有分红的企业才能发行新的股票。可是，如果一个企业有分红，那它就不需要融资。如果它需要融资，就没有办法分红。

25. 如果以上陈述为真，则以下哪项陈述不可能为假？
 A. 一个公司不需要融资，或者不是有分红的企业。
 B. 一个上市公司需要融资，或者是没有分红的企业。
 C. 一个上市公司不需要发行新股票，或者不是有分红的企业。
 D. 一个上市公司融资的唯一渠道是发行新股票。
 E. 一个上市公司不需要融资，或者不是有分红的企业。

26. 如果以上陈述为真，则以下哪项陈述不可能为真？
 A. 一个上市公司需要融资，而且没有办法分红。
 B. 一个上市公司不是需要融资，就是没有办法分红。
 C. 一个上市公司不需要融资，就一定会分红。
 D. 一个上市公司既需要融资，也有办法分红。
 E. 一个上市公司不需要融资，也没有办法分红。

27. 肯定有一个外部世界存在，因为如果不是在我之外有某种东西可以发光或反光，将光照射到我眼睛里，使我产生了视觉经验，我就看不到建筑、人群和星星这些东西。并且，不仅我有这样的视觉经验，他人也有这样的视觉经验；书本知识也反复告诉我们，在我们之外有一个外部世界。
 下面哪一项不构成对上述论证的怀疑或反驳？
 A. 用感官证据说明外部世界的存在，需要在心灵中预先假定外部世界的存在。
 B. 你如何证明他人与你有类似的视觉经验？
 C. 既然视觉经验是可靠的，海市蜃楼就不是所谓的幻觉，而是真实的存在。
 D. 如果没有一个外部世界的存在，自然科学知识就不是对它的真实反映，那么，自然科学为什么会在实践中获得如此巨大的成功呢？
 E. 书本上会记录很多错误的知识。

28～30 题基于以下题干：

一个鸟类研究小组进入一片森林，探测其中是否有 G、H、J、M、S 和 W 这六种鸟。探测的结果符合以下条件：

（1）如果有 H，则没有 G；
（2）如果有 J 或 M，则有 H；
（3）如果有 W，则有 G；
（4）如果没有 J，则有 S。

28. 如果林中都有 M 和 H，则以下哪项有关上述六种鸟的断定一定为真？
 A. 除 M 和 H 外，林中只有 S。
 B. 除 M 和 H 外，林中只有 J。
 C. 林中既没有 J，也没有 S。
 D. 除 M 和 H 外，林中至少还有两种鸟。
 E. 除 M 和 H 外，林中至多还有两种鸟。

29. 如果林中没有 J，则以下哪项一定为假？
    A. 林中有 M。
    B. 林中有 H。
    C. 林中既没有 M，也没有 H。
    D. 林中既没有 M，也没有 S。
    E. 林中仅有 H 和 S。
30. 如果林中有 G，则以下哪项一定为真？
    A. 林中有 S。
    B. 林中有 W。
    C. 林中有 W 和 S。
    D. 上述六种鸟中，林中至多有两种。
    E. 上述六种鸟中，林中至少有三种。

管理类联考综合（199）逻辑冲刺模考题卷 10

（说明：参加管理类联考的同学，请模考本卷全部题目，限时 60 分钟；参加 396 经济类联考的同学，请模考本卷 1～20 题，限时 40 分钟。）

逻辑推理：第 1～30 小题，每小题 2 分，共 60 分。下列每题所给出的 A、B、C、D、E 五个选项中，只有一项是符合试题要求的。请在答题卡上将所选项的字母涂黑。

1. 人或许可以分为两类：有那一点雄心的和没有那一点雄心的。对普通人而言，那一点雄心，是把自己拉出庸常生活的坚定动力；没有那一点雄心的，只能无力甚至无知无觉地、慢慢地被庸常的生活所淹没。在变革时代，那一点雄心或许能导致波澜壮阔的结果。
   以下哪项陈述能构成对上文观点的反驳？
   A. 编草鞋的刘备，从来没有忘记自己是皇叔。就凭这一点，他从两手空空到三分天下有其一。
   B. 张雄虽壮志凌云，却才智庸常，一生努力奋斗，但一事无成，还弄得遍体鳞伤。
   C. 柳琴既无什么雄心，也无特别才华，仅凭天生丽质，一生有贵人相助，做成了很多事情。
   D. 菊花姐姐既不才高八斗，也不貌美如花，但自视甚高，不断折腾，一生也过得风生水起。
   E. 凤姐被很多人嘲笑，但是她的成功不是偶然的，正是因为她对成功的追求，才成就了她网络红人的地位。

2. 如果你要开办自己的公司，你必须在一件事情上让人知道你很棒，比如你的产品比别人做得好；别人也做得一样好时，你比别人快；别人也同样快时，你比别人成本低；别人的成本也一样低时，你比别人附加值高。
   下面哪一项与上面这段话的意思最不接近？
   A. 只有至少在一件事情上做得最好，你的公司才能够在市场竞争中站稳脚跟。
   B. 如果你的公司在任何事情上都不是最好，它就很可能在市场竞争中败下阵来。
   C. 如果你的公司至少在一件事情上做得最好，它就一定能获得巨额利润。
   D. 除非你的公司至少在一件事情上做得最好，否则，它就不能在市场竞争中获得成功。
   E. 即使你在一件事情上做好了，开办自己的公司也可能失败。

3. 《孙子兵法》曰："兵贵胜，不贵久。"意思是说用兵的战术贵能取胜，贵在速战速决。然而，毛泽东的《论持久战》主张的却是持久战，中国军队靠持久战取得了抗日战争的胜利。可见，《论持久战》与《孙子兵法》在"兵不贵久"的观点上是不一致的。

以下哪项陈述如果为真，则能最有力地削弱上述论证？

A. 在“二战”期间，德国军队靠闪电战取得了一连串的胜利，打进苏联后被拖入持久战，结果希特勒重蹈拿破仑的覆辙。

B. 日本侵略者客场作战贵在速决，毛泽东的持久战是针对敌方速决战的反制之计，它讲的是战略持久，不是战术持久。

C. 目前在世界范围内进行的反恐战争，从局部或短期上看是速决战，从整体或长远上看是持久战。

D. 毛泽东的军事著作与《孙子兵法》在“知己知彼，百战不殆”和“攻其不备，出其不意”的观点上，具有高度的一致性。

E. 《孙子兵法》与《论持久战》的时代背景不同，不可一概而论。

4. 某报社的编辑收到这样一封来信：

亲爱的编辑：

在这个假期里我认为我们应该认真地去体会一下真正的给予。我们每一个人都应该给别人礼物而不期望任何回报。如果别人给我们礼物，我们应该拒绝他的好意，并劝他把礼物送给其他人。通过这种方式我们就都可以体会到真正的给予。

下列哪个选项指出了上文的逻辑错误？

A. 假期并不是一年中人们唯一的接受礼物和送礼物的时间。

B. 如果没有人接受任何礼物，则任何人都不可能送出一份礼物。

C. 人们收到的礼物往往并没有用处，所以拒收礼物并不会有多大的牺牲。

D. 一些人可能会送出礼物，但希望在一段时间以后有所回报。

E. 送礼有上千年的传统，而且存在于各种人的群体中。

5. 中国多所高校在多伦多、纽约、波士顿、旧金山召开了4场人才招聘会，针对出席招聘会的中国留学生所做的问卷调查显示：67%的人希望回国工作，33%的人会认真考虑回国的选择。可见，在美国工作对中国留学生已失去了吸引力，人心思归已蔚然成风。

以下哪一项陈述如果为真，则最能削弱上述论证？

A. 参加问卷调查的中国留学生表达的未必是他们最好的愿望。

B. 如果北美的中国留学生回国找不到工作，那会让他们大失所望。

C. 67%和33%加起来是100%，这意味着希望留在北美工作的人为零。

D. 在北美的中国留学生中，那些不打算回国工作的人没有参加招聘会。

E. 33%的认真考虑回国的留学生，未必真的会回国。

6. 红旗小学从张珊、李思、王武、赵柳、钱起、孙巴、刘久7个小学生中，选择4人评选优秀学生干部。已知下列条件：

（1）要么选张珊，要么选钱起；

（2）要么选王武，要么选孙巴；

（3）如果选王武，那么选李思；

（4）除非选钱起，否则不选刘久。

根据以上断定可以推知，以下哪项一定为真？

A. 李思和赵柳至少选一人。

B. 钱起和刘久至少选一人。

C. 赵柳和王武至少选一人。

D. 王武和刘久至少选一人。

E. 以上断定都不一定为真。

7. 有关 60 岁以上的老年人对《中国好声音》这个娱乐节目不感兴趣的说法是不正确的。最近某学院的一项问卷调查报告表明，在 3 500 份寄回问卷调查表的老年人中，83% 的老年人说自己非常喜欢看《中国好声音》这个节目。

   下列哪项如果为真，则最能削弱上述结论？

   A. 该学院的问卷调查缺乏权威性，其准确度值得商榷。

   B. 对《中国好声音》感兴趣的老年人更愿意填写并寄回问卷调查表。

   C. 有少数寄回问卷调查表的老年人实际上还不到六十岁。

   D. 大部分寄回问卷调查表的老年人同时喜欢看其他娱乐节目。

   E. 有权威专家指出，老年人普遍不喜欢《中国好声音》这一类娱乐节目。

8. 某厂质量检验科对五个生产小组的产品质量进行检查，其结果如下：丁组的产品合格率高于丙组；乙组不合格产品中完全报废的产品比戊组多；甲组的产品合格率最低；丙组与乙组的产品合格率相同。

   根据以上信息可以推知，以下哪项必然为真？

   A. 丁组与戊组的产品合格率相同。

   B. 甲组的产品中完全报废的较多。

   C. 丁组的产品合格率最高。

   D. 乙组的产品合格率低于丁组。

   E. 丙组的产品中完全报废的最多。

9. 关于一项重要的实验结果的报告是有争议的。某科学家重复了这项实验，但没有得到与最初实验相同的结果。该科学家由此得出结论：最初的实验结果是由错误的测量方法造成的。

   以下哪项是这位科学家推理的假设？

   A. 如果一项实验结果的测量方法是正确的，那么，在相同条件下进行实验应得到相同的结果。

   B. 由于没有足够详细地记录最初的实验，所以，不大可能完全重复这一实验。

   C. 重复实验不会像最初实验那样由于错误的测量方法而导致有问题的结果。

   D. 最初的实验结果使得某个理论原则受到质疑，而该原则本身的根据是不充分的。

   E. 也可能是由其他问题导致最初的实验结果错误。

10. 陕西出土的秦始皇兵马俑，其表面涂有生漆和彩绘，这为研究秦代军人的服色提供了重要信息。但兵马俑出土后，表面的生漆会很快发生起翘和卷曲，造成整个彩绘层脱落，因此，必须用防护液和单体渗透两套方法进行保护，否则不能供研究使用。而一旦采用这两套方法对兵马俑进行保护，就会破坏研究者可能从中获得的有关秦代彩绘技术的全部信息。

    以上陈述如果为真，则以下哪项也必然为真？

    A. 采取保护措施后的秦兵马俑只能提供秦代军人服色方面的信息。

    B. 一个供研究秦代军人服色的兵马俑，不能成为了解秦代彩绘技术的新信息的来源。

    C. 秦兵马俑是了解秦代彩绘技术的唯一信息来源。

    D. 一个没有采取保护措施的兵马俑能够比采取保护措施后的兵马俑提供更多信息。

    E. 如果对秦始皇兵马俑进行研究，则不能借此了解秦代彩绘技术的全部信息。

11. 开封是中国著名的古都，历史上先后有7个朝代在这里建都。尤以北宋时期的东京城最为繁盛，据史籍记载和专家考证，北宋东京城城垣共分外城、内城、皇城三重。其外城共有陆门12座，新发现的子门是其中的一座，它位于宋东京外城的西城墙上，子门遗址距今开封市的前子门村、后子门村很近，这就说明这两个村是依据当时的城门命名的。

下列哪项如果为真，则最能够质疑上述判断？

A. 两个村子是中华人民共和国成立后才命名的。

B. 子门遗址并不在两个村子的中间。

C. 开封市还有另外一个前子门村。

D. 子门在南宋时期就被毁坏了。

E. 前子门村、后子门村的名字在历史上经过多次更改。

12. 某些酶分子通过使环绕肺气管的肌肉细胞收缩来抵御有毒气体对肺部的损害，这使得肺部部分封闭起来。当这些酶分子被不必要地激活时，对某些无害的事物像花粉或家庭粉尘做出反应时，就出现了哮喘病。有一项计划是开发一种药物通过阻碍接收由上文所说的酶分子发出的信息来防止哮喘病的发生。

以下哪项如果为真，则将指出这项计划存在的最严重的缺陷？

A. 研究人员仍不知身体是如何产生这种引发哮喘病的酶分子的。

B. 研究人员仍不知是什么使一个人的酶分子比其他人的更易激活。

C. 很多年内无法获得这样的药物，因为开发和生产这种药物都需要很长的时间。

D. 这样的药物无法区分由花粉和家庭粉尘引发的信息与由有毒气体引发的信息。

E. 这样的药物只能是预防性的，一旦患上哮喘，它无法减轻哮喘的程度。

13. 对交通事故的研究表明，在酒后驾车的情况下，事故率随之提高。有很多新手司机怀着侥幸心理，在酒后驾驶汽车，毫无疑问，事故率上升是由新手驾驶车辆不熟练造成的。

下列哪项情况能够对上述观点作出最有力的反驳？

A. 酒后驾车以老司机居多。

B. 近年交通事故率在不断攀升。

C. 新手司机的驾驶技术提高得很快。

D. 酒后驾车使老司机的事故率增高。

E. 新手司机酒后驾车时，对路况的判断能力严重下降。

14. 用卡车能把蔬菜在2天内从一农场运到新墨西哥的市场上，总费用是300美元。而用火车运输蔬菜则需4天，总费用是200美元。如果减少运输时间比减少运输费用对于蔬菜主人更重要的话，那么他或她会用卡车运蔬菜。

下面哪项是上面段落所做的一个假设？

A. 用火车运的蔬菜比用卡车运的蔬菜在出售时获利更多。

B. 除了速度和费用以外，用火车和卡车来进行从农场到新墨西哥的运输之间没有什么差别。

C. 如果运费提高的话，用火车把蔬菜从农场运到新墨西哥的时间可以减少到2天。

D. 该地区的蔬菜主人更关心的是运输成本而不是把蔬菜运往市场花费的时间。

E. 一辆卡车比一节火车运输的蔬菜更多。

15. 随着市场经济体制的不断建立，我国的一些城市出现了这样一种现象：许多工种由外来人口去做，而本地却有大量的待业人员存在。各城市的就业条件都是一样的，我们假设并无其他限制。

以下各项都可能是造成这种现象的原因，除了：

A. 外来的劳动力大多数是其他地区的待业人员。

B. 本地人对工种过于挑剔。

C. 外地的劳动力的价格比较低廉。

D. 外来的劳动力比较能吃苦耐劳。

E. 本地人对劳动报酬要求比较高。

16. 某宿舍住着四个留学生，分别来自美国、加拿大、韩国和日本。他们分别在中文、国际金融和法律三个系就学，其中：

①日本留学生单独在国际金融系；

②韩国留学生不在中文系；

③美国留学生和另外某个留学生同在某个系；

④加拿大留学生不和美国留学生同在一个系。

根据以上条件，可以推出美国留学生所在的系为：

A. 中文系。　　B. 国际金融系。　　C. 法律系。

D. 金融系或法律系。　　E. 无法确定。

17. 诡辩者：因为 6 大于 4，并且 6 小于 8，所以 6 既是大的又是小的。

以下哪一项中的推理方式与上述诡辩者的推理最为相似？

A. 因为老子比孟子更有智慧，所以老子对善的看法比孟子对善的看法更好。

B. 因为张青在健康时喝通化葡萄酒是甜的，而在生病时喝通化葡萄酒是酸的，所以通化葡萄酒既是甜的又是酸的。

C. 因为赵丰比李同高，并且赵丰比王磊矮，所以赵丰既是高的又是矮的。

D. 因为一根木棍在通常情况下看是直的，而在水中看是弯的，所以这根木棍既是直的又是弯的。

E. 因为有人觉得姚晨漂亮，有人觉得姚晨难看，所以姚晨既漂亮又难看。

18.《天天快报》报社组织拓展训练，最后一天对所有参加拓展训练的员工进行考核。如果考核结果达到 3 分或 3 分以上，记为优秀。在考核之前，有几个人就成绩讨论起来。

陈东说：小军、小霞身体素质都不错，他们俩至少有一个优秀。

牛力说：训练的时间太短，大家练习都不够，这次没有人能得优秀。

马方说：怎么可能呢？有人以前就参加过训练，他们一定能得优秀。

假设这三个人中只有一个人的猜测得到了验证，那么一定可以推出以下哪项结论？

A. 牛力说的对，参加拓展的报社成员没有人得优秀。

B. 无法确定对错，但所有训练成员都得到优秀。

C. 马方说的对，有人获得了优秀，但也有人不优秀。

D. 陈东说的不对，小霞没有得到优秀。

E. 马方说的不对，没有人获得优秀。

19. 老吕的师妹病了，老吕带了一位老中医前去看望，老中医拟开一副药方，此药方必须满足以下条件：

（1）如果有雪蚕，那么也要有夏冰；

（2）如果没有落葵，那么必须有忍冬；

（3）冬青和南星不能都有；

（4）如果没有雪蚕而有落葵，则需要有冬青。

如果药方中有南星，则以下哪项为真？

A. 药方中有雪蚕。

B. 药方中有忍冬。

C. 药方中没有落葵。

D. 药方中没有夏冰和忍冬。

E. 药方中如果没有夏冰，则一定有忍冬。

20. 最近几年，许多精细木工赢得了很多赞扬，被称为艺术家。但由于家具必须实用，精细木工在施展他们的精湛手艺时，必须同时注意他们产品的实用价值。因此，精细木工不是艺术。

以下哪项是上述结论的假设？

A. 一些家具制作出来是为了陈放在博物馆里，在那儿它不会被任何人使用。

B. 一些精细木工比其他人更关注他们制作的产品的实用价值。

C. 精细木工应比他们现在更加关注他们的产品的实用价值。

D. 一个物品，如果它的制作者注意到它的实用价值，那它就不是艺术品。

E. 艺术家不应该关心作品的实用价值。

21. 公司规定，将全体职工按工资数额从大到小排序。排在最后5%的人提高工资，排在最前5%的人降低工资。小王的工资数额高于全体职工的平均工资，小李的工资数额低于全体职工的平均工资。

如果严格执行公司规定，则以下哪种情况是不可能的？

Ⅰ. 小王和小李都提高了工资。

Ⅱ. 小王和小李都降低了工资。

Ⅲ. 小王提高了工资，小李降低了工资。

Ⅳ. 小王降低了工资，小李提高了工资。

A. Ⅰ、Ⅱ、Ⅲ和Ⅳ。

B. 仅Ⅰ、Ⅱ和Ⅲ。

C. 仅Ⅰ、Ⅱ和Ⅳ。

D. 仅Ⅲ。

E. 仅Ⅳ。

22. 直立人大约于200万年前起源于非洲，并且扩散到了欧亚大陆；现代人约在20万年前出现。这两种人类的化石在中国均有分布。比如北京周口店古老地层出土的“北京人”属于直立人；年轻地层中的“山顶洞人”属于现代人。对中国当代人群的研究发现，父系遗传的Y染色体均源自非洲，起源时间在8.9万年至3.5万年前；母系遗传的线粒体DNA均源自非洲，起源时间在10万年以内；没有检测到直立人的遗传组分。

以上陈述如果为真，则最能支持以下哪个假说？

A. “北京人”的后代可能灭绝了，中国当代人的祖先是大约10万年前从非洲来到亚洲的。

B. 中国的直立人和现代人分别来自非洲大陆，他们杂交的后代是中国当代人的祖先。
C. 北京周口店的“山顶洞人”是从“北京人”进化而来的。
D. 中国当代人是 200 万年前从非洲扩散到欧亚大陆的直立人的后代。
E. 中国当代人的祖先来自“北京人”和“山顶洞人”。

23. 某市警察局的统计数字显示，汽车防盗装置降低了汽车被盗的危险性。但是汽车保险业却不以为然，他们声称，安装了汽车防盗装置的汽车反而比那些没有安装此类装置的汽车更有可能被盗。
以下哪项如果正确，则最能解释上述这个明显的矛盾现象？
A. 被盗汽车的失主总是在案发后向警察局报告失窃事件，却延缓向保险公司发出通知。
B. 大多数被盗汽车都没有安装防盗装置，大多数安装防盗装置的汽车都没被偷。
C. 最常见的汽车防盗装置是发声报警器，这些报警器对每一起试图偷车的事件通常都会发出过多的警报。
D. 那些最有可能给他们的汽车安装防盗系统的人，都是汽车特别容易被盗的人，而且都居住在汽车被盗事件高发地区。
E. 大多数汽车被盗事件都是职业窃贼所为，对他们的手段和能力来说，汽车防盗装置所提供的保护是不够的。

24. 由于人口老龄化，德国政府面临困境：如果不改革养老体系，将出现养老金不可持续的现象。解决这一难题的政策包括提高养老金缴费比例、降低养老金支付水平、提高退休年龄。其中提高退休年龄所受阻力最大，实行这一政策的政府可能会在下次选举时丢失大量选票。但德国政府于 2007 年完成法定程序，将退休年龄从 65 岁提高到 67 岁。
以下哪一项陈述如果为真，则能够最好地解释德国政府为什么冒险采用了这一政策？
A. 2001 年德国以法律形式确定了养老金缴费上限，2004 年确定了养老金支付下限，两项政策都已经用到了极致。
B. 为减轻压力，德国政府规定从 2012 年起用 20 年的过渡期来实现退休年龄从 65 岁提高到 67 岁。
C. 延迟一年退休，所削减的养老金可达 GDP 的近 1%。
D. 现在德国人的平均寿命大大提高，退休者领取养老金的年限越来越长。
E. 欧盟已经有多个国家在 2007 年以前提高了退休年龄。

25. 已知以下几个条件成立：
①如果小王是工人，那么小张不是医生；
②或者小李是工人，或者小王是工人；
③如果小张不是医生，那么小赵不是学生；
④或者小赵是学生，或者小周不是经理。
以下哪项如果为真，则可得出“小李是工人”的结论？
A. 小周不是经理。　　B. 小王是工人。　　C. 小赵不是学生。
D. 小周是经理。　　E. 小张不是学生。

26 ~ 28 题基于以下题干：

在一项庆祝活动中，一名学生依次为 1、2、3 号旗座安插彩旗，每个旗座只插一杆彩旗，这名学生有三杆红旗、三杆绿旗和三杆黄旗。安插彩旗必须符合下列条件：

（1）如果1号安插红旗，则2号安插黄旗；

（2）如果2号安插绿旗，则1号安插绿旗；

（3）如果3号安插红旗或者黄旗，则2号安插红旗。

26. 以下哪项列出的可能是安插彩旗的方案之一？

A. 1号：绿旗；2号：绿旗；3号：黄旗。

B. 1号：红旗；2号：绿旗；3号：绿旗。

C. 1号：红旗；2号：红旗；3号：绿旗。

D. 1号：黄旗；2号：红旗；3号：绿旗。

E. 1号：黄旗；2号：绿旗；3号：绿旗。

27. 如果不选用绿旗，则恰好能有几种可行的安插方案？

A. 一。　B. 二。　C. 三。　D. 五。　E. 六。

28. 如果安插的旗子的颜色各不相同，则以下哪项陈述可能为真？

A. 1号安插绿旗并且2号安插黄旗。

B. 1号安插绿旗并且2号安插红旗。

C. 1号安插红旗并且3号安插黄旗。

D. 1号安插黄旗并且3号安插红旗。

E. 1号安插绿旗并且3号安插红旗。

29. 政府的功能是满足人民的真正需要。除非政府知道人民真正需要什么，否则，政府就无法满足那些需要。如果没有言论自由，就无法确保政府官员听到这样的需求信息。因此，对于一个健康的国家来说，言论自由是必不可少的。

以下陈述如果为真，则哪一项不能削弱上述论证的结论？

A. 言论自由对满足人民的需要是不充分的，良好的社会秩序也是不可缺少的。

B. 政府的正当功能不是去满足人民的需要，而是给人民提供平等的机会。

C. 政府官员是勤政爱民、尽职尽责的，他们已经知道人民需要什么且有什么不满。

D. 言论自由导致众声喧哗，容易破坏社会秩序，而良好的社会秩序是政府满足人民需要的先决条件。

E. 没有言论自由，也可以维持健康的国家。

30. 在信息纷繁复杂的互联网时代，每个人都时刻面临着被别人的观点欺骗、裹挟、操纵的风险。如果你不想总是受他人摆布，如果你不想混混沌沌地度过一生，如果你想学会独立思考、理性决策，那你就必须用批判性思维来武装你的头脑。

如果以上陈述为真，则以下哪一项陈述不必然为真？

A. 不能用批判性思维武装头脑的人，就不可能学会独立思考、理性决策。

B. 你或者选择用批判性思维来武装你的头脑，或者选择混混沌沌地度过一生。

C. 不想学会独立思考、理性决策的人，就不必用批判性思维来武装头脑。

D. 只有用批判性思维武装头脑的人，才能摆脱被他人摆布的命运。

E. 你或者选择用批判性思维来武装你的头脑，或者总是受他人摆布。

管理类联考综合（199）逻辑冲刺模考题卷 11

（说明：参加管理类联考的同学，请模考本卷全部题目，限时 60 分钟；参加 396 经济类联考的同学，请模考本卷 1 ~ 20 题，限时 40 分钟。）

逻辑推理：第 1 ~ 30 小题，每小题 2 分，共 60 分。下列每题所给出的 A、B、C、D、E 五个选项中，只有一项是符合试题要求的。请在答题卡上将所选项的字母涂黑。

1. 一家化工厂，生产一种可以让诸如水獭这样小的哺乳动物不能生育的杀虫剂。工厂开始运作以后，一种在附近小河中生存的水獭不能生育的发病率迅速增加。因此，这家工厂在生产杀虫剂时一定污染了河水。
   以下哪项陈述中所包含的推理错误与上文中的最相似?
   A. 低钙饮食可以导致家禽产蛋量下降。一个农场里的鸡在春天被放出去觅食后，它们的产蛋量明显减少了。所以，它们找到和摄入的食物的含钙量一定很低。
   B. 导致破伤风的细菌在马的消化道内生存，破伤风是一种传染性很强的疾病。所以，马一定比其他大多数动物更容易染上破伤风。
   C. 营养不良的动物很容易感染疾病，在大城市动物园里的动物没有营养不良。所以，它们肯定不容易感染疾病。
   D. 猿的特征是有反转的拇指并且没有尾巴。最近，一种未知动物的化石残余被发现，由于这种动物有可反转的拇指，所以，它一定是猿。
   E. 有人说一般头顶双旋的孩子都比较聪明，因此聪明的孩子的头顶都有两个旋。
2. 由于每一层次的员工都不愿意在上级管理者眼里与坏消息有所关联，因此基层出现的严重问题在沿管理层次逐级上报时总是被淡化或是掩盖。所以，位于最高层次上的总经理对基层出现的真实问题的了解，要比他的下级们少得多。
   以上结论是建立在以下哪个假设基础之上的呢?
   A. 管理层级中，较高层次的管理者解决问题的能力要比低层管理者解决问题的能力强。
   B. 仍然有一些员工更关注的是事实，而不是他们在上级管理者心目中的印象。
   C. 位于最高层次的总经理只能从直接下级处了解基层问题，而没有别的渠道。
   D. 在哪一层发生的管理问题应由哪一层的管理人员去加以解决。
   E. 向上级如实汇报基层情况的员工应当受到来自高层管理者的特别嘉奖。
3. 近年来中国不断增加对非洲的投资，这引起西方国家不安，“中国掠夺非洲资源”之类的批评不绝于耳。对此，一位中国官员反驳说：“批评的一个最重要的依据是中国从非洲拿石油，但去年非洲出口的全部石油，中国只占 8.7%，欧洲占 36%，美国占 33%。如果说进口8.7%都有掠夺资源之嫌，那么36%和33%应该怎么来看呢？”

加入以下哪项陈述，这位官员可以推出“中国没有掠夺非洲资源”的结论？

A. 欧洲和美国有掠夺非洲资源之嫌。

B. 欧洲和美国没有掠夺非洲的资源。

C. 中国和印度等国家对原料的需求使原料价格上涨，为非洲国家带来了更多收入。

D. 非洲国家有权决定如何处理自己的资源。

E. 中国是否掠夺非洲资源还需要考量其他因素。

4. 大城市的公共运输当局正在同赤字作斗争。乘客抱怨延误和故障、服务质量下降以及车费的增加。因为所有这些原因以及因为汽油价格并不是高不可攀，使得使用公共交通的乘客数目已经下降，增加了赤字。

下列哪一项关于使用公共交通乘车者的数目和汽油价格的关系被上文所支持？

A. 当汽油价格增长时，使用公共交通乘客的数目增加。

B. 即使汽油价格增长，使用公共交通乘客的数目也将持续下降。

C. 假如汽油价格上升到高不可攀的水平，使用公共交通乘客的数目将增加。

D. 使用公共交通的大多数乘客不使用汽油，因此，汽油价格的浮动不可能影响使用公共交通乘客的数目。

E. 汽油价格总是保持低水平，足够低以至于私人驾车比乘坐公共交通便宜，因此，汽油价格的浮动不可能影响使用公共交通乘客的数目。

5. 嘉克的姨母把她的遗嘱给了他，并要求他在她死后公开她的遗嘱，嘉克答应了她。姨母死后，嘉克看了遗嘱：遗嘱中规定她所有的钱都归属于她的朋友杰其。嘉克明白如果他公开了这个遗嘱，杰其就会挥霍那些钱，既不有益于杰其也不有益于其他任何人；嘉克同时也明白，如果他不公开这个遗嘱，那些钱就会归属于他自己的母亲，她将使用这些钱，既有益于她自己又有益于其他人，且不会损害任何人。嘉克沉思之后，决定不公开这个遗嘱。

下面哪一条原则如果正确，则将会要求嘉克像上面描述的情况中做的那样去做？

A. 对家庭成员的职责高于对其他非家庭成员的职责。

B. 违反诺言是不允许的，无论什么时候违反诺言都会被他人知道。

C. 在有益于一些人，无害他人，与有害于一些人，无益于任何人的两个方案之间，一个人必须选择前者。

D. 当面临选择时，一个人有义务选择那个对最多数人有益的方案。

E. 当被承诺的那个人死后，承诺就再不具有约束力。

6. 铜矿采掘业发言人提出建议：为了维持国产铜的价格，必须限制较便宜的国外铜的进口，否则，我国的铜矿采掘业将难以经营。

电线电缆制造业发言人对上述建议的反应：我国电线电缆制造业购买的铜70%都是国产的。如果铜价不是按国际价格支付，那么由于成本的提高，国产的电线电缆就会卖不出去，这样对国产铜的需求就会下跌。

以下哪项是对电线电缆制造业发言人的论证的最恰当评价？

A. 该论证无的放矢，和铜矿采掘业发言人的建议无关。

B. 该论证是循环论证，它预先假设了为了评论铜矿采掘业发言人的建议而需要证明的东西。

C. 它说明铜矿采掘业发言人的建议如果实施的话将会对其自身产生负面影响。

D. 它没有给出理由说明为什么上述建议的实施并不能减轻铜矿采掘业难以经营的担心。

E. 它说明即使上述建议被拒绝，铜矿采掘业也会繁荣。

7. 政治家：除非我们国家重新分配财富，否则我们将不能减轻经济上的不公平。而我们现有的体制将不可避免地导致无法容忍的经济不公平，如果这种不公平变得无法容忍，那么遭受不公平待遇的人就会诉诸暴力迫使社会改革。我们国家的职责是做任何必要的事情来缓和这种形势，这种形势若不能得到缓和，就会引起企图产生社会改革的暴力事件。

上面的陈述从逻辑上能使政治家得出下列哪一个结论？

A. 社会变革的需要从来不能使诉诸武力的补偿办法合理化。

B. 我们国家的责任是重新分配财富。

C. 政治家必须基于政治上的方便，而不是基于抽象的道德原理来做出他们的决定。

D. 除非经济上的不公导致了不能容忍的社会状况，否则就不需要纠正它。

E. 创建经济公正的环境所需要的所有条件就是要重新分配财富。

8 ~9 题基于以下题干：

有 A、B、C 三组评委投票决定是否通过一个提案。A 组评委共两人，B 组评委共两人，C 组评委共三人。每个评委都不能弃权，并且同意、反对必选其一，关于他们投票的信息如下：

（1）如果 A 组两个评委的投票结果相同，并且至少有一个 C 组评委的投票结果也与 A 组所有评委的投票结果相同，那么 B 组两个评委的投票结果也都与 A 组两个评委的投票结果相同；

（2）如果 C 组三个评委的投票结果相同，则 A 组没有评委的投票结果与 C 组的投票结果相同；

（3）至少有两个评委投同意票；

（4）至少有两个评委投反对票；

（5）至少有一个 A 组评委投反对票。

8. 如果 B 组两个评委的投票结果不同，则下列哪项可能是真的？

A. A 组评委都投反对票并且恰有两个 C 组评委投同意票。

B. 恰有一个 A 组评委投同意票并且恰有一个 C 组评委投同意票。

C. 恰有一个 A 组评委投同意票并且 C 组所有评委都投同意票。

D. A 组所有评委都投同意票并且恰有一个 C 组评委投同意票。

E. A 组所有评委都投同意票并且恰有两个 C 组评委投同意票。

9. 根据以上论述可以推知，下列哪项一定为真？

A. 至少有一个 A 组评委投同意票。

B. 至少有一个 C 组评委投同意票。

C. 至少有一个 C 组评委投反对票。

D. 至少有一个 B 组评委投反对票。

E. 至少有一个 B 组评委投同意票。

10. 人类对糖的渴望曾经是有益的，它吸引着人喜爱吃更健康的食品（例如成熟的水果）；然而，现在的糖是精制糖，而精制糖对健康是不利的。因此，对糖的渴望将是对人体无益的。

以下哪项强化了上述论证？

A. 某些食物生吃不利于健康，煮熟吃对人的健康是有利的。

B. 某些渴望吃糖的人宁可吃煮熟的水果，也不吃饼干。

C. 以前人不用味觉就分不开哪些食品是有利于健康的，哪些食品是不利于健康的。

D. 非精制食品并不比精制食品更利于健康。

E. 渴望吃糖的人更可能吃含精制糖的食品，而较少吃含天然糖分（如水果）的食品。

11. 在林园小区，饲养宠物是被禁止的。林园小区的一些宠物爱好者试图改变这一规定，但失败了，因为林园小区规则变更程序规定：只有获得10%的住户签字的提议，才能提交全体住户投票表决。结果，这些宠物爱好者的提议被大多数住户投票否决了。

从上述断定最可能推出以下哪项结论？

A. 投否决票的住户不多于90%。

B. 在宠物爱好者的提议上签字的住户不少于10%。

C. 在宠物爱好者提议上签字的住户不到10%。

D. 在宠物爱好者提议上签字的不都是宠物爱好者。

E. 有的住户在提议上签了字，但又投了否决票。

12. 在某次全校学生身体健康检查后，校医院四个医生各有如下结论：

甲：所有学生都没有携带乙肝病毒。

乙：一年级学生王某没有携带乙肝病毒。

丙：学生不都没有携带乙肝病毒。

丁：有的学生没有携带乙肝病毒。

如果四个医生中只有一人的断定属实，那么以下哪项是真的？

A. 甲断定属实，王某没有携带乙肝病毒。

B. 丙断定属实，王某携带了乙肝病毒。

C. 丙断定属实，但王某没有携带乙肝病毒。

D. 丁断定属实，王某未携带乙肝病毒。

E. 丁断定属实，但王某携带了乙肝病毒。

13. 近年，在对某大都市青少年犯罪情况的调查中，发现失足青少年中24%都是离异家庭的子女。因此，离婚率的提高是造成青少年犯罪的重要原因。

假设每个离异家庭都有子女，则以下哪项如果是真的，最能对上述结论提出严重质疑？

A. 十多年前该大都市的离婚率已接近1/4，且连年居高不下。

B. 该大都市近年的离婚率较前有所下降。

C. 离异家庭的子女中走上犯罪道路的毕竟是少数。

D. 正常的离异比不正常地维系已经破裂的家庭要有利于社会的稳定。

E. 青少年犯罪中性犯罪占很大的比例。

14. 最近的一次跨文化研究表明，一般结婚的人比离婚而没有再婚的人的寿命长。这一事实说明离婚的压力对健康有不利影响。

以下哪项如果为真，则指出了上述观点的错误？

A. 人的寿命因国家而异，即使文化相似的国家，情况也不同。

B. 离婚时，人们总会表现出一种压力。

C. 即使是已婚的人，寿命也是随着年龄段的不同而不同。

D. 许多压力都对健康有不利影响。

E. 从未结婚的成年人的寿命比同龄的已婚人的寿命短。

15. 一种新型的石油燃烧器——在沥青工厂中使用——是如此的有效率，以至于向沥青工厂出售一台这样的燃烧器，其价格是这样计算的：用过去两年该沥青厂家使用以前的石油燃烧器实际支付的成本总数减去将来两年该沥青厂家使用这种新型的石油燃烧器将支付的成本总数的差额。当然，在安装时，工厂会进行一次估计支付，两年以后再将其调整为与实际的成本差额相等。

下面哪项如果发生的话，则会对新型的石油燃烧器的销售计划造成不利？

A. 另一个制造商把有相似效率的石油燃烧器引入市场。

B. 该沥青厂家的规模需要不止一台新型的石油燃烧器。

C. 该沥青厂家原有的石油燃烧器效率非常差。

D. 市场上对沥青的需求下降。

E. 新型石油燃烧器安装后不久，石油价格持续上涨。

16. 美国政府决策者面临的一个头痛的问题就是所谓的“别在我家门口”综合征。例如，尽管民意测验一次又一次地显示大多数公众都赞成建造新的监狱，但是，当决策者正式宣布计划要在某地建造一所新的监狱时，总遭到附近居民的抗议，并且抗议者往往总有办法使计划搁浅。

以下哪项也属于上面所说的“别在我家门口”综合征？

A. 某家长主张，感染了艾滋病毒的孩子不能被允许进入公共学校；当知道一个感染艾滋病毒的孩子进入了他孩子的学校，他立即办理了自己孩子的退学手续。

B. 某政客为主张所有政府官员必须履行个人财产公开登记的义务，他自己递交了一份虚假的财产登记表。

C. 某教授主张宗教团体有义务从事慈善事业，但自己拒绝捐款资助索马里饥民。

D. 某汽车商主张国际汽车自由贸易，以有利于各国经济，但要求本国政府限制外国制造的汽车进口。

E. 某军事战略家认为核战争会毁灭人类，但主张本国保持足够的核能力以抵御外部可能的核袭击。

17. 贾女士：在英国，根据长子继承权的法律，由男人的第一个妻子生的第一个儿子总是首先有继承家庭财产的权利。

陈先生：你说的不对。布朗公爵夫人就合法地继承了她父亲的全部财产。

以下哪项是对陈先生所作断定的最恰当的评价？

A. 陈先生的断定是对贾女士的反驳，因为它举出了一个反例。

B. 陈先生的断定是对贾女士的反驳，因为它揭示了长子继承权性别歧视的实质。

C. 陈先生的断定不能构成对贾女士的反驳，因为它对布朗夫人继承父亲财产的合法性并未给以论证。

D. 陈先生的断定不能构成对贾女士的反驳，因为任何法律都不可能得到完全地实施。

E. 陈先生的断定不能构成对贾女士的反驳，因为它把贾女士的话误解为只有长子才有权继承财产。

18. 刑警队需要充实缉毒组的力量，关于队中有哪些人来参加该组，已商定有以下意见：

（1）如果甲参加，则乙也参加；

（2）如果丙不参加，则丁参加；

（3）如果甲不参加而丙参加，则队长戊参加；

（4）队长戊和副队长己不能都参加；

（5）上级决定副队长己参加。

根据以上意见可以推知，下列推理完全正确的是：

A. 甲、丁、己参加。

B. 丙、丁、己参加。

C. 甲、丙、己参加。

D. 甲、乙、丁、己参加。

E. 甲、丁、戊参加。

19. 当前的大学教育在传授基本技能上是失败的。有人对若干大公司的人事部门负责人进行了一次调查，发现很大一部分新上岗的工作人员都没有很好地掌握基本的写作、数量和逻辑技能。

上述论证是以下列哪项为前提的？

A. 现在的大学里没有基本技能方面的课程。

B. 新上岗人员中极少有大学生。

C. 写作、数量、逻辑方面的基本技能对胜任工作很重要。

D. 大公司的新上岗人员基本上代表了当前大学毕业生的水平。

E. 过去的大学生比现在的大学生接受了更多的基本技能教育。

20. 在某个车间的领导班子中，车间主任、车间副主任和采购经理分别是张珊、李思和王武中的某一位。已知：

（1）车间副主任是个独生子，钱挣得最少；

（2）王武与李思的姐姐结了婚，钱挣得比车间主任多。

从以上陈述中可以推出下面哪一个选项？

A. 王武是采购经理，李思是车间主任。

B. 张珊是车间副主任，王武是车间主任。

C. 张珊是车间主任，李思是采购经理。

D. 李思是车间主任，张珊是采购经理。

E. 李思是车间主任，王武是车间副主任。

21. 有一位研究者称，在数学方面女性和男性一样有才能。但是她们的才能之所以未被充分发挥出来，是因为社会期望她们在其他更多的方面表现出自己的能力。

以下哪项是该研究者的一个假设？

A. 数学能力比其他方面的能力更重要。

B. 数学能力不及其他方面的能力重要。

C. 妇女在总体上比男性更有才能。

D. 妇女在总体上不比男性更有才能。

E. 妇女倾向于趋同社会对她们的期望。

22. 任何一个人的身体感染了X病毒，一周以后就会产生抵抗这种病毒的抗体。这些抗体的数量在接下来的大约一年的时间内都会增加。现在，有一项测试可靠地指出了一个人的身体内存在多少个抗体。如果属实的话，这个测试可在一个人感染上某种病毒的第一年内被用来估计那个人已经感染上这种病毒多长时间了，估计误差在一个月之内。

下面哪一项结论能被上面的论述最有力地支持？

A. 抗体的数量一直增加到它们击败病毒为止。

B. 离开了对抗体的测试，就没有办法确定一个人是否感染上了 X 病毒。

C. 抗体仅为那些不能被其他任何身体防御系统所抵抗的病毒感染产生。

D. 如果一个人无限期地被 X 病毒感染，那么这个人的身体内可以出现的抗体的数量就是无限的。

E. 任何一个感染了 X 病毒的人，如果用抗体测试法对他进行测试，将在一段时间内发现不了他有被感染的迹象。

23. 如果危机发生时，公司能够采取非常有效的办法来消除危机，实际上能够增加公司的声誉。一个非常好的声誉，可能因为一个事件，转眼就被破坏；而一个不好的声誉，往往需要很长时间的努力才能消除它。

如果以上陈述为真，则最能支持以下哪项陈述？

A. 消除一个不好的声誉比赢得一个好的声誉还难。

B. 如果声誉的风险不算风险的话，就不存在风险了。

C. 维持公司声誉是董事会最重要的职责。

D. 破坏一个好声誉比消除一个不好的声誉更容易。

E. 伟大的公司无不具有好的声誉。

24. 传统的观点一直认为，荷尔蒙睾丸激素的高含量分泌是造成男性患心脏病的重要原因。这个观点是站不住脚的。因为测试显示，男性心脏病患者体内的荷尔蒙睾丸激素的含量，通常都要低于无心脏病的男性。

上述论证假设了以下哪项断定？

A. 患心脏病后不会降低男性患者体内的荷尔蒙睾丸激素的含量。

B. 一些心脏健康的男人体内的荷尔蒙睾丸激素的含量较低。

C. 传统的观点往往是不正确的。

D. 心脏病和荷尔蒙睾丸激素含量的降低是某个共同原因作用的结果。

E. 荷尔蒙睾丸激素在体内的高含量不会引起除心脏病以外的任何疾病。

25. 一项研究发现，1970 年调查的孩子中有 70% 曾经有过牙洞，而在 1985 年的调查中，仅有 50% 的孩子曾经有过牙洞。研究者们由此得出结论：在 1970—1985 年这段时间内，孩子们的牙病比率降低了。

下列哪一项如果为真，则最能削弱研究者们上面得出的结论？

A. 牙洞是孩子们可能得的最普通的一种牙病。

B. 被调查的孩子来自不同收入背景的家庭。

C. 被调查的孩子是从那些与这些研究者们进行合作的老师的学生中选取的。

D. 1970 年以来，发现牙洞的技术水平得到了突飞猛进的提高。

E. 平均来说，1985 年调查的孩子要比 1970 年调查的孩子的年龄要小。

26 ~ 28 题基于以下题干：

一座塑料大棚中有 6 块大小相同的长方形菜池子，按照从左到右的顺序依次排列为：1、2、3、4、5 和 6 号。而且 1 号与 6 号不相邻。大棚中恰好需要种 6 种蔬菜：Q、L、H、X、S 和 Y。每块菜池子只能种植其中的一种。种植安排必须符合以下条件：

（1）Q在H左侧的某一块菜池中种植；

（2）X种植在1或6号菜池子；

（3）3号菜池子种植Y或S；

（4）L紧挨着S的右侧种植。

26. 如果S种植在偶数号的菜池中，则以下哪项陈述必然为真？

A. L紧挨着S左侧种植。

B. H紧挨着S左侧种植。

C. Y紧挨着S左侧种植。

D. X紧挨着S左侧种植。

E. H紧挨着Q左侧种植。

27. 如果S和Q种植在奇数号的菜池中，则以下哪项陈述可能为真？

A. H种植在1号菜池子。

B. Y种植在2号菜池子。

C. H种植在4号菜池子。

D. L种植在5号菜池子。

E. L种植在1号菜池子。

28. 以下哪项陈述不可能为真？

A. Y种植在X右侧的某一块菜池中。

B. X紧挨着Y的左侧种植。

C. S种植在Q左侧的某一块菜池中。

D. H紧挨着X的右侧种植。

E. H紧挨着Q右侧种植。

29. 由于量子理论的结论违反直观，有些科学家对这一理论持不同看法。尽管他们试图严格地表明量子理论的断言是不精确的（即试图严格地证伪它），但是发现，其误差在通常可接受的统计范围之内。量子理论的这些结果不同于与它相竞争的理论的结果，这表明接受量子理论是合理的。

以下哪一项原则最有助于表明上述推理的合理性？

A. 一个理论在被试图严格地证伪之前不应当被认为是合理的。

B. 只有一个理论的断言没有被实验所证伪，才可以接受这个理论。

C. 如果一个科学理论中违反直观的结论比与它相竞争的理论少，那么应该接受这个理论。

D. 如果试图严格地证伪一个理论，但该理论经受住了所有的考验，那么应该接受它。

E. 许多理论在被完全接受之前，都经历了漫长的被质疑的路程。

30. 历史的真实不等于真实的历史，鲁迅说《史记》是“史家之绝唱，无韵之离骚”。好的史学作品必须突破那层僵化的历史真实观，直接触及历史人物的灵魂，写出历史的本质真实来。

以下哪项陈述是上述论证所依赖的假设？

A. 好的史学作品既忠实地报道历史事实，又生动地刻画人物的灵魂。

B. 仅仅忠实地记述历史事实的史学作品不是好的史学作品。

C. 在所有史学作品中，只有《史记》是好的史学作品。

D. 只是生动地刻画历史人物的灵魂，没有报道历史事实的作品不是史学作品。

E. 史学作品必须像《史记》一样具有文学性。

管理类联考综合（199）逻辑冲刺模考题卷12

（说明：参加管理类联考的同学，请模考本卷全部题目，限时60分钟；参加396经济类联考的同学，请模考本卷1～20题，限时40分钟。）

逻辑推理：第1～30小题，每小题2分，共60分。下列每题所给出的A、B、C、D、E五个选项中，只有一项是符合试题要求的。请在答题卡上将所选项的字母涂黑。

1. 加利福尼亚的消费者在寻求个人贷款时可借助的银行比美国其他州少，银行间竞争的缺乏解释了为什么加利福尼亚的个人贷款利率高于美国其他州。

   以下哪项如果正确，则最能显著地削弱以上结论？

   A. 因为要支付相对高的工资来吸引胜任的员工，加利福尼亚的银行为他们提供许多服务，因而向储户收取的费用比其他地方银行高。

   B. 个人贷款比银行做的其他种类贷款如住房按揭贷款风险大。

   C. 因为加利福尼亚的银行存款和美国其他地区银行存款都受相同的保险保障，它们的安全性并不比其他地区的银行存款差。

   D. 加利福尼亚的消费者不能归还私人贷款的比率比美国其他地区低。

   E. 加利福尼亚的银行向储户支付的利率比美国其他地区的银行低，因此，在加利福尼亚吸收储户的竞争较少。

2. 市场上生产的手机大约有200种品牌，而我们进的货只局限于八种最流行的品牌。我们计划通过增加十种最好销的品牌来增加销量。

   下列哪个选项如果为真，则可以最有力地指出上述计划的弱点？

   A. 三种最流行的手机品牌功能相似，其中没有哪种品牌在各方面都有优势。

   B. 七种最流行的品牌几乎构成了所有手机的销量。

   C. 随着手机的用户水平越来越高，他们更倾向于购买并不知名的品牌。

   D. 不流行的品牌往往给零售商带来较少的利润，因为为了吸引消费者必须采取价格折扣。

   E. 最知名的品牌的手机销售量不如非名牌手机，是由于非名牌手机与其功能相似且价格低。

3. 农场发言人："毗邻我农场的炼铅厂引起的空气污染造成了本农场农作物的大幅度减产。"

   炼铅厂发言人："责任不在本厂。我们的研究表明，农场减产应该归咎于有害昆虫和真菌的蔓延。"

   以下哪项如果为真，则最能有力地削弱炼铅厂发言人的结论？

   A. 炼铅厂的研究并没有测定该厂释放的有害气体的数量。

B. 农场近年来的耕作方式没什么变化。

C. 炼铅厂的空气污染破坏了周边的生态平衡，使得有害昆虫和真菌大量滋生。

D. 炼铅厂释放的有害气体是无色无臭的。

E. 所说的有害昆虫和真菌在周边地区近百年来都偶有发现。

4. 一些人类学家认为，如果不具备应付各种自然环境的能力，人类在史前年代就不可能幸存下来。然而相当多的证据表明，阿法种南猿——一种与早期人类有关的史前物种，在各种自然环境中顽强生存的能力并不亚于史前人类，但最终灭绝了。因此，人类学家的上述观点是错误的。

上述推理的漏洞也类似地出现在以下哪项中？

A. 大张认识到赌博是有害的，但就是改不掉。因此，“不认识错误就不能改正错误”这一断定是不成立的。

B. 已经找到了证明造成艾克矿难是操作失误的证据。因此，关于艾克矿难起因于设备老化、年久失修的猜测是不成立的。

C. 大李图便宜，买了双旅游鞋，穿不了几天就坏了。因此，怀疑“便宜无好货”是没道理的。

D. 既然不怀疑小赵可能考上大学，那就没有理由担心小赵可能考不上大学。

E. 既然怀疑小赵一定能考上大学，那就没有理由怀疑小赵一定考不上大学。

5. 卫生部的官员们对××县狂犬病疫情有以下断定：

（1）该县所有的狗都得了狂犬病。

（2）该县有些斑点狗得了狂犬病；

（3）该县有些狗得了狂犬病；

（4）该县有些狗没得狂犬病。

其实上述断定中只有两个与事实相符。根据如上情况，能得出以下哪些结论？

Ⅰ. 该县的狗都是斑点狗。

Ⅱ. 该县没有斑点狗得狂犬病。

Ⅲ. 该县的斑点狗都得了狂犬病。

Ⅳ. 有的狗得了狂犬病。

Ⅴ. 有的狗没得狂犬病。

A. 只有Ⅰ。　　B. 只有Ⅱ。　　C. 只有Ⅱ、Ⅳ和Ⅴ。

D. 只有Ⅰ和Ⅱ。　　E. Ⅰ、Ⅱ、Ⅲ和Ⅳ都可能为真。

6. 某省每个企业按月向政府上报新雇用和解雇的人数，省政府把各企业的两类数据分别相加，并按月向社会公布企业新获得（包括重新获得）和失去工作的总人数。上个月大成服装厂上报新雇用30人，解雇26人。政府向社会公布企业新获得工作和失去工作的总人数分别为15 000人和12 000人。

如果上述断定为真，并且相关数据都是准确的，则以下哪项一定为真？

Ⅰ. 大成服装厂上个月职工增员4人。

Ⅱ. 该省上个月企业职工增员3 000人。

Ⅲ. 该省上个月有12 000名企业职工失业。

A. 只有Ⅰ。　　B. 只有Ⅱ。　　C. 只有Ⅲ。

D. 只有Ⅰ和Ⅱ。　　E. Ⅰ、Ⅱ和Ⅲ。

7. 在 1988 年，波罗的海有很大比例的海豹死于病毒性疾病；然而在苏格兰的沿海一带，海豹由于病毒性疾病而死亡的比率大约是波罗的海的一半。波罗的海海豹血液内的污染性物质水平比苏格兰海豹的高得多。因为人们知道污染性物质能削弱海洋哺乳动物对病毒感染的抵抗力，所以波罗的海中海豹的死亡率较高很可能是由它们的血液中污染性物质的含量较高所致。

下面哪一项如果正确，则能给上述论证提供最多的附加支持？

A. 绝大多数死亡的苏格兰海豹都是老的或不健康的海豹。

B. 杀死苏格兰海豹的那种病毒击垮损害的免疫系统的速度要比击垮健康的免疫系统的速度快得多。

C. 在波罗的海海豹的血液中发现的污染性物质的水平略有波动。

D. 在波罗的海发现的污染性物质种类与在苏格兰沿海水域发现的大相径庭。

E. 1988 年，在波罗的海内的除了海豹之外的其他海洋哺乳动物死于病毒性疾病的死亡率要比苏格兰沿海水域的高得多。

8 ~9 题基于以下题干：

政府用于支持纯理论研究的投入经常被认为是浪费，似乎只有直接的技术应用可以证明科学的价值。但是，如果没有纯理论研究，应用技术终将成为日渐枯竭的无源之水。今天的纯理论研究可能看来没有什么用，但是谁也说不准某一天它会产生什么样的应用奇迹。这正如人们完全可以问：“新生婴儿有什么用？”

8. 上述议论基于以下哪项假设？

Ⅰ. 理论发现和它的实际应用之间存在时间上的差距。

Ⅱ. 纯理论研究比技术应用更费时间和金钱。

Ⅲ. 理论转化为实际应用的时间越长，这种理论就越有价值。

A. 仅仅Ⅰ。　　B. 仅仅Ⅱ。　　C. 仅仅Ⅲ。

D. 仅仅Ⅰ和Ⅲ。　　E. Ⅰ、Ⅱ和Ⅲ。

9. 上述论证把“新生婴儿”比作以下哪项？

A. 基于纯理论的一种新技术突破。

B. 政府对科学研究的投入。

C. 公众对纯理论研究的支持。

D. 新技术成果使社会得到的受益。

E. 一时看不到直接应用价值的纯理论发现。

10. 脊髓中受损伤的神经不能自然地再生，即使在神经生长刺激物的激发下也不能再生。人们最近发现其原因是脊髓中存在着神经生长抑制剂。现在已经开发出降低这种抑制剂活性的抗体。那么很清楚，在可以预见的将来，神经修复将会是一项标准的医疗程序。

以下哪项如果正确，则能对以上预测的准确性产生质疑？

A. 防止受损神经的再生只不过是人体中抑制神经生长的物质的主要功能的一个副作用。

B. 某种神经生长刺激剂与那些减少神经生长抑制剂活性的抗体具有相似的化学结构。

C. 大脑中的神经在不能自然再生方面与脊髓中的神经相似。

D. 通过仅仅使用神经生长刺激剂，研究人员已经能够激发不在脊髓内的神经生长。

E. 在持续的时期内降低抑制神经生长的物质的活性，需要抗体的稳定供给。

11～12 题基于以下题干：

在南美，因为气候恶劣，同时又有许多原先种植胡椒的农民改种价值更高的可可，所以过去三年中世界胡椒的产量一直低于销售量，胡椒处于相对短缺的状态，价格也飞涨直至与可可相当。

11. 由上文可推知：

A. 胡椒只有大量种植才有利可图。

B. 过去三年中世界胡椒消费量高得非同寻常。

C. 气候一旦回转正常，世界胡椒产量又会回升。

D. 过去三年中世界的胡椒剩余储备减少了。

E. 过去三年种植胡椒的农民获利之大是前所未有的。

12. 有人认为，由于胡椒价格上涨，那些三年前改种可可的人并不见得比不改种的好。但是，这个结论是不确定的，因为由上文可以推知：

A. 那些改种植可可的农民并不能预见胡椒价格到底会涨到多高。

B. 从种植胡椒转种可可的初始成本巨大。

C. 如果他们不改种植可可，胡椒的供给不可能如此之少而导致价格上涨。

D. 可可和胡椒一样易受气候条件的影响。

E. 当越来越多的人种植可可时，可可的供给就会上升，价格就会下降。

13. 舌头是否能卷起来是由父母双方的基因决定的。只要父母双方任意一个人有卷舌头的基因，那么他们的孩子就具有这种特征。小王的舌头能卷起来，但是他的母亲没有卷舌头的基因，下列哪个选项必然正确？

A. 小王的父亲没有卷舌头的基因。

B. 小王的父亲有卷舌头的基因。

C. 小王的父亲和母亲均有卷舌头的基因。

D. 小王的父亲和母亲均没有卷舌头的基因。

E. 以上选项都不一定对。

14～16 题基于以下题干：

六位教授 F、G、H、J、K、L，将评审马、任、孙、吴博士的论文四篇。评审须遵守以下原则：

（1）每位教授只评审一篇博士论文；

（2）每篇博士论文至少有一位教授评审；

（3）H 与 F 评审同一篇博士论文；

（4）L 只与其他教授中的一位同评审一篇博士论文；

（5）G 评审马博士的论文；

（6）J 评审马博士或吴博士的论文；

（7）H 不评审吴博士的论文。

14. 如果 K 不评审孙博士的论文，那么以下哪项一定是真的？

A. L 评审马博士的论文。

B. L 评审孙博士的论文。

C. F 和 H 评审任博士的论文。

D. F 和 H 评审孙博士的论文。

E. G 评审任博士的论文。

15. 以下哪项可能是真的？

A. F 和 G 评审马博士的论文。

B. F 和 L 评审吴博士的论文。

C. K 评审吴博士的论文并且 L 评审马博士的论文。

D. L 评审任博士的论文并且 F 评审孙博士的论文。

E. F 评审吴博士的论文。

16. 以下哪项不可能是真的？

A. L 和 G 评审马博士的论文。

B. L 和 K 评审马博士的论文。

C. L 和 K 评审任博士的论文。

D. L 和 K 评审孙博士的论文。

E. L 和 J 评审吴博士的论文。

17. 有学者对一些成功的女性秘书的调查研究表明，女性秘书具有强烈的现代意识和敏锐的现代眼光，而且她们具有娴熟的公关技巧。正是因为她们具有上述两大优点，使她们在社会舞台上扮演着当之无愧的重要角色，她们在化解矛盾、排除难局等方面有着极其出色的表现。据此，学者得出结论，领导者用女性秘书要比男性秘书好。

以下哪项最能削弱上述结论？

A. 女性秘书也有一些显而易见的缺点。

B. 个别的调查结果不能得出普遍结论。

C. 合格的秘书不仅要有强烈的现代意识和娴熟的公关技巧，还要有一些更重要的品质。

D. 据一项调查结果显示，男性秘书也同样具有强烈的现代意识和娴熟的公关技巧。

E. 不是所有的领导者都偏好女秘书。

18. 老年人经常会患由血脂高导致的一些慢性病，对此人们的态度时常走极端：一是完全不理会，食所欲食；一是过度敏感，完全拒绝所有油分、肉类，反而出现营养不足、失衡问题。

根据以上信息，可以推出以下哪项？

A. 老年人身体普遍虚弱，应该注意多吃点高营养的食物补身体。

B. 保持身体健康，须注意饮食的合理搭配，“过”和“不及”都是不可取的。

C. 老年人血脂升高很容易导致心血管疾病，应该避免食用含脂类食物。

D. 人到老年，难免会有一些慢性疾病，既不能忽视也不能过分关注。

E. 老年慢性病是无法避免的。

19. 小红想买一件漂亮的衣服，她父亲同意或者她母亲同意都会给她购买，可是小红没能说服家人给她买这件衣服。

除了哪项，以下论述都是正确的？

A. 她父亲不同意给她买。

B. 她母亲不同意给她买。

C. 她父母都不同意给她买。

D. 她父母有人不同意给她买。

E. 她父母有人同意给她买。

20. 当土地在春季被犁时，整个冬季都在土壤里的藜的种子被翻到表面，然后重新沉积到表层的正下面，种子短暂的曝光刺激了感受器。感受器在种子埋在土壤里的那几个月期间已对太阳光变得高度敏感。受刺激后的感受器激发种子发芽。没有漫长的黑暗和随后的曝光，藜的种子就不会发芽。

上面的陈述如果正确，则能最强有力地支持下面哪一项关于一块将要在春季犁的土地，且有藜的种子整个冬季都被埋在它的土壤里的陈述？

A. 这块土地在夜晚犁要比在白天犁生长的藜类植物少。

B. 这块土地根本就不犁要比它仅在夜晚犁生长的藜类植物少。

C. 刚好在日出前犁这块地要比刚好在日落后犁这块地生长的藜类植物少。

D. 在犁地的过程中，被翻到土壤表层的藜的种子不会发芽，除非它们被重新沉积到土壤表层的下面。

E. 在这块土地被犁之前，所有已经位于土壤表层的藜的种子都会发芽。

21. 目前，我国越来越多的新婚夫妇在登记结婚前进行私人财产公证。这种做法无论对于社会还是对于家庭都是有利的，应当提倡，至少不应反对。

以下诸项如果是真的，都能支持上述结论，除了：

A. 我国的离婚率呈逐年上升的趋势。

B. 以往的离婚案中，财产分割是最棘手的问题之一。

C. 婚前财产公证，只要当事人对此举有正确的理解，不会对新婚夫妇的感情产生不利的影响。

D. 在世界上的先进国家中，婚前财产公证被普遍接受。

E. 我国离婚率上升的一个重要原因，是当事人双方社会地位失衡，例如，名人的离婚率是最高的。

22. 去年6月下旬天气奇热，但人民大学的师生却无法利用学校游泳池消暑，因为人大游泳池要到暑期才开放，而暑期开始于7月上旬。因此，今后为了避免这样的问题，人大校方应该把游泳池开放的时间定在6月下旬。

上述论证预设了以下哪项？

Ⅰ. 去年6月下旬的炎热天气对于每年同期的气候来说是很典型的。

Ⅱ. 6月下旬人大游泳池实际已具备了开放的条件。

Ⅲ. 游泳是消暑的最好方式。

A. 仅仅Ⅰ。　B. 仅仅Ⅱ。　C. 仅仅Ⅲ。

D. 仅仅Ⅰ和Ⅱ。　E. Ⅰ、Ⅱ和Ⅲ。

23. “万物生长靠太阳”，这是多少年来人们从实际生活中总结出来的一个公认的事实。然而，近年来科学家们通过研究发现：月球对地球的影响远远大于太阳；孕育地球生命的力量，来自月球而非太阳。

以下哪项不能作为上述论断的证据？

A. 在月照下，植物生长快且长得好，月照特别是对几厘米高、发芽不久的植物如向日葵、玉米等最有利。

B. 当花枝因损伤而出现严重伤口时，月光能清除伤口中那些不能再生长的纤维组织，加快新陈代谢，使伤口愈合。

C. 植物只有靠太阳光才能进行光合作用，动物也只有在阳光下才能茁壮成长。

D. 月球在地球形成之初，影响地球产生了一个巨大磁场，屏蔽来自太空的宇宙射线对地球的侵袭。

E. 科学家在太平洋加拉帕戈斯群岛附近的深海海底，发现并采集了红色的蠕虫、张开着壳的蛤、白色的蟹等，这可能与月照有关。

24. 假期收入——一年中第四季度发生的总销售额，决定了许多零售行业经济上的成功或失败。C 公司——一家仅销售一种款式相机的零售商，就是一个很好的例子。C 公司的假期收入平均占到其每年总收入的 1/3 和其年利润的一半。

如果以上陈述为真，则以下哪项关于 C 公司的说法也必定是正确的？

A. 它在第四季度销售每台相机的固定成本高于其他三个季度中的任何一个季度。

B. 它在第一季度和第三季度获得的利润加起来比第四季度获得的利润高。

C. 平均而言，它在第四季度的每台相机零售价格比其他三个季度中的任何一个季度都低。

D. 对于一定金额的销售数量而言，它在第四季度平均获得的利润比前三个季度要多。

E. 平均而言，它在第四季度支付给批发商的每台相机价格比其他三个季度中的任何一个季度都高。

25. 在内华尔的泰勒斯威尔地区，人们长期怀疑孩子的生理缺陷、癌症与核武器基地有关，因为镇上有近 80% 的居民在这个基地上班。然而，现在有证据表明，镇上的水源受到了附近一家塑料工厂排出物的污染，它被指责与镇上居民的健康问题相关。科学家用害虫和家畜作了两组研究，把第一组放在与核武器基地具有同等程度的辐射状态中，给它喝清水；把第二组放在没有核武器辐射的环境中，但给它喝污染的泰勒斯威尔地区的水。结果发现：第二组在致癌和生理缺陷上受到的危害比正常情况高 10 倍，比第一组高 6 倍。

以下哪项如果为真，则最能支持上述观点？

A. 核辐射不是导致人类生理缺陷和癌症的原因。

B. 毒素对人和动物的影响具有类似的途径。

C. 新的水源将会减少这个地区孩子生理缺陷和癌症的发病率。

D. 毒素只有长期暴露在供饮用的水中，才会对健康产生威胁。

E. 在供给泰勒斯威尔的水中含有一定的毒素很可能会对受过辐射影响的水具有一定的防护作用。

26. 如果汤唯，那么《色戒》；只有梁朝伟，才《色戒》；如果不 Angelababy，就不梁朝伟。

如果以上信息为真，则以下哪些推论成立？

Ⅰ. 如果汤唯，不可能不 Angelababy。

Ⅱ. 不梁朝伟，就不汤唯。

Ⅲ. 不汤唯，就不 Angelababy。

A. 只有Ⅰ。　　B. 只有Ⅱ。　　C. 只有Ⅰ和Ⅲ。

D. 只有Ⅰ和Ⅱ。　　E. Ⅰ、Ⅱ和Ⅲ。

27. 在观察地球的气候类型和周期为 11 年的太阳黑子的活动长达 36 年以后，科学家们发现，在影响地球气候的风的类型变换之前，太阳黑子活动非常频繁。有人得出结论认为气象学家可以利用这一信息来改善天气预报。

以下哪项如果正确，则能最严重地削弱以上论证？

A. 现在的天气预报要比 36 年前详细得多。

B. 科学家们可以确定，太阳黑子活动直接影响地球的气候。

C. 气象学家们以前就可以利用太阳黑子活动以外的其他证据来预测现在可根据太阳黑子活动来预测的气候状况。

D. 科学家们尚未确定为什么太阳黑子活动会遵循11年的周期。

E. 已经可以确定，可预测的风的类型产生了可预测的气候类型。

28～30题基于以下题干：

某街道综合治理委员会共有6名委员：F、G、H、I、M和P。其中每一位委员，在综合治理委员会下属的3个分委会中，至少要担任其中一个分委会的委员。每个分委会由3位不同的委员组成。已知的信息如下：

①6名委员中有一位分别担任3个分委会的委员；

②F不和G在同一个分委会任委员；

③H不和I在同一个分委会任委员。

28. 根据以上论述可以推知，以下哪项陈述可能为真？

A. F在三个分委会任委员。

B. H在三个分委会任委员。

C. G在三个分委会任委员。

D. I任职的分委会中有P。

E. H、P、I在同一个分委会任委员。

29. 如果在M任职的分委会中有I，则以下哪项陈述可能为真？

A. M是每一个分委会的委员。

B. I分别在两个分委会任委员。

C. 在P任职的分委会中都有I。

D. F和M在同一个分委会任委员。

E. G在三个分委会任委员。

30. 根据以上论述可以推知，以下哪项陈述必然为真？

A. F或G有一个分别是三个分委会的委员。

B. H或I有一个分别是三个分委会的委员。

C. P或M只有一个在分委会中任委员。

D. 有一个委员恰好在两个分委会中任委员。

E. M在三个分委会中任委员。

管理类联考综合（199）逻辑冲刺模考题卷13

（说明：参加管理类联考的同学，请模考本卷全部题目，限时60分钟；参加396经济类联考的同学，请模考本卷1～20题，限时40分钟。）

逻辑推理：第1～30小题，每小题2分，共60分。下列每题所给出的A、B、C、D、E五个选项中，只有一项是符合试题要求的。请在答题卡上将所选项的字母涂黑。

1. 公司总裁认为，起诉程序应当允许起诉人和被告选择有助于他们解决问题的调解人，起诉的费用很大，而调解人有可能解决其中的大部分问题。然而，公司人力资源部所提的建议却是，在起诉进程的后期再开始调解，可这几乎就没有什么效果。

   以下哪项陈述如果为真，则能最强有力地支持公司总裁对人力资源部提议的批评？

   A. 许多争论在没有调解人的情况下已经被解决了。

   B. 那些提出起诉的人是不讲道理的，而且会拒绝听从调解人的意见。

   C. 调解过程本身也会花掉和当前进行的起诉程序一样多的时间。

   D. 随着法庭辩论的进行，对手间的态度会趋于强硬，使得相互妥协变得不大可能。

   E. 调解的时机需根据具体案件的具体事宜进行判断。

2. 美联储一直想推出第三次量化宽松货币政策（简称QE3），以推动美国经济复苏。如果美联储推出QE3，则全球美元供给将再次大幅增加，各国要维护汇率稳定，就不得不购买美元资产。如果各国购买美元资产，则会加大本国通货膨胀压力。如果不想面临输入性通货膨胀，各国就要让本币升值。如果本币升值，则会抑制本国出口，导致经济滑坡。

   以上陈述如果为真，则以下哪一项陈述也一定为真？

   A. 如果美联储推出QE3，其他国家若想避免本国经济滑坡，就不要购买美元资产。

   B. 其他国家或者面临输入性通货膨胀的压力，或者面临经济滑坡的危险。

   C. 如果其他国家没有面临输入性通货膨胀的压力，也没有本币升值，则美联储未推出QE3。

   D. 如果其他国家未遇到输入性通货膨胀的压力，就不会让本币升值。

   E. 其他国家会面临输入性通货膨胀的压力。

3. 2012年8月10日，韩国总统李明博访问了与日本存在主权争议的独岛（日本称“竹岛”）。舆论调查结果显示：在李明博访问独岛之后，其支持率由25.7%升至34.7%。

   如果以上调查结果属实，则以下哪一项陈述一定为真？

   A. 支持李明博访问独岛的韩国人多于不支持的人。

   B. 在李明博访问独岛之后，一部分先前不支持他的人现在转而支持他。

C. 2012年8月10日前支持李明博的韩国人现在继续支持他。
D. 李明博访问独岛是其支持率提升的原因。
E. 韩国民众大都支持收回独岛的主权。

4. 政治家："那些声称去年全年消费物价涨幅低于3%的经济学家是错误的。显然，他们最近根本没去任何地方买过东西。汽油价格在去年一年中涨了10%，我乘车的费用涨了12%，报纸价格涨了15%，清洁剂价格涨了15%，面包价格涨了50%。"
政治家的上述论证最容易受到批评，因为：
A. 它指责经济学家的品德，而不是针对他们的论证进行反驳。
B. 它使用了一个不具有代表性的小样本作为证据。
C. 它试图通过诉诸感情的方式来达到说服的目的。
D. 它错误地表明，所提到的那些经济学家不是消费价格领域的专家。
E. 它错误地把两个不具有相似性的事物进行了类比。

5. 2012年入夏以来，美国遭遇了50多年来最严重的干旱天气，本土48个州有三分之二的区域遭受中度以上旱灾，预计玉米和大豆将大幅度减产。然而，美国农业部8月28日发布的报告预测，2012年美国农业净收入有望达到创纪录的1 222亿美元，比去年增加3.7%。
如果以下陈述为真，则哪一项最好地解释了上述看似矛盾的两个预测？
A. 2012年，全球许多地方遭遇干旱、高温、暴雨、台风等自然灾害。
B. 目前玉米和大豆的国际价格和美国国内价格均出现暴涨。
C. 美国农场主可以获得农业保险的赔款，抵消一部分减产的影响。
D. 为应对干旱，美国政府对农场主采取了诸如紧急降低农业贷款利率等一系列救助措施。
E. 美国农业基础较好，在全球有广泛的影响力。

6. 像"××集团举行周年庆典，您的手机号码被抽中获得了10万元大奖"这类并不高明的手机诈骗短信，即使经媒体曝光后仍然一再出现。职业骗子宁肯使用低劣的诈骗短信，也不去设计一些更具欺骗性、更易让人上当的短信，只能说明骗子太笨、太不敬业了。
以下陈述如果为真，则哪一项能最强有力地反驳上述结论？
A. 骗子一定是聪明的，否则不可能骗得了别人。
B. 骗子行骗时会想方设法不引起警察的注意。
C. 如果一种骗术毫无作用，骗子早就将它淘汰了。
D. 骗子使用这样的短信"钓取"可能上当的人，他们希望一开始就将聪明人过滤掉。
E. 有的骗子会使用更加高明的手段。

7. 尝试考虑三个数：0.9、1、1.1，后一个数与它前一个数的差只有0.1。若让每个数与自身连乘10次，0.9变成了0.31，1仍然是1，1.1变成了2.85，它是0.31的近10倍，1的近3倍。差距就是这样产生的！
从以上陈述不能合理地引出下面哪一个结论？
A. 失之毫厘，差之千里。
B. 细节决定成败，性格决定命运。
C. 微小差别的不断累积和放大，可以产生巨大的差别。
D. 每个人都必须当心生命过程中的每一步：小胜有可能积成大胜，小过有可能铸成大错。

E. 每天领先一点，就可能造就极大的胜势；反之，就可能落后很多。

8. 经济学家：美国的个人所得税是累进税，税法极其复杂。想诚实纳税的人经常因理解错误而出现申报错误；而故意避税的人总能找到税法的漏洞。一般而言，避税空间的大小与税制的复杂程度成正比，避税能力的高低与纳税人的收入水平成正比。复杂税制造成的避税空间大多会被富人利用，使得累进税达不到税法规定的累进程度，其调节分配的功能也大大弱化。

如果以下陈述为真，则哪一项对经济学家的上述论证提供了最强有力的支持？

A. 在申报纳税时，美国有60%的人需要雇请专业人士代理申报，有22%的人需要用报税软件帮助计算。

B. 美国人在1981年就提出了“废除累进税率，实行单一税率”的设想。

C. 1988年至2006年，美国最富人群的收入占全国收入的比重从15%上升为22%，但他们的平均税率却从24%下降到22.8%。

D. 2011年9月17日美国爆发了“占领华尔街运动”，示威者声称代表美国99%的民众抗议金融业的贪婪腐败及社会不公。

E. 哈佛大学的史密斯教授认为，使用单一税率更容易避免富人避税。

9. 一个作战计划中的弱点是绝密中的绝密，不会向外泄露。但是，日本媒体所公布的日本自卫队关于钓鱼岛的“夺岛”计划，除预测未来钓鱼岛可能出现的3种事态、自卫队将分5步夺岛外，还详细列出自卫队的弱点：没有能力从北海及九州岛迅速向冲绳大规模运送兵力，以满足登陆作战需要。

如果以下陈述为真，则哪一项最好地解释了日本这种违反常理的做法？

A. 日本公布“夺岛”计划意在试探中国的反应：如果中国反应不大，日本将在钓鱼岛及周边岛屿驻军。

B. 日前中国与菲律宾在黄岩岛对峙，日本公布“夺岛”计划是为了拉拢菲律宾，联手牵制中国。

C. 日本自曝弱点是为建造运输能力强大的两栖战舰在国内造舆论——两栖战舰属于进攻力量，而日本的“和平宪法”不允许自卫队发展进攻力量。

D. 许多日本人希望美国从日本撤军，日本自曝自卫队的弱点旨在告诉国民：日本在军事上还需要美国的保护。

E. 日本故意透露自己的弱点以麻痹中国。

10. 野生动物保护组织：没有买卖就没有杀戮；没有杀戮，人与自然才能和谐相处。

如果以上陈述为真，则以下哪一项陈述也一定为真？

A. 只要有杀戮，就一定有买卖。

B. 只要禁止了买卖，人与自然就会和谐相处。

C. 只有禁止了买卖，人与自然才会和谐相处。

D. 人与自然之所以没能和谐相处，是因为存在杀戮。

E. 如果有买卖，就一定有杀戮。

11. 张山、李思、王武三个男同学各有一个妹妹，六个人一起进行男女混合双打羽毛球赛。比赛规定，兄妹两人不能搭伴。已知：

第一盘对局的情况是：张山和冬雨对王武和唯唯。

第二盘对局的情况是：王武和春春对张山和李思的妹妹。

请根据题干的条件，确定以下哪项为真？

A. 张山和春春、李思和唯唯、王武和冬雨各是兄妹。

B. 张山和唯唯、李思和春春、王武和冬雨各是兄妹。

C. 张山和冬雨、李思和唯唯、王武和春春各是兄妹。

D. 张山和春春、李思和冬雨、王武和唯唯各是兄妹。

E. 张山和唯唯、李思和冬雨、王武和春春各是兄妹。

12. 银行的信用卡章程规定：凡使用密码进行的交易，均视为持卡人本人所为。这意味着，只要信用卡被盗刷时使用了密码，银行均视为持卡人本人所为，对所发生的损失概不负责。因此，为了使自己的信用卡更安全，应当不设密码。

如果以下陈述为真，都能削弱上述结论，除了：

A. 有关专家认为信用卡不设密码更安全，但专家的话也不一定全对。

B. 犯罪分子伪造设有密码的信用卡时，必须另行设法获取其密码才能盗刷成功。

C. 信用卡遗失时，信用卡的密码能够有效阻止他人刷卡交易。

D. 盗刷的案件中，如果信用卡未设密码，法院通常认定卡主有一定过错，需承担部分损失。

E. 如果信用卡没有密码，信用卡丢失后更容易被盗刷。

13. 有些未受过大学教育的人成了优秀作家，而更多的优秀作家是受过大学教育的。优秀作家都是敏感而富有想象力的人，只有敏感而富有想象力的人才能写出打动人心的作品。

如果以上陈述为真，则以下哪一项陈述也一定为真？

A. 只有优秀作家才能写出打动人心的作品。

B. 有些敏感而富有想象力的作家不是优秀作家。

C. 能写出打动人心作品的作家都是优秀作家。

D. 有些敏感而富有想象力的作家未受过大学教育。

E. 受过大学教育的人是敏感而富有想象力的人。

14. 一般来讲，某种产品价格上涨会导致其销量减少，除非价格上涨的同时伴随着该产品质量的改进。在中国，外国品牌的葡萄酒是一个例外。很多外国品牌的葡萄酒价格上涨往往导致其销量增加，尽管那些品牌的葡萄酒的质量并没有什么改变。

如果以下陈述为真，则哪一项最好地解释了上述反常现象？

A. 许多消费者在决定购买哪种葡萄酒时，依据大众媒体所刊登的广告。

B. 定期购买葡萄酒的人对葡萄酒的品牌有固定的偏好。

C. 有的消费者消费能力很强，不在乎价格。

D. 葡萄酒零售商和生产者可以通过价格折扣来暂时增加某种葡萄酒的销量。

E. 消费者往往根据葡萄酒的价格来判断葡萄酒的质量。

15. 对所有不道德的行为而言，以下两个说法成立：其一，如果它们是公开实施的，它们就伤害了公众的感情；其二，它们会伴有内疚感。

如果以上陈述为真，则以下哪一项陈述一定为假？

A. 每一个公开实施的伴有内疚感的行为都是不道德的。

B. 某些非公开实施的不道德的行为不会伴有内疚感。

C. 不道德的行为是错误的，仅仅是因为有内疚感伴随。

D. 某些伤害公众感情的行为如果是公开实施的，它们就不会伴有内疚感。

E. 所有不道德的行为都会伤害公众的感情。

16. 在两个试验大棚内种上相同数量的茄子苗，只给第一个大棚施加肥料甲，但不给第二个大棚施加。第一个大棚产出 1 200 公斤茄子，第二个大棚产出 900 公斤茄子。除了水以外，没有向这两个大棚施加任何其他东西，故必定是肥料甲导致了第一个大棚有较高的茄子产量。

如果以下陈述为真，则哪一项最严重地削弱了上面的论证？

A. 少量的肥料甲从第一个大棚渗入第二个大棚。

B. 在两个大棚中种植了相同品种的茄子苗。

C. 两个大棚的土质和日照量有所不同。

D. 第三个大棚施加肥料乙，没有施加肥料甲，产出 1 000 公斤茄子。

E. 第一个大棚用的肥料是过期肥料。

17. 某中学自 2010 年起试行学生行为评价体系。最近，校学生处调查了学生对该评价体系的满意程度。数据显示：得分高的学生对该评价体系的满意度都很高。学生处由此得出结论：表现好的学生对这个评价体系都很满意。

根据以上论述可以推知，该校学生处的结论基于以下哪一项假设？

A. 得分低的学生对该评价体系普遍不满意。

B. 表现好的学生都是得分高的学生。

C. 并不是所有得分低的学生对该评价体系都不满意。

D. 得分高的学生受到该评价体系的激励，自觉改进了自己的行为方式。

E. 有的得分高的学生表现好。

18. 目前俄罗斯在远东地区的耕地使用率不足 50%，俄罗斯经济发展部有意向亚太国家长期出租农业用地。该部认为：如果没有外国资本和劳动力注入，俄罗斯靠自己的力量将无法实现远东地区的振兴。但是，如果外国资本和劳动力进入远东地区，该地区有可能被外国移民“异化”。

如果俄罗斯经济发展部的判断是正确的，则以下哪一项陈述一定为真？

A. 如果俄罗斯把外国资本和劳动力引进远东地区，该地区将实现振兴。

B. 如果俄罗斯靠自己的力量能实现远东地区的振兴，该地区就不会被外国移民“异化”。

C. 如果俄罗斯在将外国资本和劳动力引进远东地区的同时不断完善各项制度，该地区就不会被外国移民“异化”。

D. 如果不靠自己的力量又要实现远东地区的振兴，俄罗斯将面临该地区可能被外国移民“异化”的问题。

E. 俄罗斯将面临被外国移民“异化”的问题。

19. 趋同是不同种类的生物为适应同一环境而各自发育形成一个或多个相似体貌特征的过程。鱼龙和鱼之间的相似性就是趋同的例证。鱼龙是海生爬行动物，与鱼不属于同一个纲。为了适应海洋环境，鱼龙使自身体貌特征与鱼类的体貌特征趋于一致。最引人注意的是，鱼龙像鱼一样具有鳍。

如果以上陈述为真，则以下哪一项是上面陈述的合理推论？

A. 栖居于同一环境的同一类生物的成员，其体貌特征一定完全相同。

B. 鱼龙和鱼从生物学上来讲，是近亲。

C. 一种生物发育出与其他种类生物相似的体貌特征，完全是它们适应生存环境的结果。

D. 同一类生物成员一定具有一个或多个使它们与其他种类生物相区别的体貌特征。

E. 不能仅因为一个生物与某类生物的成员有相似的体貌特征就把它们归为一类。

20. 反核活动家：关闭这座核电站是反核事业的胜利，它表明核工业部门很迟才肯承认他们不能安全运作核电站的事实。

核电站经理：它并不表明这样的事实。从非核资源可以得到便宜的电力，再加上强制性的安全检查和安全维修，使继续经营这座核电站变得很不经济。因此，关闭这座核电站不是出于安全考虑，而是出于经济方面的考虑。

该经理的论证是有缺陷的，因为：

A. 它不承认电力公司现在可能相信核电站是不安全的，即使关闭这座核电站不是出于安全考虑。

B. 它忽略了这样的可能性：除了经济原因外，关闭这座核电站可能还有其他原因。

C. 它忽略了这样的可能性：从中可以得到便宜电力的那些资源本身也可能有安全问题。

D. 它把关闭这座核电站对公众意味着什么的问题错误地当成关闭这座核电站的理由是什么的问题。

E. 它把采取安全预防措施导致的费用上升看作单纯的经济因素。

21. 自 2003 年 B 市取消强制婚前检查后，该市的婚前检查率从 10 年前的接近 100% 降至 2011 年的 7%，成为全国倒数第一。与此同时，该市的新生儿出生缺陷发生率上升了一倍。由此可见，取消强制婚前检查制度导致了新生儿出生缺陷率的上升。

对以下各项问题的回答都与评价上述论证相关，除了：

A. 近十年来该市的生存环境（空气和水的质量等）是否受到破坏？

B. 近十年来在该市育龄人群中，熬夜、长时间上网等不健康的生活方式是否大量增加？

C. 近十年来该市妇女是否推迟生育，高龄孕妇的比例是否有较大提高？

D. 近十年来该市流动人口的数量是增加还是减少了？

E. 近十年来该市妊娠期妇女进行孕检的比例是增加还是减少了？

22～23 题基于以下题干：

某医院的外科病区有甲、乙、丙、丁、戊五位护士，她们负责病区 1、2、3、4、5、6、7 号七间病房的日常护理工作，每间病房只由一位护士来护理，每位护士至少护理一间病房。在多年的护理过程中，她们已经形成特定的护理习惯和经验。已知下列条件：

（1）甲护理 1、2 号两间病房，不护理其他病房；

（2）乙和丙都不护理 6 号病房；

（3）如果丁护理 6 号病房，则乙护理 3 号病房；

（4）如果丙护理 4 号病房，则乙护理 6 号病房；

（5）戊只护理 7 号病房。

22. 根据以上信息，可以得出以下哪项？

A. 乙护理 3 号病房。

B. 丙护理 4 号病房。

C. 丁护理 4 号病房。

D. 乙护理 4 号病房。

E. 丁护理 5 号病房。

23. 如果丁只护理一间病房，则得不出以下哪项？

A. 乙护理 3 号病房。
B. 丙护理 5 号病房。
C. 丁护理 6 号病房。
D. 乙护理 4 号病房。
E. 乙护理 5 号病房。

24. 在我国，交强险是保险公司自主选择的险种。自 2006 年推出以来，只有 2008 年小幅赢利，其余年份均为亏损，且亏损额逐年加大，2011 年全国交强险实际经营亏损达 92 亿元。奇怪的是，目前巨额亏损下的交强险依然是各保险公司争抢的业务。

如果以下陈述为真，则哪一项最好地解释了保险公司争抢交强险业务的奇怪现象？

A. 2011 年，36 家承担交强险的公司中有 3 家公司在这个险种上是赢利的。
B. 在交强险赔付中，有些车辆赔付过高，部分不该赔付的案例被判赔付。
C. 拖拉机享受惠农政策，许多地方将“运输车辆”登记为“拖拉机”，从而享受低税率。
D. 商业车险利润丰厚，车主通常不会将交强险和商业车险分别投保两家公司。
E. 有的保险公司经营交强险会得到国家补贴。

25. 销售专家认为，在一个不再扩张的市场中，一个公司最佳的销售策略就是追求最大的市场份额，而达到目标的最佳方式就是做一些能突出竞争对手缺点的比较广告。在国内萧条的奶粉市场中，A 牌奶粉与 B 牌奶粉进行了两年的比较广告战，相互指责对方产品对婴儿的健康造成有害影响。然而，这些广告战并没有使各自的市场份额增大，反而使很多人不再购买任何品牌的国产奶粉。

以上陈述能最强有力地支持下面哪一个结论？

A. 不应该在一个正在扩张或可能扩张的市场中使用比较广告。
B. 比较广告冒有使它们的目标市场不是扩张而是收缩的风险。
C. 比较广告不会产生任何长期效益，除非消费者能很容易地判断那些广告的正确性。
D. 如果一个公司的产品比其竞争对手产品的质量明显高出一筹的话，比较广告在任何情况下都能增加该公司产品的市场份额。
E. 比较广告不是市场营销的有效手段。

26 ~ 28 题基于以下题干：

某校有 7 名优秀的学生 G、H、L、M、U、W 和 Z。暑假期间，学校将派他们去英国和美国考察。该校只有这 7 名学生参加这次活动，每人恰好去这两个国家中的一个，考虑到每个学生的特长，这次活动必须满足以下条件：

（1）如果 G 去英国，则 H 去美国；
（2）如果 L 去英国，则 M 和 U 都去美国；
（3）W 所去的国家与 Z 所去的国家不同；
（4）U 所去的国家与 G 所去的国家不同；
（5）如果 Z 去英国，则 H 也去英国。

26. 以下哪两个人不能一同去美国？

A. H 和 W。
B. G 和 W。
C. G 和 H。
D. M 和 U。
E. H 和 Z。

27. 最多可以有几个学生一起去英国？

A. 2个。　　B. 3个。　　C. 4个。

D. 5个。　　E. 6个。

28. 如果M和W都去英国，则以下哪一项可以为真？

A. G和L都去英国。　　B. G和U都去美国。　　C. H和Z都去英国。

D. L和U都去美国。　　E. Z和L都去英国。

29. 张山、李思和王武参加篮球比赛，一共出场4次。

张山说："我出场2次，李思和王武每人出场1次。"

李思说："我出场3次，张山出场1次，王武没出场。"

王武说："我出场2次，张山出场2次，李思没出场。"

接着，张山说："李思说谎了。"

李思说："王武说谎了。"

王武说："张山和李思都说谎了。"

已知，说真话的人前后两句说的都是真话，说假话的人前后两句说的都是假话，则以下哪项为真？

A. 张山出场2次，李思出场1次，王武出场1次。

B. 张山出场1次，李思出场3次，王武出场0次。

C. 张山出场1次，李思出场2次，王武出场1次。

D. 张山出场1次，李思出场1次，王武出场2次。

E. 张山出场2次，李思出场2次，王武出场0次。

30. 由于中国代表团没有透彻地理解奥运会的游戏规则，因此在伦敦奥运会上，无论是对赛制赛规的批评建议，还是对裁判执法的质疑，前后几度申诉都没有取得成功。

为使上述推理成立，必须补充以下哪一项作为前提？

A. 在奥运舞台上，中国还有许多自己不熟悉的东西需要学习。

B. 有些透彻理解奥运会游戏规则的代表团，在赛制赛规等方面的申诉中取得了成功。

C. 奥运会上在赛制赛规等方面的申诉中取得成功的代表团都透彻理解了奥运会的游戏规则。

D. 奥运会上透彻理解奥运会游戏规则的代表团都能在赛制赛规等方面的申诉中取得成功。

E. 如果中国代表团透彻地理解奥运会的游戏规则，申诉一定会取得成功。

管理类联考综合（199）逻辑冲刺模考题卷 14

（说明：参加管理类联考的同学，请模考本卷全部题目，限时 60 分钟；参加 396 经济类联考的同学，请模考本卷 1 ~20 题，限时 40 分钟。）

逻辑推理：第 1 ~30 小题，每小题 2 分，共 60 分。下列每题所给出的 A、B、C、D、E 五个选项中，只有一项是符合试题要求的。请在答题卡上将所选项的字母涂黑。

1. 研究人员发现，抑郁症会影响患者视觉系统感知黑白对比的能力，从而使患者所看到的世界是“灰色的”。研究人员利用视网膜电图技术对抑郁症患者感知黑白对比的能力进行测量，其结果显示：无论患者是否正在服用抗抑郁药物，其视网膜感知黑白对比的能力都明显弱于健康者；并且，症状越严重的患者感知黑白对比的能力越弱。

   研究人员在得出其结论时，没有使用下面哪一项方法？

   A. 基于某些测试数据作出归纳概括。

   B. 利用了抑郁症状与患者感知黑白对比能力之间的共变关系。

   C. 通过对比测试，发现抑郁症患者与健康者感知黑白对比能力的差异。

   D. 先提出一个猜测性假说，然后用实验数据去证实或证伪这个假说。

   E. 用实验去证实一个结论。

2. 2009 年哥本哈根气候大会的主题是：全球变暖。关于此主题科学家中有两派对立的观点，“气候变暖派”认为，1900 年以来地球变暖完全是由人类排放温室气体所致的。只要二氧化碳的浓度继续增加，地球就会继续变暖；两极冰川融化会使海平面上升，一些岛屿将被海水淹没。“气候周期派”认为，地球气候主要由太阳活动决定，全球气候变暖已经停止，目前正处于向“寒冷期”转变的过程中。

   如果以下陈述为真，都可以支持“气候周期派”的观点，除了：

   A. 1998 年以来全球平均气温没有继续上升。

   B. 从 2009 年年末到 2010 年年初，南半球暴雨成灾，洪水泛滥。

   C. 去年冬季，从西欧到北美，从印度到尼泊尔，北半球受到创纪录的寒流或大雪的侵袭。

   D. 位于澳大利亚东北海域的大堡礁被认为将被海水淹没，但它的面积目前正在扩大。

   E. 在植物花粉含量的变化中，有两种花粉相互消长，分别是适合寒冷气候的松树花粉和适合温暖气候的栎树花粉含量，两者呈现出周期性变化。

3. 德国一水族馆的章鱼保罗在本届世界杯期间名声大噪，它通过选择国旗，准确预测了 8 场比赛的胜负，被称为“章鱼帝”。以至于有这样的说法：人算不如天算，贝利（球王）不如海鲜（章鱼）。

下面各项都构成对章鱼保罗预测能力的质疑，除了：

A. 章鱼是一种极其聪明的海洋动物，有相当发达的大脑，还是逃生高手。

B. 在2008年欧洲杯决赛前，章鱼保罗预测德国队胜出，结果却是西班牙队赢得冠军。

C. 在西班牙队与荷兰队决赛前，章鱼保罗选择的西班牙国旗图案类似于它爱吃的食物：三条大虾加一只螃蟹。

D. 在德国队和加纳队比赛前，章鱼保罗预测德国队获胜，因为加纳国旗上有一颗五角星让章鱼觉得危险，而选择了德国国旗。

E. 章鱼保罗对国旗的选择实际上是人为控制的。

4. 经济学家：有人主张对居民的住房开征房产税，其目的是抑制房价，或为地方政府开拓稳定的税源，或调节贫富差别。如果税收不是一门科学，如果税收没有自身运行的规律，那么，根据某些官员的意志而决定开征房产税就是可能的。房产税是财产税，只有我国的税务机关达到征收直接税和存量税的水平，才能开征房产税。

要从以上陈述中推出"我国现在不能开征房产税"的结论，必须增加以下哪项陈述作为前提？

A. 税收是一门科学，并且税收有自身运行的规律。

B. 开征房产税将面临评估房地产价值、区分不同性质的房产等难题。

C. 将房产税作为抑制房价的手段或作为地方政府的稳定税源都不是开征房产税的充足理由。

D. 我国税务机关目前基本上只能征收间接税和以现金流为前提的税，不能征收直接税和存量税。

E. 现在有很多官员隐瞒房产，开征房产税有利于反腐败。

5.《圣经·马太福音》中有这样一句话："……凡有的，还要加给他，叫他多余；没有的，连他所有的也要夺过来。"有人用"马太效应"这一术语去指下面的社会心理现象：科学家荣誉越高，越容易得到新荣誉，成果越少，越难创造新成果。"马太效应"造成各种社会资源（如研究基金、荣誉性职位）向少数科学家集中。由此可知，出类拔萃的科学家总是少数的，他们对科学技术发展所作出的贡献比一般科学家大得多。

为使上述论证成立，需要补充下面哪一项假设？

A. 有些出类拔萃的科学家，其成就生前未得到承认。

B. 科学奖励制度在实施时也常出错，甚至诺贝尔奖有时也颁发给了不合格的人。

C. 在绝大多数情形下，对科学家所做的奖励是有充分根据的，合情合理。

D. 张爱玲说过："出名要趁早。"这一说法很有智慧，是对"马太效应"的隐含表达。

E. 一般科学家的数量很多，贡献之和要大于出类拔萃的科学家。

6. 许多报纸有两种版面——免费的网络版和花钱订阅的印刷版。报纸上网使得印刷版的读者迅速流失，而网络版的广告收入有限，报纸经济收益大幅下挫。如果不上网，报纸的影响力会大大下降。如果对网络版收费，很多读者可能会流转到其他网站。要让读者心甘情愿地掏腰包，报纸必须提供优质的、独家的内容。

如果以上陈述为真，则以下哪项陈述也一定为真？

A. 如果对网络版报纸收费，则一部分读者会重新订阅印刷版。

B. 只有提供优质的、独家的内容，报纸才会有良好的经济收益。

C. 只要报纸具有优质的、独家的内容，即使不上网，也能造成巨大的影响力。
D. 随着越来越多的人通过网络接收信息，印刷版的报纸将逐渐退出历史舞台。
E. 网络版报纸的广告收入有限，对网络版收费，读者又会流转到其他网站，所以网络版报纸将逐渐退出历史舞台。

7. 某省政法委综合治理办公室副主任的妻子陈某在省委大院门口被 6 名便衣警察殴打 16 分钟，造成脑震荡，几十处软组织挫伤，左脚功能障碍，自主神经紊乱。相关公安局领导说“打错了”，表示道歉。
下面各项都是该公安局领导说的话所隐含的意思，除了：
A. 公安干警负有打击犯罪之责，打人是难免的。
B. 如果那些公安干警打的是一般群众，就没什么错。
C. 公安干警不能打领导干部家属，特别是省委大院领导的家属。
D. 打官员的妻子是误伤，本意不是想打官员的妻子。
E. 即使是罪犯，她也只应受到法律的制裁，而不应受到侮辱和殴打。

8. 所谓动态稳定中的“动态”，天然地就包含了异见，包含了反对。只有能够包容异见和反对的稳定，才是真正的动态稳定，也才是可持续的和健康的稳定。邓小平一直主张，要尊重和支持人民的宣泄权利。只要处置得当，就可化“危”为“机”。
如果以上陈述为真，则以下哪项陈述也一定为真？
A. 如果处置不当，则会转“机”为“危”。
B. 倘若化“危”为“机”，说明处置得当。
C. 如果包容异见和反对，则会达成真正的动态稳定。
D. 如果不能包容异见和反对，则不能达成真正的动态稳定。
E. 除非处置得当，否则化“危”为“机”。

9. 由于全球金融危机，一家大型公司决定裁员 25%。最终，它撤销了占员工总数 25% 的三个部门，再也没有聘用新员工。但实际结果是，该公司员工总数仅仅减少了 15%。
以下哪项陈述如果为真，则能很好地解释预计裁员率和实际裁员率之间的差异？
A. 被撤销部门的一些员工有资格提前退休，并且他们最后都选择了退休。
B. 因为公司并未雇佣新员工，未被撤销部门之间的正常摩擦导致该公司继续裁员。
C. 未被撤销部门的员工不得不更卖力工作，以弥补撤销三个部门所带来的损失。
D. 三个部门被撤销后，它们的一些优秀员工被重新分派到该公司的其他部门工作。
E. 未被撤销部门的员工，有很多人因为待遇问题辞职。

10. 法学家：《中华人民共和国刑法修正案（八）（草案）》规定：对 75 周岁以上的老人不适用死刑，这一修改引起不小的争议。有人说，如果这样规定，一些犯罪集团可能会专门雇佣 75 岁以上的老人去犯罪。我认为，这种说法不能成立。按照这种逻辑，不满 18 岁的人不判处死刑，一些犯罪集团也会专门雇佣不满 18 岁的人去犯罪，我们是否应当判处不满 18 岁的人死刑呢？
上面的论证使用了以下哪一种论证技巧？
A. 通过表明一个观点不符合已知的事实，来论证这个观点为假。
B. 通过表明一个观点缺乏事实的支持，来论证这个观点不能成立。
C. 通过假设一个观点为正确会导致明显荒谬的结论，来论证这个观点是错误的。

D. 通过表明一个观点违反公认的一般性准则，来论证这个观点是错误的。

E. 通过表明一个现象的成立，归纳概括一个一般规律。

11. 警察发现，每一个政治不稳定事件都有某个人作为幕后策划者。所以，所有政治不稳定事件都是由同一个人策划的。

下面哪一项推理中的错误与上述推理的错误完全相同？

A. 所有中国公民都有一个身份证号码，所以，每个中国公民都有唯一的身份证号码。

B. 任一自然数都小于某个自然数，所以，所有自然数都小于同一个自然数。

C. 在余婕的生命历程中，每一时刻后面都跟着另一时刻，所以，她的生命不会终结。

D. 每个亚洲国家的电话号码都有一个区号，所以，亚洲必定有与其电话号码一样多的区号。

E. 每个医生都属于某些科室，所以，所有的医生都属于某些科室。

12. 哥白尼的天体系统理论优于托勒密的理论，而且它刚被提出来时就比后者更好，尽管当时所有的观测结果都与这两个理论相符合。托勒密认为星体围绕地球高速旋转，哥白尼认为这是不可能的，他正确地提出了一个较为简单的理论，即地球围绕地轴旋转。

以上论述与下面哪项中所陈述的一般原则最相吻合？

A. 在对相互竞争的科学理论进行选择时，应当把简单性作为唯一的决定因素。

B. 在其他方面都相同的情况下，两个相互竞争的理论中较为简单的那个在科学上更重要。

C. 在其他方面都相同的情况下，两个相互竞争的理论中较为复杂的那个是较差的。

D. 如果一个理论看起来是真的，另一个理论看起来是假的，那么，两者中看起来是真的那个理论更好。

E. 在对相互竞争的科学理论进行选择时，后提出来的理论要优于先提出来的理论。

13. 有不少医疗或科研机构号称能够通过基因测试疾病。某官方调查机构向4家不同的基因测试公司递送了5个人的DNA样本。对于同一受检者患前列腺癌的风险，一家公司称他的风险高于平均水平，另一家公司则称他的风险低于平均水平，其他两家公司都说他的风险处于平均水平。其中一家公司告知另外一位装有心脏起搏器的受检者，他患心脏病的概率很低。

如果以上陈述为真，则引申出下面哪一项结论最为合理？

A. 4家公司的检测结论不相吻合，或与真实情况不符。

B. 基因检测技术还很不成熟，不宜过早投入市场运作。

C. 这些公司把不成熟的技术投入市场运作，涉嫌商业欺诈。

D. 检测结果迥异，是因为每家公司所使用的分析方法不同。

E. 装有心脏起搏器的人不一定患有心脏病。

14. 西安凤栖原西汉家族墓地于2010年被评为全国十大考古新发现之一。记者从陕西省考古研究院了解到，西安凤栖原西汉家族墓地的贵妇墓考古发掘已近尾声，贵妇不仅身着丝绸衣物，戴着精美玉镯和金指环，而且随葬有许多精美的漆器。因此，记者得出结论：两千多年前西汉贵妇“很爱美”。

以下各项如果为真，则最能对记者的结论进行削弱的是：

A. 贵妇墓是这个家庭墓地中唯一没有被盗，且保存完好的墓葬。

B. 专家此前已推断出墓主人是西汉名臣张安世的儿媳，是历史上著名的美女。

C. 墓主的衣服绝大部分已经朽化不见，只在局部的特别环境中还残留一些遗物痕迹。

D. 贵妇身上的衣物和饰品不是其后人按照自己的喜好放入的。

E. 西汉时期妇人的衣着和首饰是身份和地位的象征，衣着佩戴越华丽，证明其地位越高。

15. 研究表明，阿司匹林具有防止心脏病突发的功能。这一成果一经确认，研究者立即以论文形式向某权威医学杂志投稿。不过，一篇论文从收稿到发表，至少需要3个月。如果这一论文一收到就被发表，那么，这种死于心脏病突发的患者很可能挽回生命。

以下哪项如果为真，则最能削弱上述论证？

A. 上述医学杂志加班加点，以尽快发表该论文。

B. 有学者对上述关于阿司匹林的研究结论提出了不同意见。

C. 经常服用阿司匹林容易导致胃溃疡。

D. 一篇论文的收、审、排、印需要时间，不可能一收到就被发表。

E. 阿司匹林只有连续服用8个月，才能产生防止心脏病突发的效果。

16. 杰克夫妇、迈克夫妇和詹姆斯夫妇参加了复活节的舞会，舞会上没有一个男人同自己的妻子跳舞。杰克请了琳达跳舞，迈克的舞伴是詹姆斯的妻子，露丝的丈夫正和爱丽思跳舞。

那么杰克夫妇、迈克夫妇和詹姆斯夫妇分别为：

A. 杰克——爱丽思，迈克——露丝，詹姆斯——琳达。

B. 杰克——爱丽思，迈克——琳达，詹姆斯——露丝。

C. 杰克——露丝，迈克——琳达，詹姆斯——爱丽思。

D. 杰克——琳达，迈克——爱丽思，詹姆斯——露丝。

E. 杰克——琳达，迈克——露丝，詹姆斯——爱丽思。

17. 世界卫生组织报告说，全球每年有数百万人死于各种医疗事故。在任何一个国家的医院，医疗事故致死的概率不低于0.3%。因此，即使是癌症患者也不应当去医院治疗，因为去医院治疗会增加死亡的风险。

为了评估上述论证，对以下哪个问题的回答最为重要？

A. 在因医疗事故死亡的癌症患者中，即使不遭遇医疗事故但最终也会死于癌症的人占多大比例？

B. 去医院治疗的癌症患者和不去医院治疗的癌症患者的死亡率分别是多少？

C. 医疗事故致死的概率是否因医院管理水平的提高而正在下降？

D. 患者能否通过自身的努力来减少医疗事故的发生？

E. 医疗事故发生的原因是什么？

18. 因对微博如何使用的无知，某局长和某主任在微博上泄露个人隐私，暴露其不道德行为，受到有关部门的查处。有网友对他们的行为冷嘲热讽，感慨道：“知识改变命运，没有知识也改变命运。”

以下哪项陈述最接近该网友所表达的意思？

A. 无论是否有知识，都会改变命运。

B. “知识就是力量”这一说法过于夸张，实际上，权力和金钱才是力量。

C. 有知识导致命运由不好向好的方向改变，没有知识导致命运由好向不好的方向改变。

D. “命运”的本义就是先天注定，它不会因有无知识而改变。

E. 官员应该努力学习网络知识。

19. 在大学里，许多温和宽厚的教师是好教师，但有些严肃且不讲情面的教师也是好教师，而所有好教师都有一个共同点：他们都是学识渊博的人。

如果以上陈述为真，则以下哪项陈述也一定为真？

A. 许多学识渊博的教师是温和宽厚的。

B. 有些学识渊博的教师是严肃且不讲情面的。

C. 所有学识渊博的教师都是好教师。

D. 有些学识渊博的教师不是好教师。

E. 所有严肃且不讲情面的教师都是好教师。

20.《与贸易有关的知识产权协定》规定：不得仅仅因为成员国本国法律禁止某些发明的商业性实施就不授予那些发明专利权。已知A国是《与贸易有关的知识产权协定》的成员国。

以下哪一项陈述与上述规定不一致？

A. 从A国法律禁止一项发明的商业性实施推不出不能授予该项发明专利权。

B. 从A国法律允许授予一项发明专利权推不出允许该项发明的商业性实施。

C. 在A国，一种新型药品法律没有禁止，该发明的商业性实施被允许。

D. 在A国，一种改进枪支瞄准的发明被授予了专利权，但该发明的商业性实施被禁止。

E. 在A国，一种窃听装置的商业性实施是被法律禁止的，因此不允许授予其专利权。

21. 经济学家区别正常品和低档品的唯一方法，就是看消费者对收入变化的反应如何。如果人们的收入增加了，对某种东西的需求反而变小，这样的东西就是低档品。类似地，如果人们的收入减少了，他们对低档品的需求就会变大。

以下哪项陈述与经济学家区别正常品与低档品的描述最相符？

A. 学校里的穷学生经常吃方便面，他们毕业找到工作后就经常下饭馆了。对这些学生来说，方便面就是低档品。

B. 在家庭生活中，随着人们收入的减少，对食盐的需求并没有变大，毫无疑问，食盐是一种低档品。

C. 在一个日趋老龄化的社区，对汽油的需求越来越小，对家庭护理服务的需求越来越大。与汽油相比，家庭护理服务属于低档品。

D. 当人们的收入增加时，家长会给孩子多买几件名牌服装，收入减少时就少买点。名牌服装不是低档品，也不是正常品，而是高档品。

E. 高档社区的大人经常给孩子买昂贵的汽车模型作玩具，而棚户区的孩子几乎没有玩具。

22. 具有能够让一个乐队特别是一流乐队反复进行排练的权威，这是一个优秀指挥家的标志。这种威望不是轻而易得的，一个指挥家必须通过赢得乐队对他所追求的艺术见解的尊重才能获得这种威望。

在上文的论述过程中，作者预先假设了以下哪项陈述？

A. 优秀的指挥家在与不同的乐队合作时，对同一首作品会有不同的艺术见解。

B. 优秀的指挥家都是完美主义者，即使对一流乐队的表演，他们也从不满意。

C. 如果优秀的指挥家认为附加的排练是必需的，一流乐队总是时刻准备加班排练。

D. 即使一种艺术见解还没有被充分地表现出来，一流乐队也能够领悟这种艺术见解的优点。

E. 对非一流的乐队来说，指挥家的权威也是很重要的。

23. 现代社会中有很多人发胖，长有啤酒肚，体重严重超标，因为他们常常喝啤酒。

对以下各项问题的回答都可能质疑上述论证，除了：

A. 如果人们每天只喝啤酒，吃很少的其他食物，特别是肉食品，他们还会发胖吗?

B. 为什么美国有很多女人和孩子常喝可乐、吃炸鸡和比萨饼，其体重也严重超标?

C. 发胖的人除常喝啤酒外，是否很少进行体育锻炼?

D. 很多发胖的人也同时抽烟，能够说“抽烟导致发胖”吗?

E. 发胖的人除常喝啤酒外，是否经常食用高脂肪食品?

24. 经济学家：中国外汇储备在过去 10 年的快速增长是中国经济成功的标志之一。没有外汇储备的增长，就没有中国目前的国际影响力。但是，不进行外汇储备投资，就不会有外汇储备的增长。外汇储备投资面临风险是正常的，只要投资寻求收益，就要承担风险。

以下哪项陈述能从这位经济学家的论述中合乎逻辑地推出?

A. 如果能够承担风险，就会有外汇储备的增长。

B. 如果不进行外汇储备投资，就不用承担风险。

C. 只要进行外汇储备投资，中国就能具有国际影响力。

D. 中国具有目前的国际影响力，是因为中国承担了投资风险。

E. 如果进行科学投资，中国具有当前的国际影响力，不见得必须承担风险。

25. 山西醋产业协会某前副会长称：“在市面上销售的山西老陈醋中，只有 5% 是不加添加剂的真正意义上的山西老陈醋。”中国调味品协会某副会长就此事件接受记者采访时说：“只要是按国家标准添加添加剂，都没有安全问题。有些企业强调自己未加添加剂，这对按正常标准加添加剂的企业来说是不公平的。”

以下哪项陈述能够从该调味品协会副会长的话中合乎逻辑地推出?

A. 为了保证公平性，企业或者不应该生产高于国家标准的产品，或者要对产品质量高于国家标准的事实秘而不宣。

B. 要想促进行业的技术创新，就应当提高行业的国家标准。

C. 某个行业的国家标准定得太高，不利于该行业的良性发展。

D. 如果不按国家标准加添加剂，就会有安全问题。

E. 未加添加剂的山西老陈醋对消费者来说更加安全。

26～28 题基于以下题干：

一个柜台出售大、中、小三种型号的衬衫，每种衬衫只有红、黄、蓝三种颜色。小张在这一柜台买了 3 件衬衫。

型号和颜色相同的衬衫称为一样的衬衫。小张买的衬衫都不一样，并且没有都买大号和小号的衬衫，即如果买了大号，则没买小号。该柜台小号红衬衫和大号蓝衬衫断货。

26. 根据以上论述可以推知，以下哪项一定为假?

A. 小张买的衬衫中，2 件是小号，2 件是红色。

B. 小张买的衬衫中，2 件是中号，2 件是红色。
C. 小张买的衬衫中，2 件是大号，2 件是红色。
D. 小张买的衬衫中，2 件是小号，1 件是黄色，1 件是蓝色。
E. 小张买的衬衫中，2 件是大号，1 件是红色。

27. 如果小张买了 1 件小号蓝衬衫，则以下哪项一定为假？
A. 小张买了 2 件蓝衬衫。
B. 小张买了 2 件红衬衫。
C. 小张买了 2 件黄衬衫。
D. 小张买了 2 件小号衬衫。
E. 小张买了 1 件中号衬衫。

28. 如果小张没买中号黄衬衫，则以下哪项一定为真？
A. 小张买了中号红衬衫或小号蓝衬衫。
B. 小张买了中号红衬衫或中号蓝衬衫。
C. 小张买了大号红衬衫或小号蓝衬衫。
D. 小张买了大号红衬衫或中号红衬衫。
E. 小张买了 2 件中号红衬衫。

29. 一个案件有张、王、李、赵四位嫌疑人。
张说："作案者是王。"
王说："作案者是赵。"
李说："我没有作案。"
赵说："王说谎。"
已知四个人中只有一个人说真话，则作案者是哪位？
A. 张。 B. 王。 C. 李。 D. 赵。 E. 无法判断。

30. 经济的良性循环是指不过分依靠政府的投资，靠自身的力量来实现社会总供给和社会总需求的基本平衡，实现经济增长。近几年，我国之所以会出现经济稳定增长的态势，是靠政府加大投资实现的。
如果以上陈述为真，则最能支持以下哪项结论？
A. 只靠经济自身所产生的投资势头和消费势头就能实现经济的良性循环。
B. 经济的良性循环是实现社会总供给与总需求基本平衡的先决条件。
C. 如果过分依靠政府的投资，经济状况就会进行恶性循环。
D. 近年来，我国的经济增长率一直保持在 7% 以上。
E. 某一时期的经济稳定增长不意味着这一时期的经济已经转入良性循环。

管理类联考综合（199）逻辑冲刺模考题卷15

（说明：参加管理类联考的同学，请模考本卷全部题目，限时60分钟；参加396经济类联考的同学，请模考本卷1~20题，限时40分钟。）

逻辑推理：第1~30小题，每小题2分，共60分。下列每题所给出的A、B、C、D、E五个选项中，只有一项是符合试题要求的。请在答题卡上将所选项的字母涂黑。

1. 卫星旅行社组织了美国、中国香港、中国台湾、新加坡等旅游者参加中华环视旅行活动。其中有些人游览中国西部，而有些人游览中国东北，所有游览中国东北的人都游览中国西部，而所有没有游览中国西部的人都是新加坡人。

   以上陈述最能支持以下哪项结论？

   A. 有些新加坡人游览中国东北。

   B. 有些新加坡人游览中国西部。

   C. 所有的新加坡人都游览中国东北。

   D. 有些新加坡人没有游览中国东北。

   E. 有些游览中国西部的人没有游览中国东北。

2. 近年来我国房价快速攀升，政府各部门出台多项措施，以抑制房价的过快增长。但2015年第一季度全国房价仍逆势上扬。有人断言：地价上涨是房价猛涨的罪魁祸首。

   以下哪项如果为真，则最能对上述断言提出质疑？

   A. 2015年第一季度上海房价比去年同期增长19.1%，地价上升了6.53%。

   B. 2015年第一季度北京住宅价格比去年同期增长7.2%，住宅用地价格上涨了0.37%。

   C. 华远地产董事长认为，随着土地开发成本的提高，房价一定会增长。

   D. 永泰开发公司董事长说："房价的暴涨是因为供应量没有跟上需求。"

   E. 地价到底是不是房价上涨的原因，尚待研究。

3. 如果不设法提高低收入者的收入，社会就不稳定；假如不让民营经济者得到回报，经济就上不去。面对收入与分配的两难境地，倡导"效率优先，兼顾公平"是正确的，如果听信"公平优先，兼顾效率"的主张，我国的经济就会回到"既无效率，又不公平"的年代。

   以下哪项陈述是上述论证所依赖的假设？

   A. 当前社会的最大问题是收入与分配的两难问题。

   B. 在收入与分配的两难境地之间，还有第三条平衡的道路可走。

   C. "效率与公平并重"优于"效率优先，兼顾公平"和"公平优先，兼顾效率"。

D. 倡导“效率优先，兼顾公平”不会使经济回到“既无效率，又不公平”的年代。

E. 与提高民营经济者的回报相比，提高低收入者的收入、维护社会稳定更重要。

4. 大学作为教育事业，属于非经济行业，其产出难以用货币指标、实物指标测定，故大学排名不像企业排名那样容易。大学排名还必须以成熟的市场经济体制、稳定的制度为前提，必须有公认的公证排名机构等。在我国，大学排名的前提条件远不具备，公认的大学排名机构还未产生。因此，我国目前不宜进行大学排名。

以下哪一项不构成对上述论证的反驳？

A. 大学排名对学校声誉和考生报考有很大影响。

B. 大学排名与成熟的市场经济制度之间没有那么紧密的关系。

C. 企业排名也不容易，并且也不尽准确，仅具参考价值。

D. 公认的排名机构只能从排名实践中产生。

E. 大学排名与稳定的制度之间没有那么紧密的关系。

5 ~6 题基于以下题干：

研究人员发现，每天食用五份以上的山药、玉米、胡萝卜、洋葱或其他类似蔬菜可以降低患胰腺癌的风险。他们调查了 2 230 名受访者，其中有 532 名胰腺癌患者，然后对癌症患者食用的农产品加以分类，并询问他们其他的生活习惯，比如总体饮食和吸烟情况，将其与另外 1 701 人的生活习惯作比较。结果发现，每天至少食用五份蔬菜的人患胰腺癌的概率是每天食用两份以下蔬菜的人的一半。

5. 以下哪一个问题不构成对上述研究结论可靠性的质疑？

A. 受访者在调查中所说的话都是真的吗？

B. 在胰腺癌患者中，男女各占多大比例？

C. 调查所涉及的胰腺癌患者与非胰腺癌患者在生活习惯方面的差异是否有重要遗漏？

D. 胰腺癌患者有没有遗传方面的原因？

E. 胰腺癌患者和非胰腺癌患者在免疫系统方面有没有明显差异？

6. 以下哪一项办法最有助于证明上述研究结论的可靠性？

A. 查明在以肉食为主、很少食用上述蔬菜的群体中胰腺癌患者的比例有多大。

B. 研究胰腺癌患者中有哪些临床表现及其治疗方法。

C. 尽可能让胰腺癌患者生活愉快，以延长他们的寿命。

D. 通过实验室研究，查明上述蔬菜中含有哪些成分。

E. 分析胰腺癌患者的年龄结构。

7. 历史并非清白之手编织的网，使人堕落和道德沦丧的一切原因中，权力是最永恒、最活跃的。因此，应该设计出一些制度，限制和防范权力的滥用。

下面哪个假设能够给予上述推理最强的支持？

A. 应该设法避免使人堕落和道德沦丧。

B. 权力常常使人堕落和道德沦丧。

C. 没有权力的人就没有机会在道德上堕落。

D. 一些堕落和道德沦丧的人通常拥有很大的权力。

E. 限制和防范权力的滥用需要付出很多努力才能实现。

8. 某城市的房地产开发商只能通过向银行直接贷款或者通过预售商品房来筹集更多的开发资

金。因此，如果政府不允许银行增加对房地产业的直接贷款，该市的房地产开发商将无法筹集到更多的开发资金。

以下哪个选项如果为真，则最能支持上述论证？

A. 有的房地产开发商预售商品房后携款潜逃，使得工程竣工遥遥无期。

B. 开发商无法从第三方平台取得贷款。

C. 建筑施工企业不愿意垫资施工。

D. 部分开发商销售期房后延期交房，使得很多购房者对开发商心存疑惑。

E. 中央银行取消了商品房预售制度。

9. 一项调查结果显示：78%的儿童中耳炎患者均来自二手烟家庭。研究人员表示，二手烟环境会增加空气中的不健康颗粒，其中包括尼古丁和其他有毒物质。与居住在无烟环境中的孩子相比，居住在二手烟环境中的孩子患中耳炎的概率更大。因此，医学专家表示，父母等家人吸烟，是造成儿童罹患中耳炎的重要原因。

以下哪项如果为真，则最能削弱上述论述？

A. 调查还显示，无烟家庭的比率呈逐年上升的趋势。

B. 研究证明，二手烟家庭中儿童中耳炎的治愈率较高。

C. 门诊数据显示，儿童中耳炎就诊人数下降了 4.6%。

D. 在这次调查的人群中，只有 20%的儿童来自无烟家庭。

E. 成年中耳炎患者来自二手烟家庭的比例只有 30%。

10. 资本的特性是追求利润。2004 年上半年我国物价上涨的幅度超过了银行存款的利率。1—7 月份，居民收入持续增加，但居民储蓄存款增幅持续下滑，7 月外流存款达 1 000 亿元左右，同时定期存款在全部存款中的比重不断下降。

以下哪项如果为真，则最能够解释这达 1 000 亿元储蓄资金中大部分资金的流向？

A. 由于预期物价持续上涨，许多居民的资金只能存活期，以便随时购买自己所需的商品。

B. 由于预期银行利率将上调，许多居民的资金只能存活期，准备利率上调后改为定期。

C. 由于国家控制贷款规模，广大民营企业资金吃紧，民间借贷活跃，借贷利息已远远高于银行存款利率。

D. 由于银行存款利率太低，许多居民考虑是否买股票或是基金。

E. 一些保守的居民，仍然希望把钱存在银行里以回避风险。

11. 计算机科学家已经发现被称为“阿里巴巴”和“四十大盗”的两种计算机病毒。这些病毒常常会侵入计算机系统文件中，阻碍计算机文件的正确储存。幸运的是，目前还没有证据证明这两种病毒能够完全删除计算机文件。所以，发现这两种病毒的计算机用户不必担心自己的文件被清除掉。

以上论证是错误的，因为它__________________

A. 用仅仅是对结论加以重述的证据来支持它的结论。

B. 没有考虑这一事实：没被证明的因果关系，人们也可以假定这种关系的存在。

C. 没有考虑这种可能性：即使尚未证明因果关系的存在，这种关系也是存在的。

D. 并没有说明计算机病毒删除文件的技术机制。

E. 没有说明这两种病毒是通过哪种方式侵入计算机的。

12. 美国计划在捷克建立一个雷达基地，将它与波兰境内的导弹基地构成一个导弹防护罩，用以对付伊朗的导弹袭击。为此美国与捷克在2008年先后签署了两个军事协议。捷克官员认为，签署协议可以使捷克联合北约盟友，借助最好的技术设备，确保本国的安全。
以下哪项陈述如果为真，能够对捷克官员的断言提出最大的质疑？
A. 根据捷克与美国的协议，美国对其在捷克境内的基地有指导权和管理权。
B. 捷克大部分民众反对美国在捷克建立反导雷达基地。
C. 捷克大部分民众认为美国在捷克建立反导雷达基地将严重损害当地民众的安全和利益。
D. 在捷克与美国签署有关雷达基地协议的当天，俄罗斯声称，俄罗斯的导弹将瞄准该基地。
E. 捷克与美国签署协议后，美国会为捷克提供大量新式武器。

13. 在获得诺贝尔文学奖后，马尔克斯居然还能写出《一场事先张扬的人命案》这样一个叙述紧凑、引人入胜的故事，一部真正的悲剧作品，实在令人吃惊。
上述评论所依赖的假设是：
A. 马尔克斯在获得诺贝尔文学奖之前，写出了许多优秀的作品。
B. 作家在获得诺贝尔文学奖之后，他的所有作品都会令人惊讶。
C. 马尔克斯在获得诺贝尔文学奖之后，所写的作品仍然相当引人入胜。
D. 作家在获得诺贝尔文学奖之后，几乎不能再写出引人入胜的作品。
E. 作家在获得诺贝尔文学奖之前，可以写出引人入胜的作品。

14. P（polyhedosis）核病毒可以通过杀死吉卜赛蛾的幼虫从而有助于控制该蛾的数目。这种病毒一直存活于幼虫身上，但每隔六七年才能杀死大部分幼虫，从而大大降低吉卜赛蛾的数目。科学家们认为，这种通常处于潜伏状态的病毒，只有当幼虫受到生理上的压抑时才会被激活。
如果上文中科学家所说的是正确的，则下面哪种情况最有可能把这种病毒激活？
A. 在吉卜赛蛾泛滥成灾的地区，天气由干旱转变为正常降雨。
B. 连续两年被吉卜赛蛾侵袭的树木，树叶脱落的情况日益加剧。
C. 寄生的黄蜂和苍蝇对各类幼虫的捕食。
D. 由于吉卜赛蛾的数量过多而导致的食物严重短缺。
E. 在温度较高的环境中，病毒的活性有所提高。

15. 某饭局上有四个商人在谈生意，他们分别是上海人、浙江人、广东人和福建人。他们做的生意分别是服装加工、服装批发和服装零售。其中：
（1）福建人单独做服装批发；
（2）广东人不做服装加工；
（3）上海人和另外某人同做一种生意；
（4）浙江人不和上海人同做一种生意；
（5）每个人只做一种生意。
由以上条件可以推出上海人所做的生意是：
A. 服装加工。　　B. 服装批发。

C. 服装零售。

D. 和广东人不做同一种生意。

E. 无法确定。

16. 对山东省和江苏省的每亩粮食产量进行的一次为期 10 年的对比分析结果表明，当仅以种植面积比较时，江苏省的产量是山东省的 72%。但当对农业总面积（包括种植面积和休耕面积）进行比较时，江苏省的产量是山东省的 118%。

根据以上信息，关于山东省和江苏省在这 10 年间的农业情况，下面哪项能被最可靠地推断出来？

A. 山东省农业总面积中休耕地的比例要大于江苏省。

B. 山东省休耕地面积多于耕地面积。

C. 江苏省闲置的可用农业面积要比山东省少。

D. 江苏省的耕种面积多于休耕地面积。

E. 江苏省生产的粮食要比山东省多。

17. 分手不仅令人心理痛苦，还可能造成身体疼痛。美国研究人员征募的 40 名志愿者，他们在过去半年中被迫与配偶分手，至今依然相当介意遭人拒绝。研究人员借助功能性磁共振成像技术观察志愿者的大脑活动，结果发现他们对分手等社会拒绝产生反应的大脑部位与对躯体疼痛反应的部位重合。因此，分手这类社会拒绝行为会引起他们的躯体疼痛。

上述论证如果正确，则以下哪项必须假设？

A. 个体对于疼痛的感受与社会应激事件有密切关系。

B. 功能性磁共振技术是目前进行大脑定位的常用方法。

C. 个体情绪等心理过程的改变能影响其生理反应。

D. 生理与心理反应可以通过大脑产生关联。

E. 生理上的痛苦总是通过心理活动来体现的。

18. 三男二女参加打靶游戏。规定每人只打一枪，中十环者获大奖。枪声齐鸣，现场报靶区举旗通报有人获大奖。五人兴奋地做了如下猜测：

男 1 号：大奖得主或者是我，或者是男 3 号。

男 2 号：不是女 2 号。

男 3 号：如果不是女 1 号，那么就是男 2 号。

女 1 号：既不是我，也不是男 2 号。

女 2 号：既不是男 3 号，也不是男 1 号。

公布获大奖人员的名单以后，结果五人中只有两个人没猜错。由此可以推知：

A. 男 1 号获得大奖。

B. 男 2 号获得大奖。

C. 男 3 号获得大奖。

D. 女 1 号获得大奖。

E. 女 2 号获得大奖。

19. 自从有皇帝以来，中国的正史都是皇帝自己家的日记，那是皇帝的标准像，从中不难看出皇帝的真实形态来。要了解皇帝的真面目，还必须读野史，那是皇帝的生活写照。

以下哪项陈述是上述论证所依赖的假设？

A. 所有正史记述的都是皇帝家私人的事情。

B. 只有读野史，才能知道皇帝那些鲜为人知的隐私。

C. 只有将正史和野史结合起来，才能看出皇帝的真面目。

D. 正史记述的是皇帝治国的大事，野史记述的则是皇帝日常的小事。

E. 野史都是些坊间传说，有一些杜撰和虚构。

20. 有专家认为，一个人心理健康是他行为得体的前提，行为得体又是与人和谐相处的基础。能与人和谐相处，就证明这个人的心理品质足够好。

以下哪项与专家的观点不同？

A. 一个心理不健康的人不能与人和谐相处。

B. 一个行为不得体的人不能与人和谐相处。

C. 一个心理健康并且行为得体的人能与人和谐相处。

D. 能与人和谐相处的人，他的行为就是得体的。

E. 心理品质不足够好的人不能与人和谐相处。

21～23 题基于以下题干：

某国东部沿海有 5 个火山岛：E、F、G、H、I，它们由北至南排列成一条直线，同时发现：

（1）F 与 H 相邻并且在 H 的北边；

（2）I 和 E 相邻；

（3）G 在 F 的北边某个位置。

21. 假如 G 与 I 相邻并且在 I 的北边，则下面哪一个陈述一定为真？

A. H 在岛屿的最南边。

B. F 在岛屿的最北边。

C. E 在岛屿的最南边。

D. I 在岛屿的最北边。

E. G 在岛屿的最南边。

22. 假如 I 在 G 北边的某个位置，则下面哪一个陈述一定为真？

A. E 与 G 相邻并且在 G 的北边。

B. G 与 F 相邻并且在 F 的北边。

C. I 与 G 相邻并且在 G 的北边。

D. E 与 F 相邻并且在 F 的北边。

E. H 与 F 相邻并且在 F 的北边。

23. 假如 G 是最北边的岛屿，则该组岛屿有多少种可能的排列顺序？

A. 2。 B. 3。 C. 4。 D. 5。 E. 6。

24. 如果一定能在法律上支持安乐死，那么执行安乐死的主体行为者就要具备剥夺人生命的权利。事实上，法律对这样的权利是无法保障的。

如果上述陈述为真，则以下哪项也必定是真的？

A. 通过立法手段支持安乐死是不可能的。

B. 立法要经过法定程序确定是否支持安乐死。

C. 只要在法律上支持安乐死，安乐死就能够实行。

D. 如果在法律上不支持安乐死，安乐死就不能够实行。

E. 通过立法支持安乐死的可能性不大。

25. 为了在今天的社会中成功，你必须有大学文凭。对此持怀疑态度的人认为，有许多人高中都没有上完，但他们却很成功。不过，这种成功只是表面的，因为没有大学文凭，一个人是不会获得真正成功的。

以下哪项最能说明上述论证中所存在的漏洞？

A. 基于大多数人都会相信这个结论的假设而得出这个结论。

B. 没有考虑到与所断言的反例存在的情形。

C. 假设了它所要证明的结论。

D. 将一种相互关联错认为一种因果联系。

E. 从与个别的案例有关的论据中推出一个高度概括的结论。

26. 旧式的美国汽车被认为是空气的严重污染者，美国所有的州都要求这种车通过尾气排放标准检查，不合格的车辆禁止使用，其车主被要求购买新车驾驶。所以，这种旧式美国汽车对全球大气污染的危害在未来将会消失。

以下哪项如果为真，则能够对上述论证构成最严重的质疑？

A. 我们不可能把一个州或一个国家的空气分隔开来，因为空气污染是个全球问题。

B. 由于技术的革新，现在的新车开旧后不会像以前的旧车那样造成严重的空气污染。

C. 在非常兴旺的旧车市场上，旧式的美国汽车被出口到没有尾气排放限制的国家。

D. 在美国，要求汽车通过尾气检查的法令在个别州的执行情况不是尽如人意。

E. 尽管旧式汽车被停止使用，但空气污染仍然会因为汽车总数的增加而加重。

27. 土耳其自 1987 年申请加入欧盟，直到目前双方仍在进行艰难的谈判。从战略上考虑，欧盟需要土耳其，如果断然对土耳其说“不”，欧盟将会在安全、司法、能源等方面失去与土耳其的合作。但是，如果土耳其加入欧盟，则会给欧盟带来文化宗教观不协调、经济补贴负担沉重、移民大量涌入、冲击就业市场等一系列问题。

以下哪项结论可以从上面的陈述中推出？

A. 经过艰苦的谈判，土耳其会加入欧盟。

B. 如果土耳其达到了欧盟设定的政治、经济等入盟标准，它就能够加入欧盟。

C. 欧盟或者得到与土耳其的全面合作，或者完全避免土耳其加入欧盟而带来的麻烦。

D. 土耳其只有 3% 的国土在欧洲，多数欧洲人不承认土耳其是欧洲国家。

E. 从长远看，欧盟不能既得到与土耳其的全面合作，又完全避免土耳其加入欧盟而带来的困难问题。

28. 高级经理人在报酬上的差距反映了公司各个部门之间的工作方式。如果这个差距较大，它激励的是部门之间的竞争和个人的表现；如果这个差距较小，它激励的是部门之间的合作和集体的表现。3M 公司各个部门之间是以合作的方式工作的，所以______________

将以下哪项陈述作为上述论证的结论最为恰当？

A. 3M 公司的高级经理人在报酬上的差距较大。

B. 以合作的方式工作能共享一些资源和信息。

C. 3M 公司的高级经理人在报酬上的差距较小。

D. 以竞争的方式工作能提高各个部门的工作效率。

E. 3M 公司的高级经理人很可能在报酬上的差距较小。

29. 在过去五年里，新商品房的平均价格每平方米增加 25%。在同期的平均家庭预算中，购买商品房的费用所占的比例保持不变。所以，在过去五年里，平均家庭预算也一定增加了 25%。

以下哪项关于过去五年情况的陈述是上面论述所依赖的假设？

A. 平均每个家庭所购买的新商品房的面积保持不变。

B. 用于食品和子女教育方面的费用在每个家庭预算中所占的比例保持不变。

C. 在全国范围内用来购买新商品房的费用的总量增加了25%。

D. 所有与住房有关的花费在每个家庭预算中所占的比例保持不变。

E. 过去五年，除了住房以外的其他产品的价格平均增长了25%。

30. 根据过去10年中所做的4项主要调查得出的结论是：以高于85%的同龄儿童的体重作为肥胖的标准，北京城区肥胖儿童的数量一直在持续上升。

如果上述调查中的发现是正确的，据此可以得出以下哪项结论？

A. 10年来，北京城区儿童的运动量越来越少。

B. 10年来，北京城区不肥胖儿童的数量也在持续上升。

C. 10年来，北京城区肥胖儿童的数量也在持续减少。

D. 北京城区儿童发胖的可能性随其年龄的增长而变大。

E. 10年来，北京城区儿童的营养过剩情况越来越严重。

管理类联考综合（199）逻辑冲刺模考题卷16

（说明：参加管理类联考的同学，请模考本卷全部题目，限时60分钟；参加396经济类联考的同学，请模考本卷1~20题，限时40分钟。）

逻辑推理：第1~30小题，每小题2分，共60分。下列每题所给出的A、B、C、D、E五个选项中，只有一项是符合试题要求的。请在答题卡上将所选项的字母涂黑。

1. 在我们身边，有些人经常打呼噜。打呼噜通常被认为可以起到降低来自生活中各种压力的作用。实际上，在整个人群中，打呼噜的人非常少。一项最新的研究表明，在吸烟者中打呼噜的人比在不吸烟者中更为常见。因此，研究者认为吸烟可能会导致打呼噜。
   如果以下哪项为真，则最能对研究者的观点提出质疑？
   A. 不吸烟的人也照样打呼噜。
   B. 肥胖导致很多人打呼噜。
   C. 多数打呼噜的人不吸烟。
   D. 多数吸烟的人不打呼噜。
   E. 对许多人来说，压力导致了吸烟和打呼噜。
2. 有一个大家庭，父母共养有7个子女，从大到小分别是：A、B、C、D、E、F、G，这7个孩子的情况是这样的：
   （1）A有3个妹妹；
   （2）B有1个哥哥；
   （3）C是老三，她有2个妹妹；
   （4）E有2个弟弟。
   从以上情况可以得出，这7个孩子的性别是以下哪项？
   A. A男，B女，C女，D女，E男，F男，G男。
   B. A男，B男，C女，D女，E男，F女，G男。
   C. A男，B男，C女，D女，E女，F男，G男。
   D. A男，B女，C男，D女，E女，F男，G男。
   E. A男，B男，C女，D女，E女，F男，G女。
3. 只有小陈参加，小王和小张才会一起吃饭；而小陈只到她家附近的酒店吃饭，那里距市中心几里路远；只有小王去，小宋才会去酒店吃饭。
   如果上面的信息是对的，那么下面哪一项也一定对？
   A. 小张不与小宋、小陈一起在酒店吃饭。

B. 小宋不在市中心的酒店吃饭。

C. 小王、小宋和小张不在酒店一起吃饭。

D. 小王与小张不会一起在市中心吃饭。

E. 小宋不与小陈在酒店一起吃饭。

4. 李华的好朋友不可能喜欢赵敏，刘丽不喜欢赵敏，所以，刘丽是李华的好朋友。

以下哪项中的推理与上述论证中的最为相似？

A. 考上研的同学不会去找工作，李白考上研了，所以，李白不会去找工作。

B. 会打篮球的男生不会是单身，李大壮不是单身，所以，李大壮会打篮球。

C. 吃过午饭的人不会去吃自助餐，大东去吃自助餐了，所以，大东没吃午饭。

D. 春天打过流感疫苗的人不会在这次流行感冒中被传染，小明在春季打过流感疫苗，所以，小明这次没有被传染。

E. 携带宠物的人不能进入酒店，张辉带了一只猫，所以，张辉没有在酒店。

5. 记者："您是央视《百家讲坛》中最受欢迎的演讲者之一，人们称您为"国学大师""学术超男"，对于这两个称呼，您更喜欢哪一个？"教授："我不是'国学大师'，也不是'学术超男'，只是一个文化传播者。"

教授在回答记者的问题时使用了以下哪项陈述所表达的策略？

A. 将一个多重问题拆成单一问题，分而答之。

B. 摆脱非此即彼的困境而选择另一种恰当的回答。

C. 通过重述问题的预设来回避对问题的回答。

D. 通过回答另一个有趣的问题而答非所问。

E. 指出记者的提问自相矛盾。

6. 一项研究报告表明，随着经济的发展和改革开放的深入，我国与种植、养殖有关的单位几乎都有从国外引进物种的项目。不过，我国华东等地作为饲料引进的空心莲子草，沿海省区为护滩引进的大米草等，很快蔓延疯长，侵入草场、林区和荒地，形成单种优势群落，导致原有的植物群落衰退；新疆引进的意大利黑蜂迅速扩散到野外，使原有的优良蜂种伊犁黑蜂几乎灭绝。

请问以下哪项最为恰当地概括了上述论证的结论？

A. 引进国外物种可能会对我国的生物多样性造成巨大危害。

B. 应该设法控制空心莲子草、大米草等植物的蔓延。

C. 从国外引进物种是为了提高经济效益。

D. 我国34个省、市、自治区都有外来物种。

E. 备受广大食客喜爱的小龙虾作为外来物种也应该被加以控制。

7. 航天局认为优秀宇航员应具备三个条件：第一，丰富的知识；第二，熟练的技术；第三，坚强的意志。现有至少符合条件之一的甲、乙、丙、丁四位优秀飞行员报名参选，已知：

①甲、乙意志坚强程度相同；

②乙、丙知识水平相当；

③丙、丁并非都知识丰富；

④四人中三人知识丰富、两人意志坚强、一人技术熟练。

航天局经过考查，发现其中只有一人完全符合优秀宇航员的全部条件，则他是以下哪位？

A. 甲。　B. 乙。　C. 丙。　D. 丁。　E. 无法确定。

8. 如果张伟参加这次聚会，那么孙浩不会参加。如果王东和李明参加这次聚会，那么张伟也参加。

根据以上断定，从以下哪项中可以得出王东不参加聚会的结论？

A. 孙浩和李明都不参加。

B. 孙浩和李明都参加。

C. 孙浩参加，李明不参加。

D. 李明参加，孙浩不参加。

E. 李明和张伟都参加。

9. 只有经过严格体检并合格的人才能加入冬泳协会。所有加入冬泳协会的人都被评为全民健身积极分子。有的退休老同志是冬泳协会成员。王府大厦的保安都没有经过体检。

如果以上断定成立，那么下列各项都能从中推出，除了：

A. 有的退休老同志被评为全民健身积极分子。

B. 王府大厦的保安中，有人被评为全民健身积极分子。

C. 有的全民健身积极分子是冬泳协会的成员。

D. 有的退休老同志经过体检。

E. 王府大厦的保安都没有加入冬泳协会。

10. 自 1997 年以来，香港陷入比较严重的经济衰退；就在这一年，香港开始实行“一国两制”。有人声称：是“一国两制”造成了香港的经济衰退。

以下哪一个问题对于反驳上述推理最为相关？

A. 两件事情同时发生或相继发生，就能确定它们之间有因果关系吗？

B. 为什么中国台湾、新加坡、韩国、美国在此期间也发生经济衰退？

C. 为什么中国内地的经济一派欣欣向荣？

D. 为什么以前管制香港的英国在此期间的经济状况也很糟糕？

E. 支持和反对“一国两制”的香港居民有多少？

11. 早期人类遗骸化石显示，我们的祖先很少有现代人常见的牙齿疾病。因此，早期人类的饮食很可能和现代人有很大的不同。

以下哪项如果为真，则最能削弱上述论证？

A. 早期人的寿命比现代人短得多，而人的牙病通常出现在 50 岁以后。

B. 健康的饮食有利于保护健康的牙齿。

C. 饮食是影响牙齿健康的最重要因素。

D. 遗骸化石显示，有些早期人类有相当多的龋齿洞。

E. 和现代人一样，早期人类主要以熟食为主。

12. 在南非的祖鲁兰，每 17 个小时就有一头犀牛被偷猎。“飞翔的犀牛”行动从乌姆福洛奇保护区精心挑选了 114 头白犀牛和 10 头黑犀牛，将它们空运到南非一个秘密的地区，犀牛保护者希望犀牛能在这里自然地繁殖和生长，以避免因偷猎而导致犀牛灭绝的厄运。

以下哪一项陈述不是“飞翔的犀牛”行动的假设？

A. 对犀牛新家的保密措施严密，使偷猎分子不知道那里有犀牛。

B. 给犀牛人为选择的新家适合白犀牛和黑犀牛的繁殖和生长。

C. 住在犀牛新家附近的居民不会有人为昂贵的犀牛角而偷猎。

D. 60 年前为避免黑犀牛灭绝而进行的一次保护转移行动获得成功。

E. 被秘密保护起来的犀牛数量足以维持犀牛的繁衍生息。

13. 科学家：就像地球一样，金星内部也有一个炽热的熔岩核，随着金星的自转和公转会释放巨大的热量。地球是通过板块构造运动产生的火山喷发来释放内部热量的，在金星上却没有像板块构造运动那样造成的火山喷发现象，令人困惑。

如果以下陈述为真，则哪一项对科学家的困惑给出了最佳的解释？

A. 金星自转缓慢而且其外壳比地球的外壳薄得多，便于内部热量向外释放。

B. 金星大气中的二氧化碳所造成的温室效应使其地表温度高达485°C。

C. 由于受高温、高压的作用，金星表面的岩石比地球表面的岩石更坚硬。

D. 金星内核的熔岩运动曾经有过比地球的熔岩运动更剧烈的温度波动。

E. 金星与太阳的距离比地球与太阳的距离更近。

14. 达里湖是由火山喷发而形成的高原堰塞湖，生活在半咸水湖里的华子鱼——瓦氏雅罗鱼，像生活在海中的蛙鱼一样，必须洄游到淡水河的上游产卵繁育。尽管目前注入达里湖的4条河流都是内陆河，没有一条河流通向海洋，但科学家们仍然确信：达里湖的华子鱼最初是从海洋迁徙而来的。

以下哪一项陈述如果为真，则能对科学家的信念提供最佳的解释？

A. 生活在黑龙江等水域的雅罗鱼比达里湖的瓦氏雅罗鱼个头大一倍。

B. 捕捞出的华子鱼放入海水或淡水中只能存活一两天，死后迅速腐坏。

C. 达里湖与海洋的距离并没有过于遥远。

D. 科研人员将达里湖华子鱼的鱼苗放入远隔千里的柒盖淖，养殖成功。

E. 冰川融化形成达里湖，溢出的湖水曾与流入海洋的辽河相连。

15. 脐带血指的是胎儿娩出、脐带结扎并离断后残留在胎盘和脐带中的血液，其中含有的造血干细胞对白血病、重症再生障碍性贫血、部分恶性肿瘤等疾病有显著疗效，是人生中错过就不再有的宝贵的自救资源。父母为新生儿保存脐带血，可以为孩子一生的健康提供保障。

以下哪项陈述如果为真，则最能削弱上面论述的结论？

A. 目前中国因患血液病需要做干细胞移植的概率极小，而保存脐带血的费用昂贵。

B. 现在脐带血与外周血、骨髓一起成为造血干细胞的三大来源。

C. 目前在临床上脐带血并不是治疗许多恶性疾病的最有效手段，而是辅助治疗手段。

D. 脐带血的保存量通常为50毫升，这样少的数量对大多数成年人的治疗几乎没有效果。

E. 与世界领先地区相比，中国脐带血移植尚处于起步阶段，每年进行脐带血治疗的仅有200例左右。

16. 保护野生动物种群的法律不应该强制应用于以捕获野生动物为生却不会威胁到野生动物种群延续的捕猎行为。

如果以下陈述为真，则哪一项最有力地证明了上述原则的正当性？

A. 对任何以赢利为目的而捕获野生动物的行为，都应该强制执行野生动物保护法。

B. 尽管眼镜蛇受到法律的保护，但由于人的生命安全受到威胁而杀死眼镜蛇的行为不会受到法律的制裁。

C. 蒙古牧民喜欢饲养牛羊并食用牛羊肉，并未造成牛羊的灭绝。

D. 人类猎杀大象有几千年了，并未使大象种群灭绝，因而强制执行保护野生象的法律是没必要的。

E. 极地最北端的因纽特人以弓头鲸为食物，每年捕获弓头鲸的数量远远低于弓头鲸新成活的数量。

17. 托马斯·潘恩在《常识》一书中讨论了君主制和世袭制是否合理的问题。对于那些相信世袭制度合理的人，潘恩追问并回答道，最初的国王是如何产生的呢？只有 3 种可能：或者通过抽签，或者通过选举，或者通过篡权。如果第一位国王是通过抽签或选举产生的，这就为以后的国王们奠定了先例，从而否定了世袭的做法。如果第一位国王的王位是篡权得到的，那么谁也不会如此大胆，竟敢为王位的世袭加以辩护。

以下哪一项最好地描述了潘恩的论证所使用的技巧？

A. 通过表明一个命题与某个已确立为真的命题矛盾，来论证前者不成立。

B. 通过一个命题能推出假的结论，来论证这个命题不成立。

C. 通过表明所有可能的解释都推出同一个命题，来论证这个命题成立。

D. 通过排除所有其他可能的解释，来论证剩余的那个解释是成立的。

E. 消除不相干因素，找到一个共同特征，从而证明该特征与所研究事件之间有因果关系。

18. 文明人与野蛮人或其他动物的重要区别在于通过深谋远虑来抑制本能的冲动。唯有当一个人去做某一件事并不是受本能冲动的驱使，而是因为他的理性告诉他，到了未来某个时期他会因此而受益，这时才出现了真正的深谋远虑。耕种土地就是一种深谋远虑的行动，人们为了冬天吃粮食而在春天工作。

以下哪一项陈述是上面论证所依赖的假设？

A. 能否通过深谋远虑来抑制本能的冲动，这是文明人与野蛮人或其他动物的唯一区别。

B. 松鼠埋栗子、北极狐埋鸟蛋等行动纯属受本能驱使的行动。

C. 人对自己本能冲动的抑制力越强，对目前痛苦的忍受力就越大，因而其文明程度就越高。

D. 人不仅通过自己的深谋远虑来抑制本能的冲动，还通过外在的法律、习惯与宗教等抑制本能的冲动。

E. 除了深谋远虑的行为外，人类的很多行为也受本能控制。

19. 产能过剩、地方政府债务、房地产泡沫是中国经济面临的三大顽疾，如果处理不当，则可能导致中国经济“硬着陆”。三大顽疾形成的根本原因，是中国长期的资本低利率。只有让资金成本回归到合理的位置，产能过剩的需求才能受到控制，房地产投资过度的压力才能逐步释放，地方政府借钱搞开发的冲动才能被抑制。对股市而言，如果三大顽疾不能得到有效控制，“牛市”就很难到来。

如果以上陈述为真，则以下哪一项陈述也必然为真？

A. 如果中国股市还没有迎来“牛市”，那一定是三大顽疾还没有得到有效控制。

B. 如果地方政府借钱搞开发的冲动没有被抑制，则国内资金成本还没有回归到合理的位置。

C. 如果中国股市迎来了“牛市”，那一定是国内资金成本回归到了合理的位置。

D. 只要国内资金成本回归到合理的位置，中国经济就不会“硬着陆”。

E. 中国股市迎来了“牛市”，但国内资金成本没有回归到合理的位置。

20. 有网络媒体报道称，让水稻听感恩歌《大悲咒》能增产 15%。福建省良山村连续三季的水稻种植结果证实，听《大悲咒》不仅增产了 15%，水稻颗粒也更加饱满。有农业专家表示，音乐不仅有助于植物对营养物质的吸收、传输和转化，还能达到驱虫的效果。

以下哪一个问题的回答对评估上述报道的真实性最不相关？

A. 听《大悲咒》的水稻与不听《大悲咒》的水稻的其他生长条件是否完全相同？

B. 该方法是否具有大面积推广的可行性？

C. 专家能否解释为什么《大悲咒》对水稻的生长有益而对害虫的生长无益？

D. 专家的解释是否具有可靠的理论支持？

E. 听《大悲咒》的水稻与不听《大悲咒》的水稻的田间管理是否完全相同？

21 ~23 题基于以下题干：

某单位在大年初一、初二、初三安排6个人值班，他们是G、H、K、L、P、S。每天需要2人值班。人员安排要满足以下条件：

（1）L与P必须在同一天值班；

（2）G与H不能在同一天值班；

（3）如果K在初一值班，那么G在初二值班；

（4）如果S在初三值班，那么H在初二值班。

21. 以下哪一项可以是这些人值班日期的一个完整且准确的安排？

A. 初一：L和P；初二：G和K；初三：H和S。

B. 初一：L和P；初二：H和K；初三：G和S。

C. 初一：G和K；初二：L和P；初三：H和S。

D. 初一：K和S；初二：G和H；初三：L和P。

E. 初一：L和S；初二：G和H；初三：K和P。

22. 如果P在初二值班，则以下哪一项可以为真？

A. S在初三值班。

B. H在初二值班。

C. K在初一值班。

D. G在初一值班。

E. L在初三值班。

23. 如果G和K在同一天值班，则以下哪一项必然为真？

A. S不在初三值班。

B. K在初二值班。

C. L在初一值班。

D. H在初一值班。

E. S不在初二值班。

24. 在球类比赛中，利用回放决定判罚是错误的。因为无论有多少台摄像机跟踪拍摄场上的比赛，都难免会漏掉一些犯规动作。要对所发生的一切明察秋毫是不可能的。

以下哪一项论证的缺陷与上述论证最为相似？

A. 知识就是美德，因为没人故意作恶。

B. 我们不该要警察，因为他们不能阻止一切犯罪活动。

C. 试婚不是不道德的，因为任何买衣服的人都可以试穿。

D. 信念不能创造实在，因为把某事当成真的并不能使之成为真的。

E. 风水先生的话不可能是真的，因为，他没有将自己的祖先埋进宝地。

25. 赛马场上，三匹马的夺冠呼声最高，它们分别是赤兔、的卢和乌骓。

观众甲说：“我认为冠军不会是赤兔，也不会是的卢。”

观众乙说：“我觉得冠军不会是赤兔，而乌骓一定是冠军。”

观众丙说："可我认为冠军不会是乌骓，而是赤兔。"

比赛结果很快出来了，他们中有一个人的两个判断都对；另一个人的两个判断都错了；还有一个人的判断是一对一错。

则以下说法正确的是哪一项？

A. 冠军是赤兔。
B. 冠军是的卢。
C. 冠军是乌骓。
D. 甲的话均为假。
E. 丙的话均为假。

26. 男青年小张、小王和小李分别和女青年小赵、小陈和小高相爱。三对情侣分别养了狗、猫和鸟作为宠物。其中：

（1）小李不是小高的男友，也不是猫的主人；

（2）小赵不是小王的女友，也不是狗的主人；

（3）如果狗的主人是小王或小李，小高就是鸟的主人；

（4）如果小高是小张或小王的女友，小陈就不是狗的主人。

根据以上条件可以推断，以下哪项一定为真？

A. 小张和小陈是情侣。
B. 小高和小王是情侣。
C. 小高养的是猫。
D. 小王和小陈共同养狗。
E. 小李和小赵共同养鸟。

27. 为什么古希腊会产生城邦制，东方国家却长期存在君主专制？亚里士多德认为，君主专制在野蛮人中间常常可以见到，同僭主或暴君制很接近。因为野蛮民族的性情天生就比希腊各民族更具奴性，其中亚细亚蛮族的奴性更甚于欧罗巴蛮族，所以他们甘受独裁统治而不起来叛乱。

如果以下各项陈述为真，除哪一项外，都能削弱亚里士多德的解释？

A. 城邦制造就了公民的自主性，君主专制造就了顺民的奴性。
B. 地理环境的差别造就了城邦制和君主专制的区别。
C. 亚里士多德的解释在感情上令绝大多数东方人难以接受。
D. 文明人与野蛮人的区别是文化和社会组织不同造成的。
E. 古希腊长期存在奴隶制，这些奴隶的长期存在说明古希腊人的奴性并不低于东方民族。

28. 北极地区蕴藏着丰富的石油、天然气、矿物和渔业资源，其油气储量占世界未开发油气资源的1/4。全球变暖使北极地区冰面以每10年9%的速度融化，穿过北冰洋沿俄罗斯北部海岸线连通大西洋和太平洋的航线可以使从亚洲到欧洲比走巴拿马运河近上万公里。因此，北极的开发和利用将为人类带来巨大的好处。

如果以下陈述为真，除哪一项外，都能削弱上述论证？

A. 穿越北极的航船会带来入侵生物，破坏北极的生态系统。
B. 国际社会因北极开发问题发生过许多严重冲突，但当事国做了冷静搁置或低调处理。
C. 开发北极会使永久冻土融化，释放温室气体甲烷，导致极端天气增多。
D. 开发北极会加速冰雪融化，使海平面上升，淹没沿海低地。
E. 冰川消融会使海水入侵沿海地下淡水层，从而给人类带来灾难。

29. 有时候，一个人不能精确地解释一个抽象语词的含义，却能十分恰当地使用这个语词进行语言表达。可见，理解一个语词并非一定依赖于对这个语词的含义作出精确的解释。

以下哪一项陈述能为上面的结论提供最好的支持？

A. 抽象语词的含义是不容易得到精确解释的。

B. 如果一个人能精确地解释一个语词的含义，那他就理解了这个语词。

C. 一个人不能精确地解释一个语词的含义，不意味着其他人也不能精确地解释这个语词的含义。

D. 如果一个人能十分恰当地使用一个语词进行语言表达，那他就理解了这个语词。

E. 有时候人们也不能精确地表达一个非抽象语词的含义。

30. 营养学家：迄今为止的所有医学研究都表明，每天饮用 3 杯或更少的咖啡不会对心脏造成伤害。因此，如果你是一个节制的咖啡饮用者，那么，你完全可以放心地享用咖啡，不必担心咖啡损害你的健康。

以下哪一项陈述最为准确地指出了以上论证的缺陷？

A. 咖啡饮用者在饮用咖啡的同时可能食用其他对心脏有害的食物。

B. 该营养学家的结论只依据了相关的研究成果，缺乏临床数据的支持。

C. 大量饮用咖啡会对心脏造成伤害。

D. 常喝咖啡的人往往有较大的心理压力，而较大的心理压力本身就对心脏有害。

E. 喝咖啡对心脏无害不意味着对身体无害。

管理类联考综合（199）逻辑冲刺模考题卷 17

（说明：参加管理类联考的同学，请模考本卷全部题目，限时 60 分钟；参加 396 经济类联考的同学，请模考本卷 1～20 题，限时 40 分钟。）

逻辑推理：第 1～30 小题，每小题 2 分，共 60 分。下列每题所给出的 A、B、C、D、E 五个选项中，只有一项是符合试题要求的。请在答题卡上将所选项的字母涂黑。

1. 除非能保证四个小时的睡眠，否则大脑将不能得到很好的休息；除非大脑得到很好的休息，否则第二天大部分人都会感觉到精神疲劳。

   如果上述断定为真，则以下哪项也一定是真的？

   A. 只要大脑得到充分休息，就能消除精神疲劳。

   B. 大部分人的精神疲劳源于睡眠不足。

   C. 或者大脑得到充分休息，或者第二天能消除精神疲劳。

   D. 如果大脑得到了很好的休息，则必定保证了四个小时的睡眠。

   E. 如果你只睡三个小时，那么第二天一定会精神疲劳。

2. 我可以设身处地地把一些外在符号跟一些内心事件关联起来，比如，将呻吟和脸部的扭曲跟痛的感受关联起来。我从痛的体验中得知，当我有痛感时，往往就会呻吟和脸部扭曲。因此，一旦我看到他人有相同的外在符号时，我就理所当然地认为，他们也有与我相同的内心活动事件。毕竟我和他人之间，在行为举止和通常的生理功能方面，显然是相类似的，为什么在内心活动方面不也相类似呢？

   下面哪一项能够最强有力地支持上面的论证？

   A. 相似的结果一定有相似的原因。

   B. 痛感与呻吟和脸部扭曲之间可能有密切联系。

   C. 行为举止与内心活动也许有某种内在关联。

   D. 人与人之间很多方面都是相似的。

   E. 痛感的来源只有一种。

3. 克山病是一种原因未明的地方性心肌病，山东省两次克山病流行均发生在病区居民生活困难时期，此时居民饮食结构单一、营养缺乏。1978 年以后，由于农村经济体制的改革，病区居民生活逐渐好转，营养结构趋向合理，克山病新发病人越来越少，达到基本控制标准。一些研究者据此推测，营养缺乏可能是克山病发病的重要因素。

   如果以下各项为真，则哪项不能质疑上述推论？

   A. 原来克山病病区的土壤、水质在几十年中发生了较大变化。

B. 1978 年以前农村生活水平普遍较低，但克山病仅在个别地方出现。
C. 一些生活水平高的地区，也出现过克山病病例。
D. 通过调整饮食结构，无法治愈克山病。
E. 即使在 1978 年以前，山东省某些生活条件较差的地区也很少出现克山病。

4. 企业的职工所赚的钱是计入成本的工资，老板赚的钱是不计入成本的利润。成本若高，利润就低了；利润若高，成本就低了。
如果以上陈述为真，则能最有力地支持以下哪项结论？
A. 职工持有企业的股份，并且与老板在利益上有矛盾。
B. 如果职工持有企业的股份，老板与职工在利益上就没有矛盾。
C. 如果职工没有持有企业的股份，老板与职工就有利益上的矛盾。
D. 老板赚的钱总是多于职工所赚的钱。
E. 老板不应该压榨职工用来提高自己的收入。

5. 在过去的一年里，喷气式飞机的燃料价格由于喷气燃料的供应锐减而提高了。尽管如此，今年喷气燃料的销售数量却比去年要多得多。
如果上述陈述是真的，则下列哪一个结论能够合理地被推出？
A. 在过去的一年里，喷气燃料的需求已经增加了。
B. 在过去的一年里，喷气式飞机引擎的燃料利用率已经提高了。
C. 在过去的一年里，喷气式飞机的数量已经减少了。
D. 在过去的一年里，喷气燃料的炼油成本已经提高了。
E. 在过去的一年里，许多国家颁布了限制喷气燃料使用的法令。

6. 假如我和你辩论，我们之间能够分出真假对错吗？我和你都不知道，而所有其他的人都有成见，我们请谁来评判？请与你观点相同的人来评判，他既然与你观点相同，怎么能评判？请与我观点相同的人来评判，他既然与我观点相同，怎么能评判？请与你我观点都不相同的人来评判，他既然与你我的观点都不相同，怎么能评判？所以，“辩无胜”。
下面哪一项最为准确地描述了上述论证的缺陷？
A. 上述论证忽视了有超出辩论者和评论者之外的实施标准和逻辑标准。
B. 上述论证有“混淆概念”的逻辑错误。
C. 上述论证中的理由不真实，并且相互不一致。
D. 上述论证犯有“文不对题”的逻辑错误。
E. 上述论证犯有“循环论证”的逻辑错误。

7. 公司治理取决于立法者所制定的法律。然而，仅有法律是不够的，还必须依赖为管理者制定的最优行动准则。比如，“公司的董事应该具有卓越的才能”这条准则，对于什么是“卓越的才能”，法律不能给出它的标准定义。最优行动准则的优势就是它采纳弹性比较大的标准。
以下哪项陈述是上述论证所依赖的假设？
A. 只有当法律能够实施的时候，法律才会有作用。
B. 采纳弹性比较小的标准不能发挥最优行动准则的优势。
C. 采纳弹性比较大的标准制定法律会给法律的实施带来麻烦。
D. 即使只能发挥最优行动准则的优势，法律还是不能缺少的。

E. 对于公司治理来说，最优行动准则比法律更重要。

8. 某学校规定：除非学生成绩优秀并且品德良好，否则不能获得奖学金。

以下各项都符合该学校规定，除了：

A. 如果一名学生成绩优秀且品德良好，就一定能获得奖学金。

B. 要想获得奖学金，成绩优秀和品德良好缺一不可。

C. 如果一名学生成绩不好，那么他不可能获得奖学金。

D. 如果一名学生经常损害他人利益，品行不端，那么他不可能获得奖学金。

E. 只有成绩优秀和品德良好，才有可能获得奖学金。

9. 企业竞争以效率为根本，而效率是以亲情为核心的东西。我国的各种制度不是要破坏亲情，而是要把亲情发挥到最高点。

如果以下陈述为真，则哪一项能最严重地削弱上述结论？

A. 亲情不但能建立在私德的基础之上，也能建立在公德的基础之上。

B. 制度的主要作用是淡化亲情，防止人们利用亲情干不好的事情。

C. 亲情能给企业带来效率，一旦反目成仇也能给企业带来灾难。

D. 制度虽然能激发亲情，但制度本身却容不下半点亲情。

E. 在家庭内部，亲情比道德更重要。

10. 我国个人所得税法修正案（草案）将工薪所得的费用扣除标准由原来的 1 500 元/月提高到 3 000 元/月；当个人月收入低于 3 000 元时，无须纳税；高于 3 000 元时对减去 3 000 元后的收入征税。一位官员对此评论说：个人所得税起征点不宜太高，因为纳税也是公民的权利，起点太高，就剥夺了低收入者作为纳税人的荣誉。

以下哪项如果为真，能对这位官员的论点提出最大的质疑？

A. 世界各国在征收个人所得税时，都是将居民基本生活费用予以税前扣除，以保证社会劳动力的再生产。

B. 个人所得税交的少也会影响低收入者作为纳税人的荣誉。

C. 个人所得税的作用之一是调节社会分配，缩小贫富差距。

D. 个人所得税占政府财政收入的比例并不高。

E. 中国的税制以商品税为主，一个人只要购买并消费商品，就向国家交了税。

11 ~ 12 题基于以下题干：

一个人到底是做出好的行为还是做出坏的行为，跟他生命的长短有关。如果他只活一天的话，他去偷人家东西是最好的，因为他不会遭受担心被抓住的痛苦。对于还能活 20 年的人来说，偷人家东西就不是最好的，因为他会遭受担心被抓住的痛苦。

11. 如果以下各项陈述为真，除了哪项之外，都能削弱上述论证？

A. 只有遭受担心被抓住的痛苦，才不会去偷人家东西。

B. 对于只活一天的人来说，最好的行为可能是饱餐一顿牛肉。

C. 生命的长短不是一个人选择做出好的行为或坏的行为的充分条件。

D. 对于某些偷人家东西的人来说，良心的谴责会造成比担心被抓住更大的痛苦。

E. 判断一项行为是不是好的，有其他的客观标准，而不是以当事人的心理感受为依据。

12. 以下哪项陈述是上述论证所依赖的假设？

A. 一个人偷东西会被抓住。

B. 凡是去偷人家东西的人都活不了几天。

C. 只要没有被抓住，担心被抓住不会给人带来痛苦，因为偷东西的人早有思想准备。

D. 一个知道自己活不了几天的人，通常会选择做些好事而不是去做坏事。

E. 一个人在决定是否去偷人家东西之前，能确切地知道他还能活多久。

13. 1993 年以来，我国内蒙古地区经常出现沙尘暴，造成了重大经济损失。有人认为，沙尘暴是由气候干旱造成草原退化、沙化而引起的，是天灾，因此是不可避免的。

以下各项如果为真，都能够对上述观点提出质疑，除了：

A. 近年来内蒙古牧民大规模猎杀草原狼，使得破坏植被的动物如兔子、老鼠等泛滥。

B. 在内蒙古呼伦贝尔和锡林郭勒退化草原的对面，蒙古国草原的草高达 1 米左右。

C. 在几乎无人居住的中蒙 10 公里宽的边界线上，草依然保持着 20 世纪 50 年代的高度。

D. 过度放牧等人为因素是草原退化、沙化的重要原因。

E. 20 世纪 50 年代，内蒙古锡林郭勒草原的草有马肚子那样高，现在的草连老鼠都盖不住。

14. 在选举社会，每一位政客为了当选都要迎合选民。程扁是一位超级政客，特别想当选，因此，他会想尽办法迎合选民。在很多时候，不开出许多空头支票，就无法迎合选民。而事实上，程扁当选了。

从题干中推出以下哪一个结论最为合适？

A. 程扁肯定向选民开出了许多空头支票。

B. 程扁肯定没有向选民开出许多空头支票。

C. 程扁很可能向选民开出了许多空头支票。

D. 程扁很可能没有向选民开出许多空头支票。

E. 程扁得到了绝大多数选民的选票。

15. 如果高层管理人员本人不参与薪酬政策的制定，公司最后确定的薪酬政策就不会成功。另外，如果有更多的管理人员参与薪酬政策的制定，告诉公司他们认为重要的薪酬政策，公司最后确定的薪酬政策将更加有效。

以上陈述如果为真，则以下哪项陈述不可能为假？

A. 除非有更多的管理人员参与薪酬政策的制定，否则，公司最后确定的薪酬政策不会成功。

B. 或者高层管理人员本人参与薪酬政策的制定，或者公司最后确定的薪酬政策不会成功。

C. 如果高层管理人员本人参与薪酬政策的制定，公司最后确定的薪酬政策就会成功。

D. 如果有更多的管理人员参与薪酬政策的制定，公司最后确定的薪酬政策将更加有效。

E. 高层管理人员本人参与薪酬政策的制定，并且公司最后确定的薪酬政策不会成功。

16. 如果联盟决定在所有入境口岸对从 W 国进口的产品实行 100% 的检测，那么 W 国的食品将经常出现违规；如果 W 国的食品经常出现违规，那么联盟将提醒各成员国采取相应的措施；如果联盟提醒各成员国采取相应的措施，那么联盟的民众将反应强烈；如果联盟的民众反应强烈，那么联盟将决定在所有的入境口岸对从 W 国进口的产品实行 100% 的检测；如果联盟决定在所有的入境口岸对从 W 国进口的产品实行 100% 的检测，那么联盟的民众不会反应强烈。

以下哪项可以从以上陈述中合乎逻辑地推出？

A. 联盟不会提醒各成员国采取相应的措施。

B. W国的食品将经常出现违规。

C. 联盟的民众将反应强烈。

D. 联盟将决定在所有入境口岸对从W国进口的产品实行100%的检测。

E. 联盟的民众将反应强烈或者W国的食品将经常出现违规。

17. 从20世纪80年代末到20世纪90年代初，在5年时间内中科院7个研究所和北京大学共有134名在职人员死亡。有人搜集这一数据后得出结论：中关村知识分子的平均死亡年龄为53.34岁，低于北京1990年人均期望寿命73岁，比10年前调查的58.52岁也低出了5.18岁。

下面哪一项最为准确地指出了该统计推理的谬误？

A. 实际情况是143名在职人员死亡，样本数据不可靠。

B. 样本规模过小，应加上中关村其他科研机构和大学在职人员死亡情况的资料。

C. 这相当于在调查大学生平均死亡年龄是22岁后，得出惊人结论：具有大学文化程度的人比其他人平均寿命少50多岁。

D. 该统计推理没有在中关村知识分子中间作类型区分。

E. 该统计没有说明调查者是谁。

18. 李浩、王鸣和张翔是同班同学，住在同一个宿舍。其中，一个是湖南人，一个是重庆人，一个是辽宁人。李浩和重庆人不同岁，张翔的年龄比辽宁人小，重庆人比王鸣的年龄大。根据题干所述，可以推出以下哪项结论？

A. 李浩是湖南人，王鸣是重庆人，张翔是辽宁人。

B. 李浩是重庆人，王鸣是湖南人，张翔是辽宁人。

C. 李浩是重庆人，王鸣是辽宁人，张翔是湖南人。

D. 李浩是辽宁人，王鸣是湖南人，张翔是重庆人。

E. 李浩是湖南人，王鸣是辽宁人，张翔是重庆人。

19. 妈妈要带两个女儿去参加一个晚会，女儿在选择搭配衣服。家中有蓝色短袖衫、粉色长袖衫、绿色短裙和白色长裙各一件。妈妈不喜欢女儿穿长袖衫配短裙。

以下哪项是妈妈不喜欢的衣服搭配方案？

A. 姐姐穿粉色衫，妹妹穿短裙。

B. 姐姐穿蓝色衫，妹妹穿短裙。

C. 姐姐穿长裙，妹妹穿短袖衫。

D. 妹妹穿长袖衫和白色裙。

E. 妹妹穿蓝色衫和短裙。

20. 在某地，每逢假日，市区主干道A和主干道B就会发生堵车现象。

如果上述情况属实，则下列哪项也是正确的？

Ⅰ. 如果主干道A和B在堵车，那么这天就是假日。

Ⅱ. 如果主干道A发生堵车，但主干道B没有堵车，那么这天就不是假日。

Ⅲ. 如果这一天不是假日，那么主干道A和B都不会堵车。

A. 只有Ⅰ。

B. 只有Ⅱ。

C. 只有Ⅲ。

D. 只有Ⅱ和Ⅲ。

E. Ⅰ、Ⅱ、Ⅲ都不正确。

21. 某个团队去西藏旅游，除拉萨市之外，还有6个城市或景区可供选择：E市、F市、G湖、H山、I峰、J湖。考虑时间、经费、高原环境、人员身体状况等因素，必须满足以下条件：

（1）G湖和J湖中至少要去一处；

（2）如果不去E市或者不去F市，则不能去G湖游览；

（3）如果不去E市，也就不能去H山游览；

（4）只有越过I峰，才能到达J湖。

如果由于气候原因，这个团队不去I峰，则以下哪项一定为真？

A. 该团队去E市和J湖游览。

B. 该团队去E市而不去F市游览。

C. 该团队去G湖和H山游览。

D. 该团队去F市和G湖游览。

E. 该团队去F市而不去G湖游览。

22. 去年全国居民消费物价指数（CPI）仅上涨1.8%，属于温和型上涨。然而，老百姓的切身感受却截然不同，觉得水电煤气、蔬菜粮油、上学看病、坐车买房，样样都在涨价，涨幅一点也不“温和”。

下面哪一个选项无助于解释题干中统计数据与老百姓感受之间的差距？

A. 我国目前的CPI统计范围及标准是20多年前制定的，难以真实反映当前整个消费物价的走势。

B. 国家统计局公布的CPI是对全国各地、各类商品和服务价格的整体情况的数据描述，无法充分反映个体感受和地区与消费层次的差异。

C. 与老百姓生活关联度高的产品，涨价幅度大。

D. 高收入群体对物价的小幅上涨没有什么感觉。

E. 与老百姓生活关联度低的产品，跌价的居多。

23. 桌上放着红桃、黑桃和梅花三种牌，共20张。对此有以下论述：

（1）桌上至少有一种花色的牌少于6张；

（2）桌上至少有一种花色的牌多于6张；

（3）桌上任意两种牌的总数将不超过19张。

以上论述中正确的是：

A. （1）（2）。

B. （1）（3）。

C. （2）（3）。

D. （1）（2）和（3）。

E. 以上结论都不正确。

24. 1968年建成的南京长江大桥，丰水区的净空高度是24米，理论上最多能通过3 000吨的船舶，在经济高速发展的今天已经成为“腰斩”长江水道、阻碍巨轮畅行的建筑。一位桥梁专家断言：要想彻底疏通长江黄金水道，必须拆除并重建南京长江大桥。

以下哪项如果为真，能对这位专家的观点提出最大的质疑？

A. 由于大型船舶无法通过南京长江大桥，长江中上游大量出口货物只能改走公路或铁路。

B. 进入长江的国际船舶99%泊于南京长江大桥以下的港口，南京长江大桥以上的数十座外贸码头鲜有大型外轮靠泊。

C. 只拆除南京长江大桥还不行，后来在芜湖、铜陵、安庆等地建起的长江大桥，净空高度也是24米。

D. 造船技术高度发展，国外为适应长江通行而设计的 8 000 吨级轮船已经通过南京直达武汉。

E. 长江上游的三峡大坝建成以后，给大型船舶的通航造成了困难。

25. 在某大型理发店内，所有的理发师都是北方人，所有的女员工都是南方人，所有的已婚者都是女员工，所以，所有的已婚者都不是理发师。

下面哪一项如果为真，则将证明上述推理的前提至少有一个是假的？

A. 该店内有一位出生于北方的未婚的男理发师。

B. 该店内有一位不是理发师的未婚女员工。

C. 该店内有一位出生于南方的女理发师。

D. 该店内有一位出生于南方的已婚女员工。

E. 该店内有一位未婚南方女员工。

26. 上一个冰川形成并从极地扩散时期的一种珊瑚化石在比它现在生长的地方深得多的海底被发现了。因此，尽管它与现在生长的这种珊瑚看起来没有多大区别，但能在深水中生长说明它们之间在重要的方面有很大的不同。

以上论述依据下面哪个假设？

A. 尚未发现在冰川未从极地扩散之前的时期有这种珊瑚的化石。

B. 冰川扩散时期的地理变动并未使这种珊瑚化石下沉。

C. 今天的这种珊瑚大都生活在与那些在较深处发现的这种珊瑚化石具有相同地理区域的较浅位置。

D. 已发现了冰川从极地扩散的各个时期的这种化石。

E. 现在生长的珊瑚个体比较大。

27. 剪除的干草在土壤中逐渐腐烂，提供养料和产生土壤中的有益细菌，这有利于植物的生长。但是被剪除的如果是新鲜青草的话，则结果会不利于植物的生长。

以下哪项如果为真，则最能解释上述现象？

A. 任何植物在土壤中腐烂都会增加土壤中的有益细菌。

B. 干草腐烂后形成的养料能立即被土壤中的有益细菌吸收。

C. 新鲜青草被剪除后在土壤中比干草腐烂得更快。

D. 新鲜青草在土壤中腐烂时会产生高温，一些土壤中的有益细菌在这样的高温下难以生存。

E. 如果把剪除的干草和新鲜青草混合起来在土壤中腐烂，结果则不利于植物的生长。

28. 甲、乙、丙均为教师，其中一位是大学教师，一位是中学教师，一位是小学教师。并且大学教师比甲的学历高，乙的学历比小学教师低，小学教师的学历比丙的低。

根据以上信息，可以推出以下哪项？

A. 甲是小学教师，乙是中学教师，丙是大学教师。

B. 甲是中学教师，乙是小学教师，丙是大学教师。

C. 甲是大学教师，乙是小学教师，丙是中学教师。

D. 甲是大学教师，乙是中学教师，丙是小学教师。

E. 甲是小学教师，乙是大学教师，丙是中学教师。

29. 某公司 30 岁以下的年轻员工中有一部分报名参加了公司在周末举办的外语培训班。该公司的部门经理一致同意在本周末开展野外拓展训练。所有报名参加外语培训班的员工都反对在本周末开展野外拓展训练。

根据以上信息，可以推出以下哪项？

A. 所有部门经理年龄都在30岁以上。

B. 该公司部门经理中有人报名参加了周末的外语培训班。

C. 报名参加周末外语培训班的员工都是30岁以下的年轻人。

D. 有些30岁以下的年轻员工不是部门经理。

E. 所有30岁以下的年轻员工都做了部门经理。

30. 据调查，某地90%以上有过迷路经历的司机都没有安装车载卫星导航系统。这表明，车载卫星导航系统能有效防止司机迷路。

以下哪项如果为真，则最能削弱上述论证？

A. 很多老司机没有安装车载卫星导航系统，却很少迷路。

B. 车载卫星导航系统的使用效果不理想，对防止迷路没有多大作用。

C. 当地目前只有不足10%的汽车安装了车载卫星导航系统。

D. 安装了车载卫星导航系统的司机，90%以上经常使用。

E. 有一些安装了卫星导航系统的司机也会迷路。

管理类联考综合（199）逻辑冲刺模考题
卷 18

（说明：参加管理类联考的同学，请模考本卷全部题目，限时 60 分钟；参加 396 经济类联考的同学，请模考本卷 1～20 题，限时 40 分钟。）

逻辑推理：第 1～30 小题，每小题 2 分，共 60 分。下列每题所给出的 A、B、C、D、E 五个选项中，只有一项是符合试题要求的。请在答题卡上将所选项的字母涂黑。

1. 哲学家："我思考，所以我存在。如果我不存在，那么我不思考。如果我思考，那么人生就意味着虚无缥缈。"

   若把"人生并不意味着虚无缥缈"补充到上述论证中，那么这位哲学家还能得出什么结论？

   A. 我存在。　　B. 我不存在。　　C. 我思考。

   D. 我不思考。　　E. 我不存在且我不思考。

2. 大学生利用假期当保姆已不再是新鲜事。一项调查显示，63% 的被调查者赞成大学生当保姆，但是，当被问到自己家里是否会请大学生保姆时，却有近 60% 的人表示"不会"。

   以下哪项陈述如果为真，则能够合理地解释上述看似矛盾的现象？

   A. 在选择"会请大学生当保姆"的人中，有 75% 的人打算让大学生担任家教或秘书工作，只有 25% 的人想让大学生从事家务劳动。

   B. 调查中有 62% 的人表示只愿意付给大学生保姆 800 元到 1 000 元的月薪。

   C. 赞成大学生当保姆的人中，有 69% 的人认为做家政工作对大学生自身有益，只有 31% 的人认为大学生保姆能提供更好的家政服务。

   D. 在不赞成大学生当保姆的人中，有 40% 的人认为，学生实践应该选择与自己专业相关的领域。

   E. 大学生当保姆可以锻炼自己适应生活的能力。

3. 为缓解石油紧缺的状况，我国于 5 年前开始将玉米转化为燃料乙醇的技术产业化，俗称"粮变油"，现在已经成为比较成熟的产业。2013 年到 2015 年我国连续三年粮食丰收，今年国际石油价格又创新高，但国家发展改革委员会却通知停止以粮食生产燃料乙醇的项目。

   以下哪项陈述如果为真，则能够最好地解释上述看似矛盾的现象？

   A. 5 年前的"粮变油"项目是一项消化陈化粮的举措。

   B. 石油紧缺引发的能源危机已对我国造成了严重影响。

   C. 我国已经研究出用秸秆生产燃料乙醇的关键技术。

D. 在我国玉米种植区，近年来新建的乙醇厂开始与饲料生产商争夺原料。

E. 乙醇汽油是一种新型的可再生燃料。

4. 美国科普作家雷切尔·卡逊撰写的《寂静的春天》被誉为“西方现代环保运动”的开山之作。这本书以滴滴涕为主要案例，得出了化学药品对人类健康和地球环境有严重危害的结论。此书的出版引发了西方国家的全民大论战。

以下各项陈述如果为真，则都能削弱雷切尔·卡逊的结论，除了：

A. 滴滴涕不仅能杀灭传播疟疾的蚊子，而且对环境的危害并不是那样严重。

B. 非洲一些地方停止使用滴滴涕后，疟疾病又卷土重来。

C. 发达国家使用滴滴涕的替代品同样对环境有危害。

D. 天津化工厂去年生产了1 000吨滴滴涕，绝大部分出口非洲，帮助当地居民对抗疟疾。

E. 南非在2003年重新启用滴滴涕后，因疟疾死亡的人数降到了原来的50%以下。

5. 某校报受校学生会委托，在全校师生中进行抽样调查，推选最受欢迎的学生会干部，结果姚军得到65%以上的支持，得票最多。据此，学生会认为最受欢迎的学生会干部是姚军。

以下哪项如果为真，则最能削弱学生会的结论？

A. 这次调查在设计上把姚军放在了候选人的首位。

B. 该校所有人都参加了此次调查。

C. 多数被调查者并不关注学生会成员及其工作。

D. 该校师生中有部分人没有在调查中发表自己的意见。

E. 这次的调查对象大部分来自姚军所在的院系。

6. 有的足球运动员不会说英语，但所有的足球运动员都喜欢看美剧。

如果以上陈述为真，则以下哪项一定为真？

A. 有些喜欢看美剧的人会说英语。

B. 有些会说英语的人不喜欢看美剧。

C. 有些喜欢看美剧的人不会说英语。

D. 有些会说英语的人喜欢看美剧。

E. 所有不会说英语的人都不喜欢看美剧。

7. 所有优秀的领导者都注重企业的长远发展，所有注重企业长远发展的领导者都会想尽办法占据市场。因此，所有不想占据市场的领导者都不是优秀的领导者。

如果以上论述为真，则以下哪项必定为假？

A. 一些优秀的领导者会想尽办法占据市场。

B. 没有一个优秀的领导者想尽办法占据市场。

C. 没有一个不优秀的领导者注重企业的长远发展。

D. 所有优秀的领导者都会想尽办法占据市场。

E. 优秀的领导者善于应对市场竞争。

8. 甲、乙、丙、丁、戊分别住在同一个小区的1、2、3、4、5号房子内。现已知下列条件：

（1）甲与乙不是邻居；

（2）乙的房号比丁小；

（3）丙住的房号是双数；

（4）甲的房号比戊大3。

根据上述条件可以推断，丁所住的房号是：

A. 1号。

B. 2号。

C. 3号。

D. 4 号。　　　　　　　　E. 5 号。

9. 只有具有足够的身高并且排球技术又好的人，才能进入国家排球队。

如果上述命题为真，则以下哪项不可能为真？

A. 姚明具有足够的身高，但是排球技术不好，因此没能进入国家排球队。

B. 排球技术好，但是身高不够的曾春蕾没有进入国家排球队。

C. 郎平具有足够的身高并且排球技术也好，但是没有进入国家排球队。

D. 朱婷有足够的身高，球技也好，进入了国家排球队。

E. 小四很矮并且不会打排球，但是他进入了国家排球队。

10. 张伟的所有课外作业都得了优，如果她的学期论文也得到优，即使不做课堂报告，她也能通过考试。不幸的是，她的学期论文没有得到优，所以她要想通过考试，就不得不做课堂报告了。

上述论证中的推理是有缺陷的，因为该论证____________________

A. 忽略了这种可能性：如果张伟不得不做课堂报告，那么她的学期论文就没有得到优。

B. 没有考虑到这种可能性：有的学生学期论文得了优，却没有通过考试。

C. 忽视了这种可能性：张伟的学期论文必须得到优，否则就要做课堂报告。

D. 依赖未确证的假设：如果张伟的学期论文得不到优，她不做课堂报告就通不过考试。

E. 不当地假设：张伟会通过考试。

11. 今年 6 月，洞庭湖水位迅速上涨，淹没了大片湖洲、湖滩，栖息于此的大约 20 亿只田鼠浩浩荡荡地涌入附近的农田，使洞庭湖沿岸的岳阳、益阳遭遇了 20 多年来损失最为惨重的鼠灾。专家分析说，洞庭湖生态环境已经遭到破坏，鼠灾敲响了警钟。

下面的选项如果为真，则都能支持专家的观点，除了：

A. 蛇和猫头鹰被大量捕杀后，抑制老鼠过度繁殖的生态平衡机制已经失效。

B. “围湖造田”“筑堤灭螺”等人类的活动割裂了洞庭湖的水域。

C. 每年汛期洞庭湖水位上升时，总能淹死很多老鼠，然而去年大旱，汛期水位上升不多。

D. 在滩洲上大规模排水种植杨树，使洞庭湖潮湿地变成了老鼠可以生存的林地。

E. 降雨量的增大破坏了田鼠原本的栖息地造成了田鼠的迁徙。

12. 一位研究人员希望了解他所在社区的人们喜欢的纯牛奶是伊利还是蒙牛，于是他找了一些喜欢纯牛奶的人，要他们通过品尝指出喜好。杯子上不贴标签，以免商标引发明显的偏见，于是将伊利的杯子标志为“M”，将蒙牛的杯子标志为“Q”。结果显示，超过一半的人更喜欢蒙牛牛奶，而非伊利牛奶。

以下哪项如果为真，最可能削弱上述论证的结论？

A. 参加者受到了一定的暗示，觉得自己的回答会被认真对待。

B. 参加实验者中很多人都没有同时喝过这两种牛奶，甚至其中 30% 的参加实验者只喝过其中的一种牛奶。

C. 多数参加者对于伊利牛奶和蒙牛牛奶的市场占有情况是了解的，并且经过研究证明，他们普遍有一种同情弱者的心态。

D. 在对参加实验的人所进行的另外一个对照实验中，发现了一个有趣的结果：这些实验中的大部分人更喜欢英文字母“Q”，而不大喜欢“M”。

E. 伊利牛奶总是找当下最火的明星做自己的形象代言人，而蒙牛却不这样。

13. 顾颉刚先生认为，《周易》卦爻辞中记载了商代到西周初叶的人物和事迹，如高宗伐鬼方、帝乙归妹等，并据此推定《周易》卦爻辞的著作年代应当在西周初叶。《周易》卦爻辞中记载的这些人物和事迹已被近年来出土的文献资料所证实，所以，顾先生的推定是可靠的。

以下哪项陈述最为准确地描述了上述论证的缺陷？

A. 卦爻辞中记载的人物和事迹大多数都是古老的传说。

B. 论证中的论据并不能确定著作年代的下限。

C. 传说中的人物和事迹不能成为证明著作年代的证据。

D. 论证只是依赖权威者的言辞来支持其结论。

E. 《周易》卦爻辞的著作年代无人知晓。

14. 经济学家：如果一个企业没有政府的帮助而能获得可接受的利润，那么它就有自生能力。如果一个企业在开放的竞争市场中没办法获得正常的利润，那么它就没有自生能力。除非一个企业有政策性负担，否则得不到政府的保护和补贴。由于国有企业拥有政府的保护和补贴，即使它没有自生能力，也能够赢利。

如果以上陈述为真，则以下哪项陈述也一定为真？

A. 如果一个企业没有自生能力，它就会在竞争中被淘汰。

B. 如果一个企业有政府的保护和补贴，它就会有政策性负担。

C. 如果一个企业有政策性负担，它就能得到政府的保护和补贴。

D. 在开放的竞争市场中，每个企业都是有自生能力的。

E. 如果一个企业能够获得利润，它就有自生能力。

15. 公安部某专家称，撒谎的心理压力会导致某些生理变化。借助测谎仪可以测量撒谎者的生理表征，从而使测谎结果具有可靠性。

以下哪项陈述如果为真，则能够最强有力地削弱上述论证？

A. 各种各样的心理压力都会导致类似的生理表征。

B. 类似测谎仪这样的测量仪器也可能被误用和滥用。

C. 测谎仪是一种需要经常维护且易出故障的仪器。

D. 对有些人来说，撒谎只能导致较小的心理压力。

E. 测谎仪通过测量撒谎者的呼吸速率、排汗量、心率和血压等确定是否撒谎。

16. A 国的反政府武装组织绑架了 23 名在 A 国做援助工作的 H 国公民作为人质，要求政府释放被关押的该武装组织的成员。如果 A 国政府不答应反政府武装组织的要求，该组织会杀害人质；如果人质惨遭杀害，将使多数援助 A 国的国家望而却步；如果 A 国政府答应反政府武装组织的要求，该组织将以此为成功案例，不断复制绑架事件。

以下哪项结论可以从上面的陈述中推出？

A. 多数国家的政府会提醒自己的国民：不要前往危险的 A 国。

B. 反政府武装还会制造绑架事件。

C. 如果多数援助 A 国的国家继续派遣人员去 A 国，绑架事件还将发生。

D. H 国政府反对用武力解救人质。

E. H 国政府不再对 A 国提供援助。

17. 毫无疑问，采用多媒体课件进行教学能够提高教学效果。即使课件做得过于简单，只是传统板书的“搬家”，未能真正实现多媒体的功效，也可以起到节省时间的作用。

以下哪一项陈述是上面的论证所依赖的假设？

A. 采用多媒体课件进行教学比使用传统的板书进行教学有明显的优势。

B. 将板书的内容移入课件不会降低传统的板书在教学中的功效。

C. 有些教师使用的课件过于简单，不能真正发挥多媒体的功效。

D. 用多媒体课件代替传统的板书可以节省写板书的时间。

E. 学生更乐于接受传统的板书。

18 ~ 19 题基于以下题干：

有六个不同国籍的人，他们的名字分别为：A、B、C、D、E 和 F；他们的国籍分别是：美国、德国、英国、法国、俄罗斯和意大利（名字顺序与国籍顺序不一定一致）。现已知下列条件：

（1）A 和美国人是医生；

（2）E 和俄罗斯人是教师；

（3）C 和德国人是技师；

（4）B 和 F 曾经当过兵，而德国人从没当过兵；

（5）法国人比 A 年龄大，意大利人比 C 年龄大；

（6）B 同美国人下周要到英国去旅行，C 同法国人下周要到瑞士去度假。

18. 由上述条件可以确定德国人是：

A. A。　B. B。　C. C。　D. D。　E. E。

19. 由上述条件可以确定美国人是：

A. B。　B. C。　C. D。　D. E。　E. F。

20. 美国科学家发现，雄性非洲慈鲷鱼能通过观察其他雄性成员在抢占地盘争斗中的表现而评估对手的实力，在加入争斗时总是挑战那些最弱的对手，这是科学家首次发现鱼类具有这种推理能力。

如果以上信息为真，则可以推出以下哪项？

A. 雄性非洲慈鲷鱼的逻辑推理能力比雌性非洲慈鲷鱼强。

B. 雄性非洲慈鲷鱼具有某些理性认识特点。

C. 逻辑推理能力较强的鱼能够占有较大的地盘。

D. 人类是逻辑推理能力很强的高等动物。

E. 雄性非洲慈鲷鱼的推理能力与人类相同。

21. 评论家：官方以炮仗伤人、引起火灾为理由禁止春节期间在城里放花炮，而不是想方设法做趋利避害的引导，这里面暗含着自觉或不自觉的文化歧视。吸烟每年致病或引起火灾者，比放花炮而导致的损伤者要多得多，为何不禁？禁放花炮不仅暗含着文化歧视，而且也将春节的最后一点节日气氛清除殆尽。

以下哪项陈述是这位评论家的结论所依赖的假设？

A. 诸如贴春联、祭祖、迎送财神等烘托节日气氛的习俗在城里的春节中已经消失。

B. 诸如吃饺子、送压岁钱等传统节日习俗在城里的春节中依然兴盛不衰。

C. 诸如《理想国》《黑客帝国》中的纯理性人群不需要过有浪漫气氛的节日。

D. 诸如端午、中秋、重阳等中国的传统节日现在不是官方法定的节日。

E. 禁止在城里燃放花炮可以杜绝火灾。

22. 近年来，我国大城市的川菜馆数量正在增加。这表明，更多的人不是在家里宴请客人而是选择去餐厅请客吃饭。

为使上述结论成立，以下哪项陈述必须为真？

A. 川菜馆数量的增加并没有同时伴随着其他餐馆数量的减少。

B. 大城市餐馆数量并没有大的增减。

C. 在全国的大城市川菜馆都比其他餐馆更受欢迎。

D. 只有当现有餐馆容纳不下，新餐馆才会开张。

E. 有的人不喜欢在川菜馆吃饭。

23. 甲、乙、丙、丁、戊、己是一个家族的兄弟姐妹。已知：甲是男孩，有3个姐姐；乙有一个哥哥和一个弟弟；丙是女孩，有一个姐姐和一个妹妹；丁的年龄在所有人当中是最大的；戊是女孩，但是她没有妹妹；己既没有弟弟也没有妹妹。

从以上叙述中，可以推出以下哪项结论？

A. 己是女孩且年龄最小。

B. 丁是女孩。

C. 6个兄弟姐妹中女孩的数量多于男孩的数量。

D. 甲在6个兄弟姐妹中排行第三。

E. 乙在6个兄弟姐妹中排行第二。

24. 美国射击选手埃蒙斯是赛场上的“倒霉蛋”。在2004年雅典奥运会男子步枪决赛中，他在领先对手3环的情况下将最后一发子弹打在了别人的靶上，失去了即将到手的奖牌。然而，他却得到美丽的捷克姑娘卡特琳娜的安慰，最后赢得了爱情。这真是应了一句俗语：如果赛场失意，那么情场得意。

如果这句俗语是真的，则以下哪项陈述一定是假的？

A. 赛场和情场皆得意。

B. 赛场和情场皆失意。

C. 只有赛场失意，才会情场得意。

D. 只有情场失意，才会赛场得意。

E. 如果情场失意，那么赛场得意。

25. “草原酒家”是大草原上一家远近闻名的老字号饭店。但它有一些不成文的“规矩”：如果“草原酒家”在某一天既卖红焖羊肉，又卖羊杂碎汤，那么它也一定卖烤全羊。该饭店星期天从不卖烤全羊……人们都熟悉这些“规矩”，也习以为常。此外，我们还知道，只有当卖红焖羊肉时，王老板才去“草原酒家”吃饭。

如果上述断定是真的，那么以下哪项也一定是真的？

A. 星期天王老板不会去“草原酒家”吃饭。

B. 如果王老板去“草原酒家”吃饭，那么这天它一定不卖羊杂碎汤。

C. “草原酒家”在星期天不卖羊杂碎汤。

D. “草原酒家”只有星期天不卖红焖羊肉。

E. 如果“草原酒家”在星期天卖红焖羊肉，那么这天它一定不卖羊杂碎汤。

26. 诸如“善良”“棒极了”一类的语词，能引起人们积极的反应；而“邪恶”“恶心”之类的语词，则能引起人们消极的反应。最近的心理学实验表明：许多无意义的语词也能引起人们积极或消极的反应。这说明，人们对语词的反应不仅受语词意思的影响，而且受语词发音的影响。

“许多无意义的语词能引起人们积极或消极的反应”，这一论断在上述论证中起到了以下哪种作用？

A. 它是一个前提，用来支持“所有的语词都能引起人们积极或消极的反应”这个结论。

B. 它是一个结论，支持该结论的唯一证据就是声称人们对语词的反应只受语词的意思和发音的影响。

C. 它是一个结论，该结论部分地得到了有意义的语词能引起人们积极或消极的反应的支持。

D. 它是一个前提，用来支持“人们对语词的反应不仅受语词意思的影响，而且受语词发音的影响”这个结论。

E. 它作为唯一的证据证明“所有的语词都能引起人们积极或消极的反应”。

27. 尽管对包办酒席的机构的卫生检查程序比对普通饭店的检查更严格这是一个事实，但是上报到市卫生部门的食物中毒案例更多的是由包办酒席服务的服务部门引起的，而不是由饭店的饭菜引起的。

以下哪项如果为真，最能解释上述论证中明显的矛盾现象？

A. 在任何给出的时间段里，在饭店里吃饭的人比参加包办酒席的人多很多。

B. 包办酒席的机构知道他们将服务的人数，因此比饭店更不可能提供剩饭这种食物中毒的主要来源。

C. 很多饭店除了提供个人饭菜之外，也提供包办酒席的服务。

D. 人们不易将其所吃过的一顿饭与之后的疾病联系起来，除非这疾病袭击了一些互相有交流的人。

E. 人们觉得包办酒席的机构提供的饭菜比饭店的饭菜味道更好。

28. 近些年来，西方舆论界流行一种论调，认为来自中国的巨大需求造成了石油、粮食、钢铁等原材料价格暴涨。

如果以下哪项陈述为真，则能够对上述论点提出最大的质疑？

A. 由于农业技术特别是杂交水稻的推广，中国已经极大地提高了农作物产量。

B. 今年7－9月间，来自中国的需求仍在增长，但国际市场的石油价格重挫近三分之一。

C. 美国的大投资家囤积居奇，大量购买石油产品和石油期货。

D. 随着印度经济的发展，其国人对粮食产品的需求日渐增加。

E. 由于粮食价格不断上涨，世界粮食安全已受到严重威胁。

29. 某个会议的与会人员的情况如下：

（1）3人是由基层提升上来的；

（2）4人是北方人；

（3）2人是黑龙江人；

（4）5人具有博士学位；

（5）上述情况包含了与会的所有人员。

那么，与会人员的人数是：

A. 最少9人，最多14人。　　B. 最少5人，最多14人。

C. 最少7人，最多12人。　　D. 最少7人，最多14人。

E. 最少5人，最多12人。

30. 排兵布阵讲究形与势，被喻为“兵力的配合”。形是配好了的成药，放在药店里，可以直接购买使用；势是由有经验的大夫为病人开的处方，根据病情的轻重，斟酌用量，增减气味，配伍成剂。冲锋陷阵也讲究形与势，用拳法打比方，形是拳手的身高、体重和套路；势就是散打，根据对手的招式随机应变。

以下哪项陈述是对上文所说的形与势的特征的最准确概括？

A. 用兵打仗好比下棋，形是行棋的定式和棋谱；势是接对方的招，破对方的招，反应越快越好。

B. 行医是救人，用兵是杀人，很不相同。然而，排兵布阵与调配药方却有相似之处。

C. 形好比积水于千仞之山，蓄之越深，发之越猛；势好比在万仞之巅滚圆石，山越险，石越速。

D. 形是可见的、静态的、事先设置的东西；势是看不见的、动态的、因敌而设的东西。

E. 《势篇》与《形篇》是姊妹篇，是孙子兵法的军事指挥学的概说。

管理类联考综合（199）逻辑冲刺模考题卷 19

（说明：参加管理类联考的同学，请模考本卷全部题目，限时 60 分钟；参加 396 经济类联考的同学，请模考本卷 1 ~ 20 题，限时 40 分钟。）

逻辑推理：第 1 ~ 30 小题，每小题 2 分，共 60 分。下列每题所给出的 A、B、C、D、E 五个选项中，只有一项是符合试题要求的。请在答题卡上将所选项的字母涂黑。

1. 一只食量大的母牛一天需要被喂食 10 次以上，否则这只母牛就会患病。而如果一只公牛食量大并且一天被喂食 10 次以上，这只公牛就不会患病。
根据以上陈述，可以推断以下哪项为真？
A. 一只食量小的公牛患病了，这只公牛一定没有被一天喂食 10 次以上。
B. 一只食量大的母牛患病了，这只母牛一定没有被一天喂食 10 次以上。
C. 一只食量小的母牛没有患病，这只母牛一定被一天喂食 10 次以上。
D. 一只食量大的公牛没有患病，这只公牛一定被一天喂食 10 次以上。
E. 食量大的公牛患病，说明没有在一天被喂食 10 次以上。

2. 张老师在教育她的学生时说道："不吃得苦中苦，怎成人上人？"她的学生王晓虎说："您说谎，我爷爷吃了一辈子的苦，怎么没有成为人上人呢？"
王晓虎的话最适合反驳以下哪项？
A. 如果想成为人上人，就必须吃得苦中苦。
B. 如果吃得苦中苦，就可以成为人上人。
C. 只有吃得苦中苦，才能成为人上人。
D. 即使吃得苦中苦，也可能成不了人上人。
E. 即使成为人上人，也不是因为吃了苦中苦。

3. 2014 年的一次全国性的逻辑学研讨会一共有 120 名全国知名逻辑学者参加，其中教授 66 人，长江三角洲地带的逻辑学者有 62 人，非长江三角洲地带的没有教授职称的有 8 人。
根据以上陈述，可以推知参加此次全国性的逻辑学研讨会的长江三角洲地带的教授有几人？
A. 2 人。　B. 4 人。　C. 8 人。　D. 14 人。　E. 16 人。

4. 只要上班期间工作认真，就能获得好职员奖。张芳芳获得了好职员奖，所以，张芳芳在上班期间一定是工作认真的。
以下哪项与上述论证方式最为相似？
A. 如果每天锻炼身体，就能打好篮球。李明没有每天锻炼身体，所以，李明篮球打得不好。

B. 李明每天锻炼身体，但是篮球打得不好，所以，每天锻炼身体，不一定篮球打得好。
C. 每天锻炼身体，就可以打好篮球。李明篮球打得好，所以，李明一定每天锻炼身体。
D. 每天锻炼身体，就可以打好篮球。李明没有打好篮球，所以，一定没有每天锻炼身体。
E. 只有每天锻炼身体，才能打好篮球。李明篮球打得好，所以，李明一定每天锻炼身体。

5. 梅山公司经营十年来，有大量的客户欠账要不回来。针对这些欠账，公司出台了一项规定：任何人只要讨回一笔上述欠账，只需上缴其中的20%，其余都归自己。
如果上述规定得到严格执行，则能推出以下哪项结论？
A. 梅山公司至少能收回20%的客户欠账。
B. 梅山公司客户欠账的现象将得到扭转。
C. 梅山公司这十年中的债务人可以最多只归还20%的欠账。
D. 由于资金不能正常周转，梅山公司的经营将不能维持。
E. 梅山公司也欠了其他公司的账。

6. 一个人要受人尊敬，首先必须保持自尊；一个人，只有问心无愧，才能保持自尊；而一个人如果不恪尽操守，就不可能问心无愧。
以下哪项结论可以从题干的断定中推出？
Ⅰ. 一个受人尊敬的人，一定恪尽操守。
Ⅱ. 一个问心有愧的人，不可能受人尊敬。
Ⅲ. 一个恪尽操守的人，一定保持自尊。
A. 只有Ⅲ。　B. 只有Ⅰ和Ⅲ。　C. 只有Ⅱ和Ⅲ。
D. 只有Ⅰ和Ⅱ。　E. Ⅰ、Ⅱ和Ⅲ。

7. 科学家假设，一种特殊的脂肪即P－脂肪，是视力发育形成过程中所必需的。科学家观察到，用含P－脂肪低的配方奶粉喂养的婴儿比母乳喂养的婴儿视力要差，而母乳中P－脂肪的含量高，于是他们提出了上述假说。此外还发现，早产5～6周的婴儿比足月出生的婴儿视力要差。
以下哪一项如果为真，则最能支持上述科学家的假说？
A. 母亲的视力差并不会导致婴儿的视力差。
B. 孩子的视力好不好，并不都是由父母的视力决定的。
C. 日常饮食中缺乏P－脂肪的成年人比日常饮食中P－脂肪含量高的成年人视力要差。
D. 胎儿只是在妊娠期的最后四周里加大了从母体中获取的P－脂肪的量。
E. 胎儿的视力是在妊娠期的最后三个月发育形成的。

8. 过年放鞭炮，上元节吃汤圆，端午节赛龙舟……随着社会的发展，许多传统文化中的节日习俗离我们渐行渐远。20世纪90年代出生的人开始相信圣诞老人，开始在西餐厅里过生日。文化发展是一个“取其精华，去其糟粕”的过程，因此，有人认为，西方文化优于中国传统文化。
以下哪项最有助于反驳上述观点？
A. 我国传统文化中的许多内容在西方国家受到热捧。
B. 现代社会的一些不文明行为源于西方社会。
C. 国家的经济优势有利于本国文化的对外传播。
D. 能够不断吸收和借鉴正是我国文化的优势。

E. 西方文化和中国传统文化各有所长，但是中国文化在相当一部分领域确实远远落后于西方文化。

9. 在几十位考古人员历经半年的挖掘下，规模宏大、内容丰富的泉州古城门遗址——德济门重现于世。考古人员再次发现一些古代寺院建筑构件。考古学家据此推测：元明时期该地附近曾有寺院存在。

下列哪项如果为真，则最能质疑上述推测？

A. 考古人员未发现任何寺院遗址。

B. 居民也常使用同样的建筑构件。

C. 发掘出的寺庙建筑构件较少。

D. 关于德济门的古代典籍中未提及附近有寺院。

E. 一些历史学家在书中提及，这一带有寺院存在。

10. 一次同乡会，李明、王刚、张波都在不同的岗位上工作，他们三个人的职业分别是警察、医生和律师。另外，他们分别来自东湖、西岛、南山三个村子，这三个村子都属于大泽乡乡政府；医生称赞南山村同乡身体健康；西岛村的请警察合了一张影；医生和西岛村的都喜欢打篮球；王刚跟东湖村的互留了联系方式，在这之前，西岛村的和王刚、张波都没有联系过。

如果以上陈述为真，那么以下哪项一定为真？

A. 李明是警察，西岛村人。

B. 王刚是医生，南山村人。

C. 张波是警察，东湖村人。

D. 李明是律师，西岛村人。

E. 王刚是医生，西岛村人。

11. 市长：当我们 4 年前重组城市警察部门以节省开支时，批评者们声称重组会导致警察对市民责任心的降低，会导致犯罪的增长。警察局整理了重组那年以后的偷盗统计资料，结果表明批评者们是错误的，包括小偷小摸在内的各种偷盗报告普遍地减少了。

下列哪一项如果正确，则最能削弱市长的论述？

A. 当城市警察局被认为不负责时，偷盗的受害者不愿意向警察报告偷盗事故。

B. 市长的批评者们一般同意认为警察局关于犯罪报告的统计资料是关于犯罪率的最可靠的有效数据。

C. 在警察部门进行过类似重组的其他城市里，报告的偷盗数目在重组后一般都上升了。

D. 市长对警察系统的重组所节省的钱比预期目标要少。

E. 在重组之前的 4 年中，与其他犯罪报告相比，各种偷盗报告的数目节节上升。

12. 在这次 NBA 选秀中，卡特、布莱尔、库里被勇士队、湖人队、老鹰队选中。关于他们分别是被哪个球队选中的，几位不知道确切选秀结果的球迷做了如下猜测：

球迷甲：“卡特被湖人队选中，库里被老鹰队选中。”

球迷乙：“卡特被老鹰队选中，布莱尔被湖人队选中。”

球迷丙：“卡特被勇士队选中，库里被湖人队选中。”

根据选秀结果，三位球迷各猜对了一半。

则以下哪项正确地说明了这次的选秀结果？

A. 卡特被湖人队选中，布莱尔被老鹰队选中，库里被勇士队选中。

B. 卡特被老鹰队选中，布莱尔被湖人队选中，库里被勇士队选中。

C. 卡特被勇士队选中，布莱尔被湖人队选中，库里被老鹰队选中。

D. 卡特被湖人队选中，布莱尔被勇士队选中，库里被老鹰队选中。

E. 卡特被勇士队选中，布莱尔被老鹰队选中，库里被湖人队选中。

13. 在两块试验菜圃里每块种上相同数量的西红柿苗，给第一块菜圃加入镁盐，但不给第二块加。第一块菜圃产出了20磅西红柿，第二块菜圃产出了10磅西红柿。因为除了水以外，没有向这两块菜圃加入其他任何东西，第一块菜圃较高的产量必然是由于镁盐。

下面哪项如果正确，则能最严重地削弱以上论证？

A. 少量的镁盐从第一块菜圃渗入了第二块菜圃。

B. 第三块菜圃加入了一种高氮肥料，但没有加镁盐，产出了15磅西红柿。

C. 在每块菜圃中以相同份额种植了四种不同的西红柿。

D. 有些与西红柿竞争生长的野草不能忍受土壤里大量的镁盐。

E. 这两块试验菜圃的土质和日照量不同。

14. “倾销”被定义为以低于商品生产成本的价格在另一个国家销售这种商品的行为。H国的河虾生产者正在以低于M国河虾生产成本的价格，在M国销售河虾。因此，H国的河虾生产者正在M国倾销河虾。

以下哪一项对评估上文提到的倾销行为是必要的？

A. H国的河虾生产者是否通过在M国的倾销行为获利。

B. 如果H国一直以低于M国的河虾生产成本的价格在M国销售河虾，M国的河虾产业就会破产。

C. 专家们在倾销行为对两国的经济都有害或都有利，还是只对其中的一方有害或有利的问题上达成了共识。

D. 由于计算商品生产成本的方法不同，很难得出同一种商品在不同国家的生产成本的精确比较数值。

E. 倾销定义中的“生产成本”指的是商品原产地的生产成本，还是销售地同类商品的生产成本。

15. 某州设立了一个计划，允许父母们按当前的费率预付他们的孩子们未来的大学学费，然后该计划每年为被该州任一公立大学录取的（参加该项目的）孩子支付学费。父母们应该参加这个计划，把它作为一种减少他们的孩子大学教育费用的手段。

以下哪项如果是正确的，则是父母们不参加这个计划的最合适的理由？

A. 父母们不清楚孩子将会上哪一所公立大学。

B. 将预付资金放到一个计息账户中，到孩子上大学时，所积累的金额将比任何一所公立大学所有的学费开支都要多。

C. 该州公立大学的年学费开支预计将以比生活费用年增长更快的速度增加。

D. 该州一些公立大学正在考虑下一年大幅度增加学费。

E. 预付学费计划不包括在该州任何公立大学中的住宿费用。

16. “总体而言”，丹尼斯女士说，“工程学的学生比以往更懒惰了。我知道这一点是因为我的学生中能定期完成布置的作业的人越来越少了。”

以上得出的结论依据下面哪个假设？

A. 在繁荣的市场条件下，工程学的学生做的作业少了。因为他们把越来越多的时间花在调查不同的工作机会上。

B. 学生做不做布置的作业很好地显示出了他们的勤奋程度。

C. 丹尼斯女士的学生完成布置的作业比以往少了，这是因为她作为老师做的工作不像以前那样有效了。

D. 工程学的学生应该比其他要求稍低的专业的学生更努力地学习。

E. 丹尼斯女士布置的作业比以前还要少。

17. 纤路上有一个里程碑，当一个徒步旅行者走近它的时候，面对她的这一面写着“21”，而背面写着“23”。她推测如果沿着这条路继续向前走，下一个里程碑会显示她已经走到了这条路的一半的位置。然而她向前走了一英里后，里程碑面向她的一面是“20”，背面是“24”。

以下哪一项如果是正确的，将能解释以上描述中的矛盾？

A. 下一个里程碑上的数字放颠倒了。

B. 里程碑上的数字指的是公里数，不是英里数。

C. 面向她这面的数字指的是抵达路的终点的英里数，不是指到起点的英里数。

D. 该旅行者遇到的两块里程碑之间丢失了一块里程碑。

E. 设置里程碑最初是为了越野骑自行车的人使用，而不是为徒步旅行者。

18. 玛雅遗址挖掘出一些珠宝作坊，这些作坊位于从遗址中心向外辐射的马路边上，且离中心有一定的距离。由于贵族仅居住在中心地区，考古学家因此得出结论：这些作坊制作的珠宝不是供给贵族的，而是供给一些中产阶级的，他们一定已足够富有，可以购买珠宝。

对于在这些作坊工作的手工艺人，考古学家在论断时做的假设是以下哪项？

A. 他们住在作坊附近。

B. 他们不提供送货上门的服务。

C. 他们自己本身就是富有的中产阶级的成员。

D. 他们的产品原料与供贵族享用的珠宝所用的原料不同。

E. 贵族也可能到偏远的地方购买珠宝。

19 ~ 20 题基于以下题干：

某中学派出 7 位学生参加中学运动会，分别为：G、H、L、M、U、W、Z，分别参加跳高和铅球两个项目。每人恰好只参加一个项目，且满足以下条件：

（1）如果 G 参加跳高，则 H 参加铅球；

（2）如果 L 参加跳高，则 M 和 U 参加铅球；

（3）W 参加的项目与 Z 不同；

（4）U 参加的项目与 G 不同；

（5）如果 Z 参加跳高，则 H 也参加跳高。

19. 最多有几个学生一起参加跳高项目？

A. 2 个。 B. 3 个。 C. 4 个。 D. 5 个。 E. 6 个。

20. 如果 M 和 W 都参加跳高项目，则以下哪项可以为真？

A. G 和 L 都参加跳高。

B. G 和 U 都参加铅球。

C. W 和 Z 都参加铅球。

D. L 和 U 都参加铅球。

E. M 和 L 都参加跳高。

21. 由于冷冻食品的过程消耗能量，因此很多人使他们的电冰箱保持半空状态，只用它们贮存购买的冷冻食品。但是半空的电冰箱经常比装满的电冰箱消耗的能量更多。
下面哪项如果是正确的，则最能解释上面描述的明显的矛盾？
A. 冰箱中使一定体积的空气保持在低于冰点的某一温度比使相同体积的冷冻食品保持该温度需要更多的能量。
B. 冰箱的门打开的次数越多，保持冰箱的正常温度所需的能量就越多。
C. 当将未冷冻的食品放入冰箱中时，冰箱内一定体积的空气的平均温度会暂时升高。
D. 通常保持冰箱半空的人可以使用比该冰箱体积小一半的冰箱，从而很大程度地削减能耗。
E. 只有当冷空气能够在冰箱的冷冻室里自由循环时，电冰箱才能有效地运行。

22. 令狐冲是甲班学生，对任盈盈感兴趣。该班学生或者对东方不败感兴趣，或者对岳灵珊感兴趣。如果对任盈盈感兴趣，则对岳灵珊不感兴趣。因此，令狐冲对仪琳感兴趣。
以下哪项最可能是上述论证的假设？
A. 甲班对东方不败感兴趣的学生都对仪琳感兴趣。
B. 如果对东方不败感兴趣，则对仪琳感兴趣。
C. 甲班学生感兴趣的学生仅限于任盈盈、东方不败、岳灵珊和仪琳。
D. 甲班所有学生都对仪琳感兴趣。
E. 上述各选项均不能推出结果。

23. 室外音乐会的组织者宣布，明天的音乐会将如期举行，除非预报了坏天气或预售票卖得太少。如果音乐会被取消，将给已买票的人退款。尽管预售票已经卖得足够多，但仍有一些已买了票的人得到退款，这一定是预报了坏天气的缘故。
下列哪项是该论述中含有的推理错误？
A. 该推理认为如果一个原因本身足以导致一个结果，那么导致这个结果的原因只能是它。
B. 该推理将已知需要两个前提条件才能成立的结论建立在仅与这两个条件中的一个有关系的论据的基础上。
C. 该推理解释说其中一事件是由另一事件引起的，即使这两起事件都是由第三起未知事件引起的。
D. 该推理把某一事件缺少一项发生的条件的证据当作了该事件不会发生的结论性证据。
E. 该推理试图证明该结论的证据，实际上削弱了该结论。

24. 甲、乙、丙、丁四位考生进入面试，他们的家长对面试结果分别作了以下的猜测：
甲父：“乙能通过。”
乙父：“丙能通过。”
丙母：“甲或者乙能通过。”
丁母：“乙或者丙能通过。”
其中只有一人猜对了。
根据以上陈述，可以推知以下哪项断定是假的？
A. 丙母猜对了。　　B. 丁母猜错了。　　C. 甲没有通过。
D. 乙没有通过。　　E. 丙没有通过。

25. 研究人员在正常的海水和包含两倍二氧化碳浓度的海水中分别培育了某种鱼苗。鱼苗长大后被放入一个迷宫。每当遇到障碍物时，在正常海水中孵化的鱼都会选择正确的方向避开。然而那些在二氧化碳浓度高的环境中孵化的鱼却会随机地选择向左转或向右转，这样，这种鱼遇到天敌时生存机会减少。因此，研究人员认为在二氧化碳浓度高的环境中孵化的鱼，生存能力将会减弱。

以下哪项如果为真，则不能支持该项结论？

A. 人类燃烧化石燃料产生的二氧化碳大约有三分之一都被地球上的海洋吸收了，这使得海水逐渐酸化，会软化海洋生物的外壳和骨骼。

B. 在二氧化碳含量高的海洋区域，氧气含量较低。氧气少使海洋生物呼吸困难，觅食、躲避掠食者以及繁衍后代也变得更加困难。

C. 二氧化碳是很多海洋植物的重要营养物质，它们在日光照射下把叶子吸收的二氧化碳和根部输送来的水分转变为糖、淀粉以及氧气。

D. 将小丑鱼幼鱼放在二氧化碳浓度较高的海水中饲养，并播放天敌发出的声音，结果这组小鱼听不到声音。

E. 将鲟鱼幼鱼分别放在正常海水和二氧化碳浓度较高的海水中饲养，结果发现，在二氧化碳浓度高的水中的幼鱼体质远远比不上正常海水中的幼鱼。

26. 甲、乙、丙、丁四人在一起议论本班同学申请建行学生贷款的情况。

甲说："我班所有同学都已申请了贷款。"

乙说："除非班长申请贷款，否则学习委员不申请贷款。"

丙说："班长没有申请贷款。"

丁说："我班有人没有申请贷款。"

已知四人中只有一人说假话，则可推出以下哪项结论？

A. 甲说假话，班长申请了。

B. 乙说假话，学习委员没申请。

C. 丙说假话，班长没申请。

D. 甲说假话，学习委员没申请。

E. 丁说假话，学习委员申请了。

27. 所有文学爱好者都爱好诗词，所有诗词爱好者对中国历史都有较深的了解。有些数学爱好者同时也爱好文学。所有痴迷于游戏机者对中国历史都不甚了解，有些未成年人痴迷于游戏机。

如果上述断定都是真的，则以下哪项也一定是真的？

A. 有些数学爱好者不了解中国历史。

B. 有些未成年人不是文学爱好者。

C. 有些数学爱好者是痴迷于游戏机者。

D. 有些痴迷于游戏机者可能爱好文学。

E. 有些文学爱好者不爱好数学。

28. 一项对腐败的检查为可以构造一个严格的社会科学的观念提供了否决依据。就像所有其他蓄意含有秘密的社会现象一样，对腐败进行估量实质上是不可能的，并且这不仅仅是由于社会科学还没有达到它的一定可以达到的、开发出足够的定量技术的目标。如果人们乐意回答有关他们贪污受贿的问题，那就意味着这些做法具有合法化的征税活动的特征，他们就会停止贪污。换句话说，如果贪污可被估量的话，那它一定会消失。

下面哪一条最为准确地陈述了一个作者为加强论述而必须做的一个暗含的假设？

A. 有些人认为可以建造一个严格的社会科学。

B. 一个严格科学的首要目的是要对现象进行测量及定量化。

C. 包含有蓄意含有秘密的社会现象的一个本质特征是它们不能被度量。

D. 不能建造一个蓄意含有秘密的严格的社会科学。

E. 只有当一个科学研究对象可以被估量时，才有可能构造一个严格的科学。

29. 做了为期一年研究项目工作的研究人员发现，一根大麻香烟在吸食者的肺部沉积的焦油量是一根烟草香烟的4倍还要多。研究人员由此断定，大麻香烟吸食者比烟草香烟吸食者更有可能患上由焦油导致的肺癌。

下面哪一项如果为真，将对上文中研究者的结论构成最有力的削弱？

A. 研究中使用的大麻香烟比典型吸食者所用的大麻香烟要小很多。

B. 没有一个该研究项目的参与者在过去曾经吸食过大麻或烟草。

C. 在该研究项目的早期研究过去5年后所进行的一次跟踪检查表明，没有一名该研究项目的参与者得了肺癌。

D. 研究中使用的烟草香烟含有的焦油量比典型吸食者所用的烟草香烟略高。

E. 典型的大麻香烟吸食者吸食大麻的频率比典型的烟草香烟吸食者低很多。

30. 心理学研究表明，大学里的曲棍球和橄榄球运动员比参加游泳等非对抗性运动的运动员能更快地进入敌对和攻击状态。但是，这些研究人员的结论——对抗性运动鼓励和培养运动的参与者变得怀有敌意和具有攻击性——是站不住脚的。橄榄球和曲棍球运动员可能天生就比游泳运动员更怀有敌意和具有攻击性。

下面哪项如果正确，最能增强研究人员的结论？

A. 一般只有那些性格具有侵略性的人才能成为橄榄球运动员。

B. 棒球和曲棍球运动员，在实验开始的时候知道他们正在被检查攻击性，而游泳运动员并不知情。

C. 同一次心理学研究发现，橄榄球和曲棍球运动员非常重视协作和集体比赛，而游泳运动员最关心的是个人竞争。

D. 这次研究考察设计时没有包括同时参加对抗性和非对抗性运动的大学运动员。

E. 橄榄球和曲棍球运动员在赛季中比非赛季期更怀有敌意和具有攻击性，而游泳运动员的攻击性在赛季中和非赛季期没有变化。

管理类联考综合（199）逻辑冲刺模考题卷 20

（说明：参加管理类联考的同学，请模考本卷全部题目，限时 60 分钟；参加 396 经济类联考的同学，请模考本卷 1 ~ 20 题，限时 40 分钟。）

逻辑推理：第 1 ~ 30 小题，每小题 2 分，共 60 分。下列每题所给出的 A、B、C、D、E 五个选项中，只有一项是符合试题要求的。请在答题卡上将所选项的字母涂黑。

1. 1988 年北美的干旱可能是由太平洋赤道附近温度的大范围改变引起的。因此，这场干旱不能证明就长期而言全球发生变暖趋势的假说。该假说声称，全球变暖趋势是由像二氧化碳这样的大气污染物造成的。

   下面哪项如果正确，则能构成对以上论述最好的批判？

   A. 我们有所记录的 1988 年以前的大部分干旱的前身是太平洋的天气形势的变化。

   B. 美国在过去的 100 年没有转暖的趋势。

   C. 从排放污染物到它所引起的全球转暖的发生之间的时间很长。

   D. 1988 年排放到大气中的二氧化碳气体有所增加。

   E. 全球变暖的趋势会增加太平洋气温形势转变的频率及其严重性。

2. 虽然世界市场上供应的一部分象牙来自被非法捕杀的野生大象，但还有一部分是来自几乎所有国家都认为合法的渠道，如自然死亡的大象。因此，当人们在批发市场上尽力限制自己只购买这种合法的象牙时，世界上仅存的少量野生象群便不会受到威胁。

   上述论证暗含下面哪项假设？

   A. 购买限于合法象牙的批发商能够可靠地区分合法象牙与非法象牙。

   B. 在不久的将来，对于合法象牙产品的需求会持续增长。

   C. 目前世界上合法象牙的批发来源远远少于非法象牙的批发来源。

   D. 持续地提供合法象牙可以得到保证，因为大象在被关着时可以繁殖。

   E. 象牙的批发商总是意识不到世界象牙减少的原因。

3. 某个智能研究所目前只有三种实验机器人 A、B 和 C。A 不能识别颜色，B 不能识别形状，C 既不能识别颜色也不能识别形状。智能研究所的大多数实验室里都要做识别颜色和识别形状的实验。

   如果以上陈述为真，则以下哪项陈述一定为假？

   A. 有的实验室里三种机器人都有。

   B. 半数实验室里只有机器人 A 和 B。

   C. 这个智能研究所正在开发新的实验机器人。

D. 半数实验室里只有机器人 A 和 C。

E. 有的实验室还做其他实验。

4. 鸵鸟是鸟，但鸵鸟不会飞。

根据以上事实，可以推知以下哪项一定为假？

Ⅰ. 不会飞的鸟一定是鸵鸟。

Ⅱ. 有人认为鸵鸟会飞。

Ⅲ. 不存在不会飞的鸟。

A. 仅仅Ⅰ。

B. 仅仅Ⅱ。

C. 仅仅Ⅲ。

D. 仅仅Ⅰ和Ⅱ。

E. 仅仅Ⅱ和Ⅲ。

5. 没有人爱每一个人；张生爱莺莺；莺莺爱每一个爱张生的人。

如果以上陈述为真，则下列哪项不可能为真？

Ⅰ. 每一个人都爱张生。

Ⅱ. 每一个人都爱一些人。

Ⅲ. 莺莺不爱张生。

A. 仅仅Ⅰ。

B. 仅仅Ⅱ。

C. 仅仅Ⅲ。

D. 仅仅Ⅰ和Ⅲ。

E. Ⅰ、Ⅱ和Ⅲ。

6. 没有脊索动物是导管动物，所有的翼龙都是导管动物，所以，没有翼龙属于类人猿家族。

以下哪项陈述是上述推理所必须假设的？

A. 所有类人猿都是导管动物。

B. 所有类人猿都是脊索动物。

C. 没有类人猿是脊索动物。

D. 没有脊索动物是翼龙。

E. 有的类人猿是导管动物。

7 ~ 9 题基于以下题干：

某学校给 7 个学生安排宿舍。这 7 个学生中，K 和 L 是四年级，P 和 R 是三年级，S、T 和 V 是二年级。宿舍有单人间、双人间、三人间三种。同时，必须满足以下条件：

（1）安排这 7 名学生的宿舍不能安排其他学生，并且必须满员，例如，三人间必须住满 3 人；

（2）四年级学生都不分到三人间；

（3）二年级学生都不分到单人间；

（4）K 和 P 分到同一宿舍。

7. 以下哪项安排这 7 名学生的房间组合不违反条件？

A. 2 个三人间和 1 个单人间。

B. 3 个双人间和 1 个单人间。

C. 1 个三人间和 4 个单人间。

D. 2 个双人间和 3 个单人间。

E. 1 个双人间和 5 个单人间。

8. 如果 R 住单人间，则以下哪项不违反条件？

A. 恰有 1 个双人间住二年级学生。

B. L 住单人间。

C. 恰有 3 个单人间住学生。

D. S 和 P 及另外一个学生一起住三人间。

E. P 和 K 住 1 个三人间。

9. 如果 T 和 V 分别住不同的双人间，则以下哪项一定为真？

A. 恰有 1 个单人间住学生。

B. 恰有 2 个单人间住学生。

C. 恰有 1 个三人间住学生。

D. 恰有 2 个双人间住学生。

E. 恰有 3 个单人间住学生。

10. 去年以来，北京的楼市又经历了一次下挫，但是出乎所有人意料的是，今年头几个月的房价和成交量又迅速攀升，达到了历史的最高点。有人认为：来自境外的投资性行为造成了北京房价的暴涨。

以下哪项如果为真，则最能质疑这种观点？

A. 今年 7—8 月，境外投资北京楼市的需求继续增加，但是北京楼市价格明显回调。

B. 虽然有户籍制度的限制，但是大量高端流动人口的购房需求还是可以通过购买高端商品房来实现的。

C. 投资北京房地产的还有很多来自国内其他地区的有钱人，他们对北京楼市的价格也起到了推波助澜的作用。

D. 对于楼市来说，投资性行为是永远不可避免的。

E. 随着北京常住人口的增加，对住房的需求呈刚性的增长。

11. 市长：在过去五年中的每一年，这个城市都在削减教育经费，并且，每次学校官员都抱怨，减少教育经费可能逼迫他们减少基本服务的费用。但实际上，每次仅仅是减少了非基本服务的费用。因此，学校官员能够落实进一步地削减经费，而不会减少任何基本服务的费用。

下列哪项如果为真，则能最强有力地支持该市长的结论？

A. 该市的学校提供基本服务总是和提供非基本服务一样有效。

B. 现在，充足的经费允许该市的学校提供某些非基本服务。

C. 自从最近削减学校经费以来，该市学校对提供非基本服务的价格估计实际没有增加。

D. 几乎没有重要的城市管理者支持该市学校昂贵的非基本服务费用。

E. 该市学校官员几乎不夸大经费削减的潜在影响。

12. 桓公：“为何说寡人读的是古人的糟粕？”轮扁：“依我的经验看，斫车轮，轮孔做得稍大就松滑而不坚固，做得稍小就滞涩难入。要想做得不大不小、不松不紧，必须得之于心而应之于手，有高超的技术存在其中，却无法用语言传达，我无法教给我儿子，所以，我都 70 岁了还得斫轮。古人已经死了，他们所不能言传的精华也跟着消失了，那么您所读的就是古人的糟粕了。”

以下哪一项陈述是轮扁的议论所依赖的假设？

A. 除了精华和糟粕外，还有其他值得阅读的内容。

B. 如果精华不能言传，读书不但无用反而会有害。

C. 高超的技术是无法通过语言传授给别人的。

D. 除了高超的技术外，其他精华也是不能言传的。

E. 古人不能言传的那些内容，都是精华。

13. 土豆线囊虫是土豆作物的一种害虫，这种线虫能在保护囊中休眠好几年，除了土豆根散发化学物质之外，它不会出来。一个已确认了相关化学物质的公司正计划把这种化学物质投放市场，让农民把它喷洒在没有种土豆的地里，这样所有出来的线虫不久就会饿死。

下面哪项如果正确，则最能支持这个公司的计划将会成功？

A. 从囊中出来的线虫能被普通杀虫剂杀死。

B. 线虫只吃土豆的根。

C. 一些通常存在于土豆根里的细菌能消化那些导致线虫从囊中出来的化学物质。

D. 试验显示，在土豆田里喷洒少量的化学物质可以使存在的9/10的线虫从囊中出来。

E. 能使线虫从囊中出来的化学物质并不是在土豆生长的所有时间都能被释放出来的。

14. 有些大众对绝大多数新的立法都没有觉察，但不是所有大众对现存立法都必然不了解。

如果以上陈述为真，则以下哪项不一定是真的？

Ⅰ. 有些大众对现存立法可能不了解。

Ⅱ. 有些大众对现存立法可能了解。

Ⅲ. 有些大众对绝大多数新的立法是有觉察的。

A. 仅仅Ⅰ。

B. 仅仅Ⅱ。

C. 仅仅Ⅲ。

D. 仅仅Ⅰ和Ⅲ。

E. Ⅰ、Ⅱ和Ⅲ。

15. 根据最近一次的人口调查分析：所有北美洲人都是美洲人；所有美洲人都是白人；所有亚洲人都不是美洲人；所有印尼人都是亚洲人。

根据以上陈述，可以推知以下哪项不一定是真的？

A. 所有印尼人都不是北美洲人。

B. 所有美洲人都不是印尼人。

C. 有些白人不是印尼人。

D. 有些白人不是亚洲人。

E. 有些印尼人不是白人。

16. 在对6岁儿童所做的小学入学综合能力测试中，全天上小太阳学前班达9个月的儿童平均得分58分，只在上午上小太阳学前班达9个月的儿童平均得分52分，只在下午上小太阳学前班达9个月的儿童平均得分51分；全天上小红花学前班达9个月的儿童平均得分54分；而那些来自低收入家庭且没有上过学前班的6岁儿童，在同样的小学入学综合能力测试中平均得分32分。在统计学上，32分与上述其他分数之间的差距有重要的意义。

从上面给定的数据，可以最为合理地得出下面哪项结论？

A. 得50分以上的儿童可以上小学。

B. 要作出一个合情合理的假设，还需要做更多的测试。

C. 应该给6岁以下的儿童上学前班提供更多的经费支持。

D. 是否上过学前班与小学入学前的综合能力之间有相关性。

E. 32分以下的同学不能入学。

17. 一次聚会上，麦吉遇到了汤姆、卡尔和乔治三个人，他想知道他们三人分别是干什么的，但三人只提供了以下信息：三人中一位是律师，一位是推销员，一位是医生；乔治比医生年龄大，汤姆和推销员不同岁，推销员比卡尔年龄小。

根据上述信息，麦吉可以推出的结论是：

A. 汤姆是律师，卡尔是推销员，乔治是医生。

B. 汤姆是推销员，卡尔是医生，乔治是律师。

C. 汤姆是医生，卡尔是律师，乔治是推销员。

D. 汤姆是医生，卡尔是推销员，乔治是律师。

E. 汤姆是推销员，卡尔是律师，乔治是医生。

18. 期末考试结束后，哲学系教务员对全系学生的考试成绩进行了汇总，得出了关于成绩优秀、良好、及格学生的分布结果，以作为评选三好学生和奖学金的参考依据。后来又有几位因病请假的学生补考。

以下哪项结论不可能被这几位学生补考所产生的结果推翻?

A. 全系有36%的学生成绩优秀，52%的学生成绩良好。

B. 全系至多有15位学生各科成绩全部优秀，至少有61位学生的各科成绩良好。

C. 全系至少有15位学生成绩全部优秀，至少有9位学生的各科成绩在70分以下。

D. 全系女学生的平均成绩要高于男学生的平均成绩。

E. 全系男学生的平均成绩要高于女学生的平均成绩。

19. 一项调查显示：79.8%的糖尿病患者对血糖监测的重要性认识不足，即使在进行血糖监测的患者中仍然有62.2%的人对血糖监测的时间和频率缺乏正确的认知；73.6%的患者不了解血糖控制的目标，这组数据足以表明目前我国血糖监测应用现状不尽如人意。有专家表示，近八成的糖尿病患者不重视血糖监测，这说明大部分患者还不知道应该如何管理糖尿病。

以下哪项如果为真，则最能支持上述专家的观点?

A. 如果不测血糖，就不知道自身血糖水平是高还是低，从而使饮食、锻炼、治疗方面的努力变成徒劳。

B. 血糖监测是糖尿病综合治疗中的重要环节。

C. 除非重视血糖监测，否则不能对糖尿病进行科学有效的管理。

D. 除非不重视血糖监测，否则就能对糖尿病进行科学有效的管理。

E. 血糖监测是控制糖尿病的基础。

20. 在一次考试中，试卷上画了五大洲的图形，每个图形都编了号，要求填出其中任意两个洲名，分别有五名学生填了如下编号：

甲：3是欧洲，2是美洲；

乙：4是亚洲，2是大洋洲；

丙：1是亚洲，5是非洲；

丁：4是非洲，3是大洋洲；

戊：2是欧洲，5是美洲。

结果他们每人只填对一半，请根据以上条件判断下列正确的选项是：

A. 1是亚洲，2是欧洲。

B. 2是大洋洲，3是非洲。

C. 3是欧洲，4是非洲。

D. 4是美洲，5是非洲。

E. 3是欧洲，4是亚洲。

21～22题基于以下题干：

一种密码只由数字1、2、3、4、5组成，这些数字由左至右写成，并且符合下列条件才能组成密码：

（1）密码最短为两个数字，可以重复；

（2）1不能为首；

（3）如果在某一密码文字中有2，则2就得出现两次以上；

（4）3不可为最后一个数字，也不可为倒数第二个数字；

（5）如果这个密码文字中有1，那么一定有4；

（6）除非这个密码文字中有2，否则5不可能是最后一个数字。

21. 下列哪一个数字可以放在2与5后面形成一个由三个数字组成的密码？

A. 1。 B. 2。 C. 3。 D. 4。 E. 5。

22. 1、2、3、4、5五个数字能组成几个由三个相同数字组成的密码？

A. 1个。 B. 2个。 C. 3个。 D. 4个。 E. 5个。

23. 在国际大赛中，即使是优秀的运动员，也有人不必然不失误，当然，并非所有的优秀运动员都可能失误。

以下哪项与上述意思最为接近？

A. 优秀运动员都可能失误，其中有的优秀运动员不可能不失误。

B. 有的优秀运动员可能失误，有的优秀运动员可能不失误。

C. 有的优秀运动员可能失误，有的优秀运动员不可能失误。

D. 有的优秀运动员可能不失误，有的优秀运动员不可能失误。

E. 有的优秀运动员一定失误，有的优秀运动员一定不失误。

24. 一所国立大学有水泥楼梯，楼梯上的地毯十分破旧且严重磨损。尽管职业安全与健康管理机构数次提醒该学校，学校并未更换楼梯间已烧坏的灯泡。最近，一个叫弗瑞得的学生在楼梯地毯上绊了一跤，摔下了楼梯，造成严重脑震荡及其他伤并住院。在他出院后，仍需要后续的医疗措施并要继续吃药，还要休学一个学期。他提出了对学校的诉讼。

在诉讼中，下列哪一项最可能是弗瑞得的律师提起该人身伤害赔偿案的原因？

A. 因为水泥楼梯太硬导致学生受伤。

B. 学校应对地毯状况负责。

C. 灯泡烧坏构成学校的疏忽。

D. 学生坠落的高度加剧了学生的伤势。

E. 职业安全与健康管理机构无权管理学校。

25. 某交友节目上，有五对男女嘉宾牵手成功。已知下列条件：

（1）立伟的女友不是教师，教师的名字也不叫晓雪；

（2）会计员的男友来自上海，他不是小杰；

（3）小杰来自广州；

（4）志国与一位护士牵手成功；

（5）银行职员的名字叫媛媛；

（6）玉龙来自西安，与他牵手的是一位漂亮的空姐；

（7）来自广州的男士的女友是一位银行职员；

（8）小杰的女友不是那位名叫宁宁的空姐；

（9）小雯及她的男友都来自上海；

（10）大刚不是从北京来的；

（11）志国不是从南宁来的；

（12）爱琳和她的男友来自同一个城市，但不是来自西安。

根据以上信息，可以推知以下哪项一定为真？

A. 玉龙的女友是媛媛。
B. 小杰的女友是宁宁。
C. 立伟的女友是宁宁。
D. 大刚的女友是晓雪。
E. 志国的女友是晓雪。

26. 第二次世界大战期间，法国海外流亡政府委派约瑟夫、汤姆、杰克和刘易斯 4 位特工返回巴黎，获取情报。这 4 人分别选择了飞机、汽车、轮船和火车四种不同的出行方式。已知下列条件：

（1）明天或者刮风或者下雨；

（2）如果明天刮风，那么约瑟夫就选择火车出行；

（3）假设明天下雨，那么汤姆就选择火车出行；

（4）假设杰克、刘易斯不选择火车出行，那么杰克、汤姆也不会选择飞机或者汽车出行。

根据以上陈述，可以得出以下哪项结论？

A. 刘易斯选择汽车出行。
B. 刘易斯不选择汽车出行。
C. 杰克选择轮船出行。
D. 约瑟夫选择飞机出行。
E. 汤姆选择轮船出行。

27. 一些广告设计者坚持将大牌明星作为广告设计的核心，事实上许多广受欢迎的广告中都有大牌明星的出现，但是，作为一种广告设计理念，大牌明星效应有它的弱点。研究表明，许多以大牌明星为设计核心的广告，观众能清晰地记住大牌明星在其中的表现，却几乎没有人能记得广告中被推销的产品的名称，这使得人们对以大牌明星为设计核心的广告效力产生怀疑。

以下哪项陈述是上述论证所依赖的假设？

A. 以大牌明星为主的广告往往令人感到高兴，但是这类广告比严肃的广告更不容易被记住。
B. 在产品的名称设计上失败的广告不会增加产品的销量。
C. 广告的最终目标是增加被推销产品的知名度。
D. 如果启用不知名的演员参与广告，无法显示广告的高端性。
E. 一些使用不知名的演员参与的广告，能够让观众记住产品名称。

28. 在 P 市，尽管骑自行车进行娱乐的人数显著上升，但最后一份来自 P 市交通部门的报告显示，涉及自行车的事故已经连续三年呈现下降趋势。

下列哪一项如果在过去三年中是正确的，则能最好地解释上面事实中明显的矛盾？

A. P 市的娱乐部门没收了被遗弃的自行车，并向任何感兴趣的 P 市居民拍卖出售。
B. P 市不断增加的汽车和公共交通一直是近来不断增加的汽车事故的主要原因。
C. 由于骑自行车进行娱乐的当地人不断增加，许多外地的自行车爱好者也在 P 市骑自行车。
D. P 市的警察部门向骑自行车的人们颁布了更加严厉的交通法规，开始要求骑自行车进行娱乐的人要通过一项自行车安全课程。
E. P 市的交通部门取消了一项规定，该规定要求所有的自行车每年都要进行检查和注册。

29. 通过检查甲虫化石，一研究小组对英国在过去2.2万年内的气温提出了到目前为止最为详尽的描述。该研究小组对现存的生物化石进行挑选，并确定了它们的生存日期。当发现在同一地方发现的几种生物的个体属于同一时间段时，现存的甲虫类生物的已知忍受温度就可以被用来决定那个地方在那段时间内的夏季的最高温度。

研究者的论述过程依赖于下面哪一项假设？

A. 甲虫忍耐温暖天气的能力比忍耐寒冷天气的能力强。

B. 在同一地方发现的不同物种的化石属于不同的时期。

C. 确定甲虫日期的方法比确定其他生物日期的方法准确。

D. 一个地方某个时期的夏季实际最高气温与在那个地方那段时间发现的每种甲虫类生物的平均最高可忍受气温相同。

E. 在过去的2.2万年的时间内，甲虫类生物的可忍受气温没有明显变化。

30. 平均每亩土地仅能生产0.4吨非转基因棉花，却能产出2.4吨的转基因棉花，是非转基因棉花产量的6倍。于是，只要当非转基因棉花的价格预计比转基因棉花的价格高出6倍以上时，希望利润最大化的农民就会种植非转基因棉花而不是转基因棉花。

以上论述依据下面哪个假设？

A. 比起一亩转基因棉花，种植一亩非转基因棉花并把它拿到市场上去销售所花费的成本并不高。

B. 转基因棉花是所有作物中亩产量最高的。

C. 通过选择耕种哪种作物，农场主对这些作物的价格施加了显著的影响。

D. 农民与其他职业的人一样，希望使利润最大化。

E. 作物的价格变化很快，农民不能改变种植不同作物的面积来适应这种变化。

老吕专硕系列

MBA/MPA/MPAcc

主编◎吕建刚

管理类、经济类联考
老·吕·逻·辑
冲刺600题
（第3版）
解析分册

编　委◎毋　亮　侯海萍

北京理工大学出版社
BEIJING INSTITUTE OF TECHNOLOGY PRESS

图书在版编目（CIP）数据

管理类、经济类联考·老吕逻辑冲刺600题/吕建刚主编.—3版.—北京：北京理工大学出版社，2018.8

ISBN 978-7-5682-6004-6

Ⅰ.①管…　Ⅱ.①吕…　Ⅲ.①逻辑-研究生-入学考试-习题集　Ⅳ.①B81-44

中国版本图书馆CIP数据核字（2018）第168060号

出版发行／北京理工大学出版社有限责任公司
社　　址／北京市海淀区中关村南大街5号
邮　　编／100081
电　　话／（010）68914775（总编室）
　　　　　（010）82562903（教材售后服务热线）
　　　　　（010）68948351（其他图书服务热线）
网　　址／http：//www.bitpress.com.cn
经　　销／全国各地新华书店
印　　刷／保定市中画美凯印刷有限公司
开　　本／787毫米×1092毫米　1/16
印　　张／21
字　　数／493千字
版　　次／2018年8月第3版　2018年8月第1次印刷
定　　价／49.80元（全两册）

责任编辑／王俊洁
文案编辑／王俊洁
责任校对／周瑞红
责任印制／边心超

冲刺阶段，你该如何提分？

“冲刺600题”系列图书已经是第3版了。这一版，老吕进行了大量的优化，比如：提升了部分数学题目的难度，增加了逻辑综合推理题的比重，等等。我相信，这一版“冲刺600题”系列图书更加符合最新的真题命题方向，会为你的考前冲刺提供强大的助力。

那么，在冲刺阶段到底如何学习才能有效提分呢？其实，学习不等于考试，会做不等于得分，勤奋也不代表被录取。会考试，才能在考研这场战争中获胜。所以，你的一切学习方法、备考战略，都应该以有效提分为目的，凡是不能提分的勤奋都是假勤奋。所以，有效的备考应该注意以下几点：

一、该学的学、不该学的不学

从来没有人在管理类联考综合科目上得过满分，所以你进考场的目的不是得满分，而是在有限的时间内，做对自己会做的题目，蒙对自己不会做的题目，尽可能地多得分。

联考对知识点的考查也不是平均用力，而是有重点也有非重点。十年没考过的知识点，今年考到的可能性不大；偏题、难题、怪题，考到的可能性也极小，就算考了，在有限的考试时间里，你也几乎没时间做！

所以，知识也许是越多越好，但对于联考来说，在有限的备考时间里，你应该把有限的精力放在最重要的考点上。不考的东西你学了，非重点的东西你重点学了，就错过了扎实掌握真正考点的机会。

因此，老吕在编写“冲刺600题”系列图书时，紧扣考试大纲、突出命题重点和热点，让你把有限的学习时间用在更有针对性的题目上。

二、重点题型的掌握要扎实

管理类联考的命题，不管是数学还是逻辑，都是套路，重点题型的命题方式、变化、解法大体固定。

看两道数学真题：

例1.（2010年真题）甲商店销售某种商品，该商品的进价是每件90元，若每件定价100元，则一天内能售出500件。在此基础上，定价每增长1元，一天就会少售出10件。若要使甲商店获得最大利润，则该商品的定价应为（　　）。

A. 115元　B. 120元　C. 125元　D. 130元　E. 135元

例2.（2016年真题）某商场将每台进价为2 000元的冰箱以2 400元销售时，每天销售8台。调研表明这种冰箱的售价每降低50元，每天就能多销售4台。若要使每天销售利润最大，则冰箱的定价应为（　　）。

A. 2 200　B. 2 250　C. 2 300　D. 2 350　E. 2 400

这两道真题是不是几乎完全相同？

再看两道逻辑真题：

例3. 自从《行政诉讼法》颁布以来，“民告官”的案件成为社会关注的热点。人们普遍担心的是，“官官相护”会成为公正审理此类案件的障碍。但据H省本年度的调查显示，凡正式立案审理的“民告官”案件，65%都是以原告胜诉结案。这说明，H省的法院在审理“民告官”的案件中，并没有出现社会舆论所担心的“官官相护”。

以下哪项如果为真，最能削弱上述论证？

A. 在“民告官”的案件中，原告如果不掌握能胜诉的确凿证据，一般不会起诉。

B. 有关部门收到的关于司法审理有失公正的投诉，H省要多于周边省份。

C. 所谓“民告官”的案件，在法院受理的案件中，只占很小的比例。

D. 在“民告官”的案件审理中，司法公正不能简单地理解为原告胜诉。

E. 由于新闻媒介的特殊关注，“民告官”案件的审理透明度要大大高于其他的案件。

例4. 有人对某位法官在性别歧视类案件审理中的公正性提出了质疑。这一质疑不能成立。因为有记录表明，该法官审理的这类案件中60%的获胜方为女性，这说明该法官并未在性别歧视类案件的审理中有失公正。

以下哪项如果为真，将对上述论证构成质疑？

Ⅰ. 在性别歧视类案件中，女性原告如果没有确凿的理由和证据，一般不会起诉。

Ⅱ. 一个为人公正的法官在性别歧视类案件的审理中保持公正也是一件很困难的事情。

Ⅲ. 统计数据表明，如果不是因为遭到性别歧视，女性应该在60%以上的此类案件的诉讼中获胜。

A. 仅仅Ⅰ。　B. 仅仅Ⅰ和Ⅱ。　C. 仅仅Ⅰ和Ⅲ。

D. 仅仅Ⅱ和Ⅲ。　E. Ⅰ、Ⅱ和Ⅲ。

这两道逻辑题是不是也几乎完全相同？

这种命题的规律性，决定了我们必须深入掌握必考题型及其变化。也正因为如此，老吕在编写“冲刺600题”系列图书时，在每道题的解析中都首先分析这道题属于哪个题型，以便大家分类总结。

三、学会模考

老吕的“要点精编”和“母题800练”两个系列图书，将知识点和题型分类归纳，让大家形成解题“套路”。但这往往使一部分同学产生这样的问题：老师帮你归类好了的题目，轻松搞定；老师没帮你归类的题目，自己不会归类，做起来手忙脚乱。“冲刺600题”系列图书就是为了解决这个问题而编写的。

“冲刺600题”采用套卷形式编排，方便考生模考。通过模考，打破思维定式，训练做题能力。题目解析参照“母题800练”系列图书的体系，首先告诉你这道题属于“母题23”还是“母题78”，把题目进行分类。这样做的好处是，如果你有一道题不会做，查一下属于母题几，就可以在“冲刺 600 题”和“母题 800 练”中找到大量的相似题进行总结归纳。

模考要注意以下几个问题：

（1）限时。

模考必须限时，每套卷不得超过 1 个小时，超时就失去了模考的意义。

（2）特殊方法。

请优先使用特殊方法，如特殊值法、选项代入法等，这样才能快速解题。

（3）蒙猜。

一道题不会做，不允许空着，应该蒙猜一个答案。猜得多了，你会发现命题有一定的规律性，如在条件充分性判断中，一个条件定性，一个条件定量，常选 C；一个条件是$\sqrt{3}$，一个条件是$-\sqrt{3}$，常选 D 等。这些规律当然不是绝对的，很可能会失效，因此，会做的题，不可迷信用此类蒙猜之法，但不会做的题，不妨蒙一下，蒙对一道，就得 3 分！

（4）总结。

一套题做完，不是对完答案就结束了，而是要发现自己在哪些知识点、哪些题型上有漏洞，做好归纳总结。模考的时候，题目做错了也不要气馁，通过错题发现自己的不足在哪里，然后改进它，这不正是模考的目的吗？

四、学会听课

每次提到听课，总会有学生以各种各样的理由反对，比如：“老吕，你在忽悠我花钱”“备考时间紧张，没时间听课”，等等。

但实际上，越是到冲刺阶段，就越应该有针对性地听课，这是快速提分的重要途径。因此，建议大家通过模考找到自己的漏洞后，有重点地听老师对这些题型的分析讲解，达到“错一题，会一类”的目的。

考前，老吕最重要的课程叫“考前 80 天密训”，在这个课程里面，老吕会带你把数学、逻辑的重点题型过两遍左右，带你对作文的热点话题进行强化训练，带你高效度过备考的最后一个阶段。

五、联系老吕

微博：老吕考研吕建刚

微信公众号：老吕考研（MPAcc，MAud，图书情报专用）

老吕教你考 MBA（MBA，MPA，MEM 专用）

微信：laolvmba2018

2019 备考 QQ 群：467942604，497711609，596573730，498665728

让我们一起努力，让我们一直努力！加油。

吕建刚

目录/Contents

第一部分　答案速查

第二部分　答案详解

第一部分

答案速查

答案速查

卷 1

1 ~ 5	DBDAC	6 ~ 10	CAAEA	11 ~ 15	EDBBD
16 ~ 20	ADDDC	21 ~ 25	DADEE	26 ~ 30	EEACB

卷 2

1 ~ 5	DEDDB	6 ~ 10	DADDE	11 ~ 15	BCCBB
16 ~ 20	CDDAD	21 ~ 25	CCCDA	26 ~ 30	CCABD

卷 3

1 ~ 5	ABCDC	6 ~ 10	ACDAD	11 ~ 15	CDDCA
16 ~ 20	CBDCD	21 ~ 25	AADCB	26 ~ 30	CBEEB

卷 4

1 ~ 5	BBECA	6 ~ 10	DDCDB	11 ~ 15	CECAB
16 ~ 20	DABCE	21 ~ 25	DADCA	26 ~ 30	CCCBB

卷 5

1 ~ 5	DECAE	6 ~ 10	CBBCC	11 ~ 15	CBDDC
16 ~ 20	BBBCC	21 ~ 25	CCCBA	26 ~ 30	DADCE

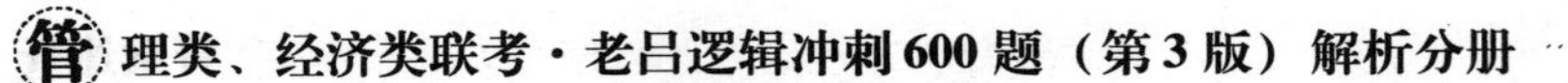

卷6

1～5	BDDAA	6～10	DEAEC	11～15	EDBBB
16～20	ACDEE	21～25	CBDCE	26～30	DDCDE

卷7

1～5	DCAAC	6～10	DBDEE	11～15	DCEBC
16～20	DDBCC	21～25	ADCEA	26～30	DCBBD

卷8

1～5	ABCCC	6～10	CBBBB	11～15	BBBBD
16～20	DADAA	21～25	EABDD	26～30	BCDEE

卷9

1～5	BCDBC	6～10	DEABD	11～15	DBCAA
16～20	DCEBA	21～25	BCCCE	26～30	DDEDA

卷10

1～5	CCBBD	6～10	ABDAE	11～15	ADDBA
16～20	CCDED	21～25	DADCD	26～30	DBBAC

卷11

1～5	ACBCD	6～10	CBBBE	11～15	BBAEE
16～20	DEDDA	21～25	EEDAE	26～30	CBDDB

卷 12

1 ~ 5	ABCAC	6 ~ 10	DEAEA	11 ~ 15	DCEDD
16 ~ 20	BDDEA	21 ~ 25	EDCDB	26 ~ 30	DCDBD

卷 13

1 ~ 5	DBBBB	6 ~ 10	CBCCA	11 ~ 15	AADEB
16 ~ 20	CBDEE	21 ~ 25	DAEDB	26 ~ 30	ACDBC

卷 14

1 ~ 5	DBADC	6 ~ 10	BEDDC	11 ~ 15	BCBEE
16 ~ 20	BBCBE	21 ~ 25	ADBDA	26 ~ 30	ABBCE

卷 15

1 ~ 5	DBDAB	6 ~ 10	ABEDC	11 ~ 15	CDDDC
16 ~ 20	ADECC	21 ~ 25	ABCEC	26 ~ 30	CEEAB

卷 16

1 ~ 5	ECDBB	6 ~ 10	ACBBA	11 ~ 15	ADAED
16 ~ 20	ECBCB	21 ~ 25	BDABA	26 ~ 30	ECBDE

卷 17

1 ~ 5	DADCA	6 ~ 10	ABABE	11 ~ 15	AEECB
16 ~ 20	ACDBB	21 ~ 25	DDCDC	26 ~ 30	BDADC

卷18

1～5	DCCCE	6～10	CBCED	11～15	BDBBA
16～20	CDDEB	21～25	ADBBE	26～30	DDBED

卷19

1～5	EBECC	6～10	DDABD	11～15	ACEEB
16～20	BCBCD	21～25	AAACC	26～30	DBEEE

卷20

1～5	EADCA	6～10	BBBAE	11～15	BDBDE
16～20	DCCCC	21～25	BBCBE	26～30	CCDEA

第二部分

答案详解

管理类联考综合（199）逻辑冲刺模考题
卷 1　答案详解

1. D

【解析】母题 2 · 德摩根定律 + 箭头与或者互换公式

题干：单身狗→穷 ∨ 丑 ∨ 矮。

又知李思是单身狗，可知他：穷 ∨ 丑 ∨ 矮 = ¬ 穷→丑 ∨ 矮。

故 D 项为真。

2. B

【解析】母题 29 · 求异法型推论题

题干使用求异法：

美国企业自愿设置安全生产监督机构，工伤事故率高；

瑞典和加拿大的法律规定大中型企业必须设置安全生产监督机构，工伤事故率低。

根据求异法可知：法律规定大中型企业必须设置安全生产监督机构，可减少工伤事故，故题干可支持 B 项的结论。

A 项，与题干信息“两种机构对减少工伤事故起到了同样重要的作用”矛盾，为假。

C 项，不能推出，因为我们并不知道美国和瑞典、加拿大的企业总数是多少。例如，如果美国有 100 万家企业，瑞典、加拿大只有 2 万家企业，那么同样是 1 万家企业设置安全生产监督机构，在美国仅占所有企业的 1%，但在瑞典、加拿大却占了所有企业的 50%。

D 项，“大大减少”推理过度。

E 项，无关选项，题干没有提及瑞典和加拿大的“小型企业”。

3. D

【解析】母题 31 · 评论逻辑漏洞

将题干信息形式化：

足够丰富的合客人口味的菜肴 ∧ 上档次的酒水 ∧ 正式邀请的客人都能出席→宴会是成功的。

宴会成功的前提条件：①足够丰富的合客人口味的菜肴；②上档次的酒水；③客人到场。

在张总家宴的例子中，虽然有足够丰富的菜肴，但是是否合客人口味，尚待证明，因此，不能必然得出张总的家宴是成功的。

D 项，前提条件张珊是否家庭贫困尚待审核，因此，不能必然得出她能获得助学贷款。

4. A

【解析】母题 30 · 概括结论题

题干认为：虽然人体艺术很难被界定是不是色情，但是因为它对人的心理和行为有重要的影响，所以还是不应该在网络上传播（并非任何依据法律不能明确禁止的事都是应当做的）。故 A 项正确。

B 项，不符合题干，题干的意思是即使法律没有明确禁止我们也不应该做，而不是要求完善法律。

C 项，仅仅是题干的背景而不是题干要表达的结论。

D 项，是题干的论据而不是题干要表达的结论。

E 项，与题干信息不符。

5. C

【解析】母题 9 · 简单命题的负命题

题干信息：并非任何依据法律不能明确禁止的事都是应当做的。

等价于：有的依据法律不能明确禁止的事是不应当做的。

注意：B 项是题干试图表达的论点，但是题干的论据不足以使其论点一定成立，故 B 项不能选。

6. C

【解析】母题 16 · 措施目的型削弱题

尼龙制品的生产过程会产生大量有害气体，而棉纤维的处理不会$\xrightarrow{导致}$绳和线的制造中使用棉纤维而不是尼龙$\xrightarrow{以求}$减少对环境的污染。

A 项，措施有副作用，会提高使用成本，但是并不能说明这一措施不能减少环境污染，削弱力度弱。

B 项，无关选项，因为尼龙线的强度明显高于棉线，无法说明棉线不满足使用要求。

C 项，措施达不到目的，绳线制品不用尼龙会导致尼龙更多地用于其他产品，因此，达不到减少尼龙使用量的目的，因此不会减少对环境的污染。

D 项，不能削弱，不能完全解决环境污染问题，不代表无法减少对环境的污染。

E 项，无关选项。

7. A

【解析】母题 40 · 综合推理题

先将题干的信息整理，由于吴宣仪和紫宁在同一组，可以列入同一行，如下表：

	声乐组	舞蹈组	唱作组	卖萌组
紫宁、吴宣仪				×⑥
刘人语	√④	×④	×④	×④
杨超越		×⑤	×⑤	
孟美岐				
强东玥				

根据“②吴宣仪和紫宁加入同一个组”，由③知，恰有一人和强东玥在一组。故 6 个人在四支队伍的人数分布只能是 2 人、2 人、1 人、1 人。

A 项，如果孟美岐加入声乐组，则刘人语和孟美岐在同一组，吴宣仪和紫宁在同一组，还有一人和强东玥在同一组，人数分布为 2 人、2 人、2 人、0 人，不成立。故 A 项为假。

8. A

【解析】母题40 · 综合推理题

根据题干信息和本题已知条件：⑦强东玥加入的是唱作组，得下表：

	声乐组	舞蹈组	唱作组	卖萌组
紫宁、吴宣仪				×⑥
刘人语	√④	×④	×④	×④
杨超越		×⑤	×⑤	
孟美岐				
强东玥			√⑦	

恰有一人和强东玥在同一组，又因为吴宣仪和紫宁在同一组，杨超越加入的是声乐组或卖萌组，刘人语加入的是声乐组，所以只能是孟美岐和强东玥一同加入唱作组。得下表：

	声乐组	舞蹈组	唱作组	卖萌组
紫宁、吴宣仪			×	×⑥
刘人语	√④	×④	×④	×④
杨超越		×⑤	×⑤	
孟美岐			√	
强东玥			√⑦	

又知6个人在四支队伍的人数分布只能是2人、2人、1人、1人，所以，紫宁和吴宣仪不能在声乐组，否则声乐组会有3人（紫宁、吴宣仪、刘人语），也不能在唱作组。根据“⑤杨超越加入的是声乐组或卖萌组”，故吴宣仪和紫宁在舞蹈组，杨超越在卖萌组。

综上，正确答案为A。

9. E

【解析】母题40 · 综合推理题

由题干和本题已知条件：⑧孟美岐没加入唱作组，得下表：

	声乐组	舞蹈组	唱作组	卖萌组
紫宁、吴宣仪				×⑥
刘人语	√④	×④	×④	×④
杨超越		×⑤	×⑤	
孟美岐			×⑧	
强东玥				

故，唱作组只有紫宁、吴宣仪、强东玥三种选择。若强东玥加入唱作组，由③知，吴宣仪和紫宁中有且只有1人与强东玥一起在唱作组，与“②吴宣仪和紫宁加入同一组”矛盾。

故强东玥不能加入唱作组，吴宣仪和紫宁一起加入唱作组，故E项正确。

10. A

【解析】母题11·定义题

题干：一个人，如果①知道某种行为有风险，②仍然自愿去做，那么，他就要对此种行为及其结果负责。

A项，符合题干。

B项、C项，不符合①。

D项，赵局长是迫于妻子的压力才受贿的，不是自愿去做的，不符合②。

E项，伤人的行为不是医生自己做的，不需要为对方的行为负责。

11. E

【解析】母题28·解释题

待解释的现象：尼古丁含量较高的香烟的吸烟者，与尼古丁含量较低的香烟的吸烟者，在吸烟当晚临睡前单位血液中尼古丁的含量并没有大的区别。

A项，不能解释，吸烟者的比例不会影响血液中尼古丁的含量。

B项，不能解释，按此推理的话，高尼古丁烟吸烟者在临睡前单位血液中尼古丁的含量应该高，加剧了题干的矛盾。

C项，不能解释，“可能”有其他途径吸入尼古丁，不能解释“吸烟当晚”两种不同吸烟者血液中尼古丁含量的差别。

D项，无关选项，因为题干中的被研究者都是每天吸一包烟，吸烟多少已经固定了，与烟瘾大小无关。

E项，可以解释，说明两种吸烟者血液中的尼古丁都达到了饱和状态，因此含量没有大的区别。

12. D

【解析】母题31·评论逻辑漏洞

题干：心理医生所处置的大多数失眠者的症状都是由精神压力引起的$\xrightarrow[\text{证明}]{}$失眠者需要的是缓解他们精神压力的心理治疗，而不是会改变他们生化机能的药物治疗。

A项，指出题干犯了以偏概全的逻辑错误，说明有可能其他失眠者需要药物治疗。

B项，心理治疗的措施无效，反驳题干的结论“失眠者需要的是缓解他们精神压力的心理治疗”。

C项，指出题干的样本没有代表性，可以削弱题干。

D项，无关选项，题干的论证与心理治疗的种类无关。

E项，说明有的失眠者需要药物治疗，可以削弱题干。

13. B

【解析】母题10·简单命题的真假话问题

甲与乙的预测是反对关系，至少一假，又“四人的预测只有一人错了”，所以，丙和丁的预测是正确的，因此，冠军是巴西队。故乙的预测错误，甲、丙、丁的预测正确。

14. B

【解析】母题33·评价削弱加强

专家的观点：①有犯罪前科并在三年内“二进宫”的人数递增可能是由于我们的教育、

改造体制存在缺陷，所以应当改革。

②我们需要一种既能帮助刑满释放人员融入社会又能监督他们的措施。

A项，如果回答为“是”，则说明刑满释放人员确实需要帮助就业，则支持了专家的观点，否则，削弱了专家的观点。

B项，无关选项，题干说的是刑满释放人员，此项说的是刑满释放人员的孩子的情况。

C项，如果回答为“是”，则说明刑满释放人员确实需要帮助获得投票权，则支持了专家的观点，否则，削弱了专家的观点。

D项，如果回答为“否”，则说明刑满释放人员确实需要在重返社会中获得帮助，则支持了专家的观点，否则，削弱了专家的观点。

E项，如果回答为“是”，则说明刑满释放人员确实需要帮助，支持专家的观点，否则，削弱专家的观点。

15. D

【解析】母题13·论证型削弱题

赵亮：个性内向的父母所生的孩子，被个性外向的继父母领养后，更易于外向$\xrightarrow[证明]{}$外向个性不是由生物学因素决定的。

王宜：有的孩子被外向的继父母领养后，仍然保持内向。

即，王宜希望通过举反例来反驳“外向个性不是由生物学因素决定的”。

Ⅰ项，削弱王宜。外向个性不是由生物学因素决定的，但外向个性可受生物学因素的影响。说明王宜的反例即使成立，也无法反驳赵亮。

Ⅱ项，削弱王宜。要证明赵亮的结论“一个人的外向个性并不是由生物学因素决定的”，只需要一个例子就可以，所以王宜通过举反例的方式无法反驳赵亮的结论。

Ⅲ项，无关选项。由继父母领养的孩子在所有孩子中占多大比例，与题干的论证无关。继父母领养的孩子中，有多少比例的孩子的性格受到了继父母的影响，才是与题干相关的比例。

16. A

【解析】母题28·解释题

待解释的现象：银蚁为什么要选择在中午时段觅食？

A项，不能解释题干，此项只能说明银蚁具备在中午觅食的条件，但这种信息素在其他时间也存在，因此无法解释银蚁在中午觅食的动机。

B项，可以解释，解释了银蚁冒着高温危险觅食是担心食物被其他觅食动物搬走。

C项，可以解释，解释了银蚁在高温下出现是因为天敌不会出现。

D项，可以解释，解释了银蚁选择在中午离开巢穴是因为巢穴内的温度更高。

E项，可以解释，解释了银蚁选择在中午觅食是因为此时辨别外界信息的能力最灵敏。

17. D

【解析】母题40·综合推理题（方位题）

使用选项排除法：

根据题干信息“（1）C星与E星相邻”，排除A项。

根据题干信息“（3）F星与C星相邻”，排除B、C、E项。

故D项正确。

18. D

【解析】母题29·推论题

A项，不能推出，题干中被采访者的观点在“目前”电视观众中具有代表性，但是否能代表10年前的观众则是未知的，因此，无法确定“电视观众的观点总体上无大变化”。

B项，无关选项，题干只采访了受访者对于内衣广告的看法，与是否喜欢看电视无关。

C项，不能推出，24%支持在任一电视节目频道播放内衣广告，不能称之为大多数。

D项，可以推出，只有31%的观众无例外地反对，其余69%的观众表示不要禁止所有电视节目频道播放此类广告，可以称之为大多数。

E项，不能推出，31%反对在任一电视节目频道播放内衣广告，不能称之为大多数。

19. D

【解析】母题36·论证逻辑型结构相似题

题干：因为大鱼比小鱼游得快，所以，如果有最大的鱼，就有游得最快的鱼。

D项，因为职位高的人比职位低的人权力大，所以，如果有职位最高的人，就有权力最大的人，与题干相同。

其余各项显然与题干不同。

20. C

【解析】母题13·论证型削弱题

题干中的论据：

①根据传统理论，此类史前石壁画大都画有作画者当时吃的食物；

②这个小岛上的作画者吃的应该是鱼或其他海洋生物；

③所发现的画中看不到鱼或其他海洋生物。

题干中的结论：传统理论的结论有问题。

A项，质疑论据②。

B项，由于石壁画保存不全，因此不能根据画中现有的内容得出结论。

C项，不能质疑题干，“有的画有陆地动物”不能反驳题干中“没有鱼或其他海洋生物”。

D项，由于石壁画模糊，因此不能根据画中现有的内容得出结论。

E项，由于这仅仅是壁画中的一部分，因此不能根据画中现有的内容得出结论。

21. D

【解析】母题40·综合推理题

根据题干条件（1）（2）（4）中四个人位置的描述可知，1号位置上的女士不是J、N、H，故1号位置上的女士为K，K现在头发的颜色为红色。

故正确答案为D。

22. A

【解析】母题40·综合推理题

根据题干条件（4）可知，坐在2号位置的女士想把头发染成黑色。

根据题干条件（5）可知，灰色头发的女士不能在1、2、3号位置上，故灰色头发的女士坐在4号位置上，她想把头发染成赤褐色。

根据题干条件（2）可知，N只能坐在2号位置上，且1号位置的K想把头发染成白色，

3 号位置的女士现在的头发为金黄色，故 N 现在的头发是棕色。

故正确答案为 A。

23. D

【解析】母题 40 · 综合推理题

根据上题分析可知，N 坐在 2 号位置，再根据题干条件（4）可知，H 坐在 4 号位置上。

根据题干条件（1）可知，J 坐在 3 号位置，想把头发染成红色。

列表如下：

位置	1	2	3	4
女士	K	N	J	H
现在头发的颜色	红	棕	金黄	灰
想染的颜色	白	黑	红	赤褐

故正确答案为 D。

24. E

【解析】母题 29 · 推论题

题干：对股市没有研究的大多数炒股者其炒股方式有：①完全听经纪人的；②凭预感；③跟定老手。炒股赔钱的只是少数，大多数还是赚钱的。

虽然大多数炒股者都赚钱了，但他们具体是通过上述哪种方式赚钱，无法确定。可能仅仅是通过其中一种方式，也可能是两种或三种方式，也可能是通过其他方式，故选 E。

25. E

【解析】母题 25 · 因果型假设题

题干采用求异法：

经常跑步的人：有器质性毛病；

<u>刚开始跑步的人：很少有这些器质性毛病；</u>

因此，跑步 $\xrightarrow[\text{导致}]{}$ 器质性毛病。

A 项，不必假设，经常跑步的人也可以知道这种坏处，但如果利大于弊或者他们不在乎，那么他们仍然会跑步。

B 项，无因无果，支持题干，但不是假设。因为不经常跑步，人体也可能因为其他原因出现器质性毛病。

C 项，无关选项。

D 项，无关选项，题干不涉及和其他动物关于对外部压力的抵抗能力的比较。

E 项，因果相关，必须假设。

26. E

【解析】母题 29 · 推论题

题干：对模拟信号的每一步细化都对初始信号有极细微的改变，经过多次细化后，这种一开始微不足道的“杂音”就可以把初始信号所包含的信息变得面目全非。

故，如果信号要复制的次数非常多，模拟系统就不再可靠，故 E 项正确。

27. E

【解析】母题13·论证型削弱题

题干的论据：

①人乘一次航班所受到的辐射量，不会大于接受一次牙齿X光检查；

②一次牙齿X光检查的辐射量对人体的影响几乎可以忽略不计。

题干的结论：空姐不必担心自己的职业会对健康带来潜在的危害。

A项，不能削弱，题干并没有表示辐射对人体无害，只是指出由于辐射量较小，构不成危害。

B项，无关选项，题干没有提到辐射对乘客的影响。

C项，无关选项，题干没有对飞机产生的辐射进行分类。

D项，无关选项，治疗手段先进不代表辐射不影响健康。

E项，削弱题干，指出虽然一次航行所受的辐射对人体无影响，但由于空姐长期处于飞行状态，那么随着辐射时间的延长、次数的增多，就会影响其健康。

28. A

【解析】母题31·评论逻辑漏洞

张教授：历史学家对历史事件的解读受其民族等因素的影响（历史学家有偏见）$\xrightarrow[\text{证明}]{}$历史学不可能具有客观性。

李研究员：历史学家能够识别历史学理论中存在的偏见$\xrightarrow[\text{证明}]{}$不是所有历史学家都有偏见。

李研究员的反驳忽视了，那些说别人有偏见的历史学家，可能自己也存在偏见，因此，他的论据无法说明“不是所有历史学家都有偏见”。故A项正确。

B项，无关选项，李研究员的论证不涉及历史事件的发生与否。

C项，不恰当，李研究员并未用偏见反驳对方。

D项，说明历史学家的解读合理，即没有偏见，支持李研究员的结论。

E项，无关选项，李研究员的论证不涉及历史事件的发生与否。

29. C

【解析】母题22·求异法型支持题

医生：等候手术的前列腺肿瘤患者服用番茄红素3周后肿瘤明显缩小或者消除$\xrightarrow[\text{证明}]{}$番茄红素有缩小前列腺肿瘤的功效。

A项，无关选项，题干没有涉及年龄的影响。

B项，可以支持，说明番茄红素减轻了病重的患者的状况。

C项，可以支持，设置对照组说明无因无果，支持力度大。

D项，无关选项。

E项，削弱题干，说明可能是治疗肿瘤的西药改善了患者的身体状况。

30. B

【解析】母题3·箭头的串联

题干：

①波斯猫→人们喜欢的宠物；

②波斯猫→价格昂贵∧高傲；

③高傲→难与人亲近。

由②③串联可得：④波斯猫→高傲→难与人亲近 =¬ 难与人亲近→¬ 高傲→¬ 波斯猫。

Ⅰ项，由④可知，波斯猫→难与人亲近，又由①可知，此项为真。

Ⅱ项，题干没有涉及其他人们喜欢的宠物，此项不一定为真。

Ⅲ项，¬ 难与人亲近→¬ 波斯猫，由④可知，此项为真。

Ⅳ项，由题干可知有的难与人亲近的宠物价格昂贵，但此项无法得出。

故 B 项为正确选项。

管理类联考综合（199）逻辑冲刺模考题
卷2　答案详解

1. D

【解析】母题31·评论逻辑漏洞

题干中，浓汁土豆无人问津的原因可能有两种：①顾客不喜欢浓汁；②顾客不喜欢土豆。餐馆老板却将两种可能中的“②顾客不喜欢土豆”作为唯一的解释，故选D。

2. E

【解析】母题28·解释题

待解释的矛盾：能够克服巨大的诱惑做好事是值得称赞的，但是，出于习惯或本能做好事（没有克服诱惑）也是值得称赞的。

A项，不能解释，此项只能说明“克服巨大的诱惑做好事是值得称赞的”，但无法说明为什么“出于习惯或本能做好事也是值得称赞的”。

B项，不能解释，指出有的做好事不需要克服巨大的诱惑，但无法说明做这样的好事的人是否“出于习惯或本能”，因此无法解释题干。

C项，不能解释，题干不涉及是否“受到称赞”。

D项，诉诸无知。

E项，可以解释，说明出于习惯或本能做好事的人是圣人，他们已经克服了巨大的诱惑，因此这两种行为都是值得称赞的。

3. D

【解析】母题20·论证型支持题

题干：一个人有5根或6根手指，手指对他或她所能起的作用是相同的，因此，如果人是由鱼鳍上有6个趾骨的鱼进化而来的，他们仍然会像现在一样满意自己手指的数目，因此，不应该歧视某人有6根手指。

A项，削弱题干，题干的隐含假设是“有人歧视有6根手指的人”，如果此项为真，则题干的论证就失去了意义。

B项，削弱题干，题干的隐含假设是“有人不满意自己有6根手指”，如果此项为真，则题干的论证就失去了意义。

C项，无关选项，题干讨论的是“用处相同”的东西，而非此项中的“不同用处”的东西。

D项，搭桥法，作用相同，则满意度相同，支持题干。

E项，削弱题干。

4. D

【解析】母题 34 · 争论焦点题

伦理学家：有的小说和电影让受众认为有道德缺陷的人才是正常人$\xrightarrow[\text{证明}]{}$小说或电影对目前社会日益严重的道德问题有不可推卸的责任。

作家：小说或电影只是展示，是否看或者是否正常由读者决定$\xrightarrow[\text{证明}]{}$小说或电影不应该对目前社会确实存在的日益严重的道德问题负责。

显然二者争论的焦点是一些小说或电影是否应当对社会的道德问题负责，故 D 项正确。

A 项，违反双方差异原则。

B 项，作家对此没有涉及，违反双方表态原则。

C 项，伦理学家对此没有涉及，违反双方表态原则。

E 项，作家对此没有涉及，违反双方表态原则。

5. B

【解析】母题 13 · 论证型削弱题

题干：政府出台了鼓励生育的政策后，生育孩子的数量低于维持人口正常更新的水平$\xrightarrow[\text{证明}]{}$鼓励生育的政策无效。

A 项，不能削弱题干，2005 年至今已经不算“短期”。

B 项，削弱题干，如果该国政府没有出台鼓励生育的政策，该国儿童人口总数会比现在低很多，说明鼓励生育的政策还是起到了作用。

C 项，支持题干，说明目前的鼓励生育政策无效。

D 项，不能削弱题干，因为人口总数的缓慢上升，未必是出生率提高了，有可能是死亡率下降了。

E 项，无关选项，题干的论证不涉及“H 国”。

6. D

【解析】母题 6 · 假言命题的负命题 + 母题 2 · 德摩根定律

航空公司：晚点 24 小时以上→（全额退票 ∧ 原票价 20% 的补偿）∨ 三星级以上的宾馆休息。

矛盾命题为：晚点 24 小时以上 ∧（¬ 全额退票 ∨ ¬ 原票价 20% 的补偿）∧ ¬ 三星级以上的宾馆休息。

所以，航空公司没有兑现承诺的情况有：

①晚点 24 小时以上 ∧ ¬ 全额退票 ∧ ¬ 三星级以上的宾馆休息；

②晚点 24 小时以上 ∧ ¬ 原票价 20% 的补偿 ∧ ¬ 三星级以上的宾馆休息；

③晚点 24 小时以上 ∧ ¬ 全额退票 ∧ ¬ 原票价 20% 的补偿 ∧ ¬ 三星级以上的宾馆休息。

Ⅰ项，¬ 晚点 24 小时，与航空公司的承诺不矛盾。

Ⅱ项，晚点 24 小时以上 ∧ ¬ 全额退票 ∧ 三星级以上的宾馆休息，与航空公司的承诺不矛盾。

Ⅲ项，晚点 24 小时以上 ∧ ¬ 原票价 20% 的补偿 ∧ ¬ 三星级以上的宾馆休息，与航空公司的承诺矛盾。

故 D 项正确。

7. A

【解析】母题14·因果型削弱题

题干：①动作反应持续异常的宠物的大脑组织中铝含量比正常值高；②含硅的片剂能抑制铝的活性，阻止其影响大脑组织$\xrightarrow{\text{证明}}$含硅的片剂可有效地用于治疗宠物的动作反应异常。

题干的论证隐含了一个假设：动物大脑组织中高含量的铝$\xrightarrow{\text{导致}}$动物反应持续异常。

A项，可以削弱，说明是动物反应持续异常导致了铝含量的提升，而不是铝含量高导致动物反应异常，指出题干因果倒置。

B项，支持题干，补充了题干隐含的因果关系。

C项，支持题干，措施没有副作用。

D项，支持题干，无因无果。

E项，无关选项。

8. D

【解析】母题13·论证型削弱题

王宜：体育比赛与数学竞赛不同，优胜者只是少数$\xrightarrow{\text{导致}}$对于失败者来说就是挫伤自信，对他们的成长不利。

A项，提出反面论据，指出体育比赛中优胜者虽然只有少数，但是失败者也是可以很优秀的，因此不会挫伤孩子的自信。

B项，削弱题干，指出失败是成功之母，失败对孩子成长有利。

C项，削弱题干，指出体育比赛的结果优胜者虽然是少数，但是孩子们可能在不同的项目中成为优胜者。

D项，诉诸众人，认为多数家长支持的就是应该提倡的。

E项，削弱论点，说明失败不一定会挫伤自信。

9. D

【解析】母题40·综合推理题

由④知，李和周一个大于30岁，一个小于30岁。

由①③④知，赵、孙一定和李、周中的某一人属于一个年龄档，因此，赵和孙年龄小于30岁，钱年龄大于30岁。

由⑦知，徐先生的妻子不是赵和孙。

同理，根据②⑤⑥可知，钱和周是秘书，赵是教师；再根据⑦可知，徐先生的妻子不是钱和周。

综上，徐先生的妻子是李。

10. E

【解析】母题13·论证型削弱题

科学家：重新发现的农作物每磅的蛋白质含量高于现在的主食作物$\xrightarrow{\text{证明}}$种植新发现的谷物$\xrightarrow{\text{以求}}$利于人口稠密、人均卡路里摄入量低和蛋白质来源不足的国家。

A项，无关选项。

B项，无关选项，粮食作物的最初产地与题干的论证无关。

C项，无关选项，题干不涉及小麦和大米之间的蛋白质含量的比较。

D项，支持题干，为题干的论证补充了论据。

E 项，削弱题干，如果重新发现的农作物平均亩产量太低，则即使每磅的蛋白质含量高，也不足以解决蛋白质来源不足的问题，措施达不到目的。

11. B

【解析】母题 1 · 充分必要条件

题干：①民工荒→找到工作 ∨ 工资太低 ∨（农村增收 ∧ 过上稳定的家庭生活）；

②农村增收 ∧ 过上稳定的家庭生活。

由①知，民工荒的可能性有 3 种，但无法判断到底是哪一种，故选带“可能”的选项，即 B 项正确。

12. C

【解析】母题 3 · 箭头的串联 + 母题 8 · 对当关系

将题干信息符号化：

①川菜→徽菜 ∧ ¬ 粤菜；

②有的粤菜→徽菜。

A 项，由①可知，川菜→徽菜，可知，有的川菜→徽菜，根据“有的互换原则”可得，有的徽菜→川菜，此项为真。

B 项，由②可知，有的粤菜→徽菜，根据“有的互换原则”可得，有的徽菜→粤菜，此项为真。

C 项，由①可知，川菜→¬ 粤菜，此项为假。

D 项，由“有的粤菜→徽菜”和“川菜→¬ 粤菜”可得，有的徽菜→粤菜→¬ 川菜，此项为真。

E 项，由“川菜→徽菜”和“川菜→¬ 粤菜”可得，有的徽菜→川菜→¬ 粤菜，此项为真。

13. C

【解析】母题 1 · 充分必要条件

古希腊哲人：¬ 反省→¬ 价值，等价于：价值→反省。

A 项，价值→反省，与题干意思接近。

B 项，价值→反省，与题干意思接近。

C 项，糊涂→快活，与题干意思不接近。

D 项，即要想活得有价值，应当明白一点（反省），与题干意思接近。

E 项，¬ 反省→¬ 价值，与题干意思接近。

14. B

【解析】母题 20 · 论证型支持题

题干：人的日常思维和行动包含着有意识的主动行为和某种创造性，而计算机的一切行为都是由预先编制的程序控制的$\xrightarrow[\text{证明}]{}$计算机不可能拥有人所具有的主动性和创造性。

题干隐含一个假设：预先编制的程序无法模拟人的主动行为和创造性，否则，如果计算机预先编制的程序可以模拟人的主动行为和创造性，那么计算机就可以拥有人的主动性和创造性了。

故 B 项补充了题干的隐含假设，支持题干。

D 项，存在具有主动性和创造性的计算机程序，削弱题干。

其余选项均为无关选项。

15. B

【解析】母题3·箭头的串联＋母题2·德摩根定律

将题干信息符号化：

①1→2∧┐5；

②2∨5→┐4；

③┐（┐3∧┐4）＝3∨4；

④1。

由④①可知，2∧┐5。

再由②可知，2→┐4。

再由③可知，3∨4＝┐4→3。

故打开的阀门是2和3，即B项正确。

16. C

【解析】母题28·解释题

题干：40%的人认为是由美国不公正的外交政策造成的，55%的人认为是由于伊斯兰文明与西方文明的冲突，23%的人认为是由于恐怖分子的邪恶本性，19%的人没有表示意见。

题干中调查的结果总比例超过100%，说明有的人认为“9·11”恐怖袭击事件发生的原因是多样的，故C项能够解释。

17. D

【解析】母题6·假言命题的负命题

论点：行为失控→说谎。

D项，行为失控∧┐说谎，否定了题干的论点。

其余各项均不能说明上述标准测谎不准确。

18. D

【解析】母题24·论证型假设题

前提：①北美青少年的平均身高增长幅度＞中国同龄人；

　　　②北美中小学生的每周课外活动时间＞中国的中小学生。

结论：中国青少年要想长得更高，就必须在读中小学时增加课外活动时间。

A项，假设过度，不需要假设增加课外活动时间一定能长得更高，只要能使部分学生长高也可使题干成立。

B项，不必假设，题干的观点是“长高”而不是“长得一样高”。

C项，无关选项，题干没有涉及学生的体质与身高的关系。

D项，必须假设，指出身高和课外活动有关。

E项，无关选项，过去北美人的身高情况与现在的情况无关。

19. A

【解析】母题7·复言命题的真假话问题

甲：张珊∀李思；

乙：张珊∨李思。

如果甲的话为真，那么乙的话也为真，与题干“两人的预测只有一个成立”矛盾，故甲的话为假，可知，两个人要么一起入选，要么都不入选。

由乙的话为真可知，两个人至少有一人入选。

综上，两个人都入选，即A项正确。

20. D

【解析】母题24·论证型假设题

张教授：当代信息技术使得信息处理速度成为影响经济发展的最重要因素$\xrightarrow[\text{证明}]{}$原来表示世界贫富差别的南北分界将很快消失，国家的贫富将和它们的地理位置无关，而只取决于对信息的处理速度。

李研究员："南方"穷国缺乏足够的经济实力来发展信息技术$\xrightarrow[\text{证明}]{}$信息技术将扩大而不是缩小南北的经济差距。

A项，不必假设，题干的论证没有涉及自然资源。

B项，不必假设，世界财富总量是否增加，与南北经济差距不直接相关。

C项，无关选项。

D项，必须假设，否则，如果富国与穷国一样缺少经济实力来发展信息技术，那就无法得出信息技术将扩大南北经济差距的结论。

E项，削弱李研究员的推断，如果发展信息技术无须很高的经济成本，那么穷国也可以负担这样的成本，南北的经济差距会缩小而不是扩大。

21. C

【解析】母题31·评论逻辑漏洞

张教授认为：当代信息技术使得信息处理速度成为影响经济发展的"最重要因素"，因此，国家的贫富将"只取决"于对信息的处理速度。

张教授由信息处理速度是影响经济发展的最重要因素，不当地得出：信息处理速度是影响经济发展的唯一因素，C项正确。

其余选项均不正确。

22. C

【解析】母题13·论证型削弱题

论据：①北京93号汽油含税零售价格为每升6.37元，不含税为每升4.25元；

②美国华盛顿、纽约、加利福尼亚州的汽油含税零售价格分别为每升5.21元、5.18元和4.41元，不含税价格分别为4.75元、4.20元和4.41元。

论点：中国汽油含税零售价格要高一些，但不含税价格基本相同。

B项，可以削弱，说明数据不具有代表性。

C项，削弱论点，说明中国汽油不含税的价格也比美国高，削弱力度比B项大。

其余选项均为无关选项。

23. C

【解析】母题13·论证型削弱题（执果索因）

题干：印刷版的书需求量比手抄书大很多倍$\xrightarrow[\text{证明}]{}$学会读书的人的数量急剧增加。

A项，无关选项，题干不涉及"写信数量"。

B项，无关选项，"在空白处写上一些评论的话"不会影响印刷术制作的书的需求量。

C项，可以削弱，说明是个人购买的书的数量增加了，而不是买书的人增加了，另有他因。

D项，不能削弱，因为题干仅仅表示印刷书的需求量大、读者多，但不涉及这些需求是什么样的需求、读者是什么样的读者。

E项，支持题干，不识字的人不需要印刷书，而印刷书的需求量增加了，说明识字的人增加了。

24. D

【解析】母题40·综合推理题

将题干信息符号化：

①G∧S→W；

②N→¬R∧¬S；

③P→¬L；

④L、M和R中，恰好有2个领域被削减；

⑤8个领域中恰好有5个被削减。

A项，违反条件④，排除。

B项，违反条件②④，排除。

C项，违反条件③，排除。

D项，与题干条件不冲突。

E项，违反条件②，排除。

25. A

【解析】母题40·综合推理题

由③得，L→¬P；

由②得，S→¬N；

由L被削减和条件④得，¬M∨¬R。

A项，与题干条件不冲突。

B项，违反条件③，排除。

C项，违反条件②，排除。

D项，违反条件③，排除。

E项，违反条件④，排除。

26. C

【解析】母题40·综合推理题

由④得，¬R→L∧M；

由③得，L→¬P；

由⑤得，有3个领域未被削减，现知R、P未被削减，故还有一个领域未被削减。

假设N未被削减，则被削减的为G、W、S、L和M，与题干不冲突，可能为真。

假设G未被削减，则被削减的为W、S、N、L和M，与题干②冲突，故G被削减，即C项一定为真。

假设S未被削减，则被削减的为G、W、N、L和M，与题干不冲突，可能为真。

故正确答案为C。

27. C

【解析】母题29·推论题

题干：①1988年，美国国防部的计算机主控中心遭黑客入侵而无法正常运行；

②2002 年，美国组建了网络部队；

③2008 年，俄罗斯对格鲁吉亚采取军事行动之前，先攻击其互联网。

根据归纳法，三个论据都涉及“国防”“部队”“战争”等词汇，故“网络战已成为一种战争形式”对题干的概括最为恰当，C 项正确。

A、B 两项虽然也强调了网络的重要性及网络安全漏洞问题，但均未提及“战争”，故不如 C 项恰当。

D、E 两项显然不正确。

28. A

【解析】母题 3 · 箭头的串联

将题干信息符号化：

①接受他人太多恩惠→自尊心受伤；

②过分助人→他人自觉软弱无能；

③他人自觉软弱无能→陷入自卑的苦恼；

④陷入自卑的苦恼→心生怨恨。

由②③④串联可得：⑤过分助人→他人自觉软弱无能→陷入自卑的苦恼→心生怨恨。

A 项，¬ 过分助人 ∨ 陷入自卑的苦恼，等价于：过分助人→陷入自卑的苦恼。由⑤知，为真。

B 项，自尊心受伤→接受他人太多恩惠，由①知，可真可假。

C 项，¬ 他人自觉软弱无能→¬ 帮助他人，由②知，可真可假。

D 项，他人自觉软弱无能→过分助人，由②知，可真可假。

E 项，过分助人 ∧ ¬ 心生怨恨，由⑤知，为假。

29. B

【解析】母题 32 · 评论逻辑技法

题干：6 位罕见癌症的病人都是一家生产除草剂和杀虫剂的工厂的员工，因此，接触该工厂生产的化学品很可能是他们患癌症的原因。

可见，题干找到了 6 位病人的共同特征，从而推断他们患癌症的原因，即使用求同法，B 项正确。

A 项，求异法，不正确。

C 项，题干的结论仅针对这 6 位病人，而非“一般性结论”，不正确。

D 项，演绎论证（由一般到特殊），不正确。

E 项，剩余法，不正确。

30. D

【解析】母题 29 · 推论题

题干：①20 世纪初德国科学家魏格纳的“大陆漂移说”遭到强烈反对；

②目前魏格纳的理论被接受不是因为我们确认了使大陆漂移的动力，而是因为这种移动能够被观察到。

由题干可知，魏格纳的理论被接受是因为大陆漂移的现象能够被观察到，并不是由于找到了导致该现象的原因，故 D 项结论正确。

其余选项均不正确。

管理类联考综合（199）逻辑冲刺模考题
卷3　答案详解

1. A

【解析】母题33·评价削弱加强

题干：除非老年人摄入维生素B6作为补充，或者吃些比他们年轻时吃的含更多维生素B6的食物，否则，他们不大可能获得所需要的维生素B6。

A项，如果回答是肯定的，则老年人不需要吃比他们年轻时吃的含更多维生素B6的食物，削弱题干，否则加强题干，故此项有助于评价题干。

B项，无关选项，题干不涉及两种维生素B6的比较。

C项，无关选项，题干不涉及卡路里和维生素B6的比较。

D项，无关选项，题干不涉及老年人和年轻人缺少维生素B6的后果的比较。

E项，无关选项，题干不涉及维生素B6的食物来源。

2. B

【解析】母题30·概括结论题

题干所要表达的含义是：生活的乐趣在于对结果的不可预知。

B项，知道结果→¬写诗，逆否得：写诗→¬知道结果，与题干主旨相同。

其余选项显然均与题干主旨不同。

3. C

【解析】母题13·论证型削弱题

题干：①8月28日从湖北襄樊到陕西安康的某次列车，其有效席位为978个，实际售票数却高达3 633张，超员率超过370%；②铁道部要求，普快列车超员率不得超过50% $\xrightarrow[\text{证明}]{}$ 这次列车属于严重超员。

A项，无关选项，题干没有涉及时间与超员率的关系。

B项，可以削弱，题干要求“普快列车”超员率不得超过50%，但此车是“慢车”，不适用此规定。但是，不适用此规定，无法改变此车超员的事实，削弱力度弱。

C项，可以削弱，说明这次列车的实际售票数高是由于在停靠站旅客上下车造成的，即持票人员不会同时在列车上，因此超员率的计算有误，削弱力度大。

D项，无关选项，诉诸无知。

E项，可以削弱，说明实际的有效席位数多，实际超员率会有所降低，但削弱力度弱。

4. D

【解析】母题1·充分必要条件+母题2·德摩根定律

题干：①¬称职∨愚蠢→看不见，逆否得：②看见→称职∧¬愚蠢。

A项，¬ 称职→看不见，由①可以推出。

B项，有的称职→看见，互换得，有的看见→称职，由②可以推出。

C项，看见→称职∨¬ 愚蠢，由②可以推出。

D项，看不见→¬ 称职∨愚蠢，由题干不能推出。

E项，愚蠢→看不见，由①可以推出。

5. C

【解析】母题20·论证型支持题

专家：转基因食品是安全的，可放心食用。

A项，补充论据，说明转基因农作物的种植可以避免使用含致癌物质的除草剂。

B项，补充论据，说明没有发生关于转基因的安全性事故。

C项，说明转基因水稻有毒性，削弱专家的观点。

D项，补充论据，说明转基因作物和杂交育种的作物一样都是安全的。

E项，补充论据，说明转基因作物的安全性有大量的实验数据为依靠。

6. A

【解析】母题21·因果型支持题

题干：食盐加碘$\xrightarrow[\text{导致}]{}$国内部分地区甲状腺疾病增多。

A项，采用求异法说明食盐加碘是导致年均甲亢发病率增高的原因，可以支持。

B项，无关选项，题干是在寻找甲状腺疾病增多的原因，并非是对患者的建议。

C项，无关选项，由此项无法确定高碘地区已经停止供应加碘食盐是否是加碘食盐导致这些地区甲状腺疾病增多。

D项，另有他因，说明甲亢等疾病的增多可能是因为食用海产品，而不是因为食盐加碘，削弱题干。

E项，诉诸权威。

7. C

【解析】母题31·评论逻辑漏洞

题干的论据：

①1990年到2005年，中国的男性超重比例从4%上升到15%，女性超重比例从11%上升到20%；

②1990年到2005年，墨西哥的男性超重比例从35%上升到68%，女性超重比例从43%上升到70%。

题干的结论：无论在中国还是在墨西哥，女性超重的增长速度都高于男性超重的增长速度。

仔细分析可以发现，中国男性的超重比例增长了11%，而女性的超重比例增长了9%，男性大于女性；墨西哥男性的超重比例增长了33%，而女性的超重比例增长了27%，男性大于女性。

故题干的论据所能推出的结论与题干中的结论正好相反，即C项。

8. D

【解析】母题40·综合推理题

由题干“M和N住在同一层”和“第二层仅有一套公寓”可知，M、N均不住在第二层，故D项正确。

9. A

【解析】母题40·综合推理题

由“K恰好住在P的上面一层”和“J住在四楼且K住在五楼”可知，J、P均住在四楼。

由“每层有1到2套公寓”可知，Q、L均不能住在四楼，排除B、D项。

由“M和N住在同一层”和“K住在五楼”可知，N不能住在五楼，排除C项。

由“M和N住在同一层”和“第二层仅有一套公寓”可知，M不能住在第二层，排除E项。

故A项正确。

10. D

【解析】母题40·综合推理题

由“5层公寓楼，每层有1到2套公寓，共有8套公寓”可知，5层公寓楼只有2层有1套公寓，其余3层均为2套公寓。

若D项正确，即L住在第四层，由“L住的楼层上只有一套公寓”可知，第四层没有别的住户，那么剩余的公寓均为1、3、5层，那么题干中“K恰好住在P的上面一层”就不能实现，故L不可能住在第四层。

11. C

【解析】母题28·解释题

待解释的现象：在产品质量不变的情况下，价格的上升通常会使其销量减少，但在某时装店，一款女装标价86元无人问津，老板灵机一动，改为286元，衣服却很快被售出。

C项，说明消费者认为价格高的服装质量好，因此可以解释。

D项，可以解释，但“有的”是弱化词，力度弱。

其余选项显然均不能解释。

12. D

【解析】母题36·论证逻辑型结构相似题

题干采用类比的方法进行论证，将草本药物和标准抗生素对新的抗药菌的效用类比为厨师对客人口味的满足。

D项，将电流通过导线类比为水流通过管道，与题干结构相同。

其余选项显然与题干结构不同。

13. D

【解析】母题31·评论逻辑漏洞

题干：

①作为公司的合法拥有者，只要我愿意，我就有权卖掉它；

②如果我卖掉它，忠诚的员工们将会因此遭受不幸，因而我无权这样做。

显然，题干中的两个“权利”是不同的概念，前者是指张华对公司的拥有权，后者是指张华对忠诚员工的负责权，故D项最为恰当地指出了题干论证的缺陷。

14. C

【解析】母题15·求因果五法型削弱题

题干：驾驶员对即将驶出的车位仍具有占有欲，而且占有欲随着其他驾驶员对这个车位期望的增强而增强。

A项，不能削弱，因为驶出车位并不需要高超的驾驶技术，业余和新手驾驶员一般都可以胜任。

B 项，另有他因，说明是因为被催促的驾驶员感到不快，这种不快影响了驶出车位的时间，削弱题干，但此项的“有些”和 C 项的“大多数”相比，削弱力度较弱。

C 项，另有他因，说明是由于等待的驾驶员对正在驶出的驾驶员造成了心理压力导致驶出车位的速度变慢，可以削弱。

D 项，质疑样本的代表性，可以削弱，但力度弱。

E 项，诉诸无知。

15. A

【解析】母题 13 · 论证型削弱题

题干：处于无政府状态的索马里的人均 GDP 高于坦桑尼亚等其他有政府的非洲国家$\xrightarrow[\text{证明}]{}$索马里的民众生活水平一点也不差。

A 项，指出人均 GDP 的情况并不能说明大多数普通民众的经济情况，安全或失业因素使得他们变得贫困，削弱题干。

D 项，削弱题干，但力度不如 A 项。

其余各项均不能削弱题干。

16. C

【解析】母题 24 · 论证型假设题及搭桥法

学生代表 L：入学考试时，学生英语水平都是通过学校认可的$\xrightarrow[\text{证明}]{}$“商学的批判性思维”这一课程有大量中国留学生不及格，无法说明中国留学生英语水平欠佳。

C 项，必须假设，否则无法由中国留学生英语水平通过入学考试反驳悉尼大学认为的中国留学生的英语水平欠佳。

E 项，支持学生代表的论证，但不是必须的假设。

其余选项均为无关选项。

17. B

【解析】母题 29 · 推论题

题干中的原则：违反道德的行为是违背人性的，而所有违背人性的事都是一样的坏。

题干中的例证：杀人是不道德的，所以杀死一个人和杀死一百个人是一样的坏。

A 项，题干的原则仅涉及什么是坏行为，不涉及高尚的行为，故此项不正确。

B 项，抢劫是不道德的，也是违背人性的，根据题干“违反道德的行为是违背人性的，而所有违背人性的事都是一样的坏”和“杀人是不道德的”可知，抢劫和杀人都是违背人性的，是一样的坏，正确。

C 项，无法确定“只有杀死一人才能救另一人的情况”是否违反道德，故此项不正确。

D 项，由题干的原则可知，强奸是不道德的，因此强奸和杀人是一样的坏。但题干的原则并不涉及坏行为的预防问题，故此项不正确。

E 项，无法确定“过失杀人”是否违反道德，故此项不正确。

18. D

【解析】母题 14 · 因果型削弱题

题干：我国古人早就懂得现代遗传学中“优生优育”的原理$\xrightarrow[\text{导致}]{}$中国自周朝开始便实行

“同姓不婚”的礼制。

A项，无关选项。

B项，支持题干，说明古人意识到了近亲结婚的危害。

C项，无关选项。

D项，古代同姓不婚的目的是为了鼓励异族通婚，促进民族融合，另有他因，削弱题干。

E项，不能削弱，存在同姓通婚的情况无法反驳题干中的因果关系。

19. C

【解析】母题28·解释题

待解释的现象：美国汽车“三包法”实施后导致汽车公司因向退货人支付退款而遭受了巨大损失，但是，对多家4S店的调查显示，我国汽车“三包法”实施一年来，依据“三包法”退换车的案例为零。

A项，不能解释，只有7%的消费者了解“三包法”，只能解释依据“三包法”退换车的数量少，无法解释退换车的案例为零。

B项，不能解释，“多数”汽车经销商没有向消费者介绍“三包权益”，不代表消费者无法通过其他渠道了解这些权益，也无法排除有些汽车经销商很好地向消费者介绍了“三包权益”。

C项，直接解释了题干中依据“三包法”退换车的案例为零是由于“三包法”本身缺乏可操作性。

D项，不能解释，提高了维修方面的服务质量不代表消费者不会退换车。

E项，不能解释，只要有的问题符合“三包法”就可以。

20. D

【解析】母题13·论证型削弱题

题干：①四川汶川发生强烈地震；②震前绵竹发生了上万只蟾蜍集体大迁移的现象$\xrightarrow{\text{证明}}$蟾蜍大迁移是地震预兆。

A项，提出反面论据，说明汶川和其他受灾地区在地震前没有蟾蜍大迁移，可以削弱。

B项，削弱论点，说明蟾蜍大迁移与地震的关系不被认可。

C项，削弱论点，说明蟾蜍大迁移的现象发生不一定会有地震。

D项，无关选项，此项没有质疑蟾蜍大迁移是地震预兆。

E项，削弱论据，质疑了题干论据的真实性。

21. A

【解析】母题40·复杂匹配及其他综合推理题

由①③④知，王的儿子不是小明，也不是小亮。故王的儿子是小强，穿绿色泳衣。

又由①知，张不是小明的妈妈，故张的儿子是小亮，由④知，小亮穿橙色泳衣。

综上，李的儿子是小明，穿红色泳衣。

列表如下：

妈妈	儿子	泳衣
李	小明	红色
王	小强	绿色
张	小亮	橙色

故A项正确。

22. A

【解析】母题13·论证型削弱题

题干：①简装书比精装书便宜；②简装书比精装书更能满足读者的需要$\xrightarrow[\text{证明}]{}$图书馆只购置简装书，不购置精装书。

A项，不能削弱，有的简装书粗制滥造不代表所有的简装书均如此。

其余选项均可以削弱，说明精装书有优势。

23. D

【解析】母题32·评论逻辑技法

张珊：在家里我可以自由吸烟，但在飞机上却被禁止吸烟；

李思：在家里吸烟影响自己或少数人，但在飞机上吸烟影响公众。

A项，下定义，不恰当。

B项，作类比，不恰当。

C项，导出矛盾，不恰当。

D项，指出了在家里吸烟和在飞机上吸烟的区别，评价恰当。

E项，质疑假设，不恰当。

24. C

【解析】母题31·评论逻辑漏洞

题干中李思认为在飞机上吸烟影响“公众”，这一“公众”中有人吸烟有人不吸烟；而张珊认为中国烟民数量世界第一，这本身就是一个大“公众”，这一“公众”只是表示人数多，但这些人都是吸烟者。因此，张珊的反驳忽视了飞机上许多乘客是不吸烟者，故C项正确。

25. B

【解析】母题40·复杂匹配及其他综合推理题

题干已知下列条件：

（1）从G、H、J、K、L这5种不同的鱼类药物中选择3种；

（2）从W、X、Y、Z这4种不同的草类药物中选择2种；

（3）$G \rightarrow \neg H \wedge \neg Y$，等价于：$H \vee Y \rightarrow \neg G$；

（4）$\neg K \rightarrow \neg H = H \rightarrow K$；

（5）$\neg W \rightarrow \neg J = J \rightarrow W$；

（6）$K \rightarrow X$。

将（4）（6）串联得：$H \rightarrow K \rightarrow X$。又知选择H，故选择K、X。

由题干（3）可知，$\neg G$。

故正确答案为B。

26. C

【解析】母题40·复杂匹配及其他综合推理题

由（3）知，$H \rightarrow \neg G$，故不同时选H和G，排除A项。

由（2）知，选X和Z，则不能选W和Y，排除E项。

由（5）知，$\neg W \rightarrow \neg J$，故不能选J，排除B、D项。

故C项正确。

27. B

【解析】母题40·复杂匹配及其他综合推理题

若选W和Y，则不能选X和Z。

由（6）知，¬X→¬K，故不能选K。

由（3）知，Y→¬G，故不能选G。

又由（1）知，若不选K、G，则必须选H、J、L。

由（4）知，H→K，与不能选K矛盾。

故，不能选W和Y。

所以，正确答案为B。

28. E

【解析】母题29·推论题

题干：

①狗比人类能听到频率更高的声音；

②猫比正常人在微弱光线中视力更好；

③鸭嘴兽能感受到人类通常感觉不到的微弱电信号。

由归纳法可知，有些动物能具有人类不具有的感觉能力。

故E项正确。

29. E

【解析】母题28·解释题

待解释的现象：抽雪茄或烟袋比抽香烟对健康的危害小，但是对于戒香烟后改抽雪茄或烟袋的人来说，危害却差不多。

A项，不能解释，题干没有涉及抽雪茄或烟袋的吸烟者戒烟后的情况。

B项，不能解释，题干没有涉及抽雪茄或烟袋的吸烟者改抽香烟的情况。

C项，不能解释，题干没有指明吸烟者抽香烟或者其他的数量大小。

D项，不能解释，题干没有涉及香烟的品牌对人健康的影响。

E项，可以解释，说明抽烟对吸烟者健康的影响不只在于烟本身，还在于抽烟者自身的情况。

30. B

【解析】母题10·简单命题的真假话问题

假设第一个人是A，那么他的回答为假，与题干A从来不说假话矛盾，故第一个人不是A。

假设第一个人是B，那么他的回答满足题干；第二个人的回答为真，根据题干可知，第二个人是A，因此第三个人是C，满足题干。

假设第一个人是C，那么第二个人和第三个人的回答均为假，那么与题干A从来不说假话矛盾。

故正确答案为B。

管理类联考综合（199）逻辑冲刺模考题 卷 4　答案详解

1. B

【解析】母题 10 · 简单命题的真假话问题

题干中有如下信息：

黄：张胖；

张：范胖；

范：¬ 范胖；

李：¬ 李胖。

由“范胖”和“范不胖”矛盾可知，张某和范某的话必有一真一假，又因四人的陈述中只有一个错，故黄某和李某的话均为真话，即张胖，李不胖，故 B 项正确。

2. B

【解析】母题 9 · 简单命题的负命题

题干：没有人知道这辆快车的终点在哪里，当然更没有人知道该怎样下车；

等价于：所有人都不知道这辆快车的终点在哪里 ∧ 所有人都不知道该怎样下车。

B 项，“有的人知道这辆快车的终点在哪里”与题干中“没有人知道这辆快车的终点在哪里”矛盾，故此项为假。

其余选项均为真。

3. E

【解析】母题 31 · 评论逻辑漏洞

题干结论：有 90% 的重度失眠者经常工作到凌晨 2 点，因此，张宏经常工作到凌晨 2 点，张宏很可能是一位重度失眠者。

题干误认为“90% 经常工作到凌晨 2 点的人会患有重度失眠症”，故 E 项正确。

4. C

【解析】母题 24 · 论证型假设题及搭桥法

题干的论据：

①由垃圾渗出物所导致的污染问题，在那些人均产值每年为 4 000 至 5 000 美元之间的国家最严重，相对贫穷或富裕的国家没有那么严重；

②工业发展在起步阶段，其污染问题都比较严重，当工业发展能创造出足够多的手段来处理这类问题时，污染问题就会减少；

③X 国的人均产值是每年 5 000 美元。

题干的结论：未来几年，X 国由垃圾渗出物引起的污染问题会逐渐渐少。

题干认为：X国现在处在污染最严重的阶段，“当工业发展能创造出足够多的手段来处理这类问题时，污染问题就会减少”。故C项正确。

A、E两项支持题干，但不是题干中的假设；其余各项均为无关选项。

5. A

【解析】母题13·论证型削弱题

题干：因疲劳驾驶而导致的交通事故大约是酒后驾车所导致的交通事故的1.5倍$\xrightarrow[\text{证明}]{}$我们不应当加重对酒后驾车的惩罚力度，而是应当制定与驾驶者睡眠相关的法律。

A项，诉诸众人，无法削弱题干。

B项，削弱题干，措施不可行，难以制定与驾驶者睡眠相关的法律。

C项，削弱题干，说明酒后驾车和疲劳驾驶造成的危害一样严重。

D项，削弱题干，直接反驳论点。

E项，削弱题干，说明酒后驾车危害更严重。

6. D

【解析】母题29·推论题

题干：①价格变化导致总收入与价格反向变化→需求是有弹性的；

②2007年W大学的学费降低了20%，但是收到的学费总额却比2006年增加了，此时，对W大学的需求是有弹性的。

A项，价格的变化导致总收入与价格“同向”变化，由①知，不符合“有弹性”的定义。

B项，学费总额增加，但有可能成本也因此增大，故总的经济效益是否增加无法确定。

C项，需求是有弹性的→价格变化导致总收入与价格同向变化，由①知，可真可假。

D项，学费总额=学费×招生数量，学费降低了20%，招生数量必须增长25%以上才能使学费总额增加，故为真。

E项，无关选项。

7. D

【解析】母题32·评论逻辑技法

朱红：①红松鼠是为了寻找水或糖；②水在松树生长的地方很容易通过其他方式获得$\xrightarrow[\text{证明}]{}$红松鼠可能是在寻找糖。

朱红采用选言证法，在对一种现象的两种解释中，排除一种解释，得出另一种可能的解释，故D项正确。

8. C

【解析】母题13·论证型削弱题

林娜：糖松树液中糖的浓度太低了，红松鼠必须饮用大量的树液才能获得一点点糖$\xrightarrow[\text{证明}]{}$红松鼠一定不是找糖而是找其他什么东西。

A项，无关选项。

B项，可以削弱，说明有可能糖松中的糖含量是红松鼠所能接受的最低要求，红松鼠仍然可能是在寻找糖，但削弱力度弱。

C项，可以削弱，水分蒸发后，糖分的浓度就增加了，红松鼠不需要吸取大量树液来获取糖分，削弱林娜的论据。

D项，支持林娜，削弱朱红的论证中的论据。

E项，无关选项，题干没有涉及红松鼠的主食。

9. D

【解析】母题39·数字推理题

由参加中美两国学生交流会的学生共110人，其中美国学生51人，可知中国学生有110－51＝59（人）；

由男生65人，其中中国男生32人，可知美国男生有65－32＝33（人）；

由美国学生51人，其中男生33人，可知美国女生有51－33＝18（人）；

由中国学生59人，其中男生32人，可知中国女生有59－32＝27（人）。

列表如下：

学生 \ 人数 \ 性别	男生	女生
美国学生	33	18
中国学生	32	27

故正确答案为D。

10. B

【解析】母题36·论证逻辑型结构相似题

题干：多人游戏纸牌，使用了一些骗对手的技巧。不过，仅由一个人玩的游戏纸牌并非如此（举反例）。所以，使用一些骗对手的技巧并不是所有游戏纸牌的本质特征。

B项，大多数飞机都有机翼，但直升机没有机翼（举反例）。所以，有机翼并不是所有飞机的本质特征。推理结构与题干相同，正确。

其余选项显然均与题干的推理结构不同。

11. C

【解析】母题29·推论题

题干：地球、木星和土星的卫星在一个比它大得多的星体引力场中运行，因此，在行星系统中卫星都以一种椭圆轨道运行。

A项，无关选项，题干仅涉及“行星系统”而没有涉及“所有天体”。

B项，无关选项，题干没有涉及“天体力学的规律”。

C项，符合题干中的结论。

D项，无关选项，题干没有涉及星体的大小和引力之间的关系。

E项，无关选项，题干涉及的是行星的卫星的运行轨道，没有涉及行星的运行轨道。

12. E

【解析】母题20·论证型支持题

题干：人们通常不使用基本的经济原则来进行决策，而是以非理性的方式处理信息的。

A项，人们不依据已有的信息，说明是以非理性的方式处理新信息的，支持题干。

B项，人们选择更危险的冒险行动，即以非理性的方式行动，支持题干。

C 项，人们倾向于形成有潜在危害的习惯，即非理性行为，支持题干。

D 项，人们不注意避免可能发生少数人受害的事故的境况，而这种境况发生事故的可能性更大，即非理性行为，支持题干。

E 项，人们理性地选择了医生给予的疾病治疗的意见，削弱题干。

13. C

【解析】母题 31·评论逻辑漏洞

题干：①按照我国城市当前水消费量来计算，如果每吨水增收 5 分钱的水费，则每年可增加 25 亿元收入。

②每吨水增收 5 分钱的水费的举措可以减少消费者对水的需求，养成节约用水的良好习惯，从而保护我国非常短缺的水资源。

要使论点①成立，必须假设：实施“每吨水增收 5 分钱的水费”的举措后，我国的水消费总量不变。

要使论点②成立，必须假设：实施这一举措后，水消费总量会因此减少。

题干犯了自相矛盾的逻辑错误，故 C 项评价准确。

14. A

【解析】母题 29·推论题

题干：

①过去所有的民主体制都衰落了，因为相互竞争的特殊利益集团之间无休止的争辩，伴随而来的是政府效率低下、荒诞政事、贪污腐败以及社会道德价值观在整体上的堕落；

②所有这些弊端都正在美国重现。

A 项，如果过去民主制国家中出现的弊端是民主体制衰落的可靠指标的话，那么现在美国出现了这些弊端，则说明美国的民主制正在衰落，故此项正确。

B 项，不能推出，题干没有涉及非民主社会。

C 项，无关选项。

D 项，推理过度。

E 项，无关选项。

15. B

【解析】母题 20·论证型支持题

题干：为了减少教徒的流失，宗教团体应当排斥女性神职人员。

A 项，无关选项，题干没有涉及宗教真经。

B 项，可以支持，补充论据，说明女性神职人员无法满足教徒的需要。

C 项，无关选项，此项只能说明女性担任神职人员的劣势，但是无法说明女性神职人员与教徒流失的关系。

D 项，无关选项。

E 项，说明女性神职人员的优势，削弱题干。

16. D

【解析】母题 28·解释题

待解释的现象：许多外资企业经营状况良好，账面却连年亏损；尽管持续亏损，但这些企业却越战越勇，不断扩大在华投资规模。

A项，不能解释，无法解释为什么亏损的企业会扩大在华投资规模。

B项，不能解释，无关选项。

C项，可以解释这些企业扩大在华投资规模，但无法解释为什么会亏损。

D项，可以解释，说明这些企业的“亏损”只是账面亏损，事实上没有亏损。

E项，不能解释，没有指出这些企业在亏损的情况下为什么还要扩大在华投资规模。

17. A

【解析】母题6·假言命题的负命题

胡品：疫病传播→¬挽回损失；

吴艳：阻止疫病传播→挽回损失。

A项，阻止疫病传播∧¬挽回损失，与胡品的断言一致而与吴艳的断言不一致，正确。

B项，疫病传播∧¬挽回损失，与吴艳的断言不冲突，不正确。

C项，阻止疫病传播∧挽回损失，与吴艳的断言不冲突，不正确。

D项，疫病控制∧挽回损失，与吴艳的断言不冲突，不正确。

E项，疫病传播∧挽回损失，与胡品的断言不一致，不正确。

18. B

【解析】母题14·因果型削弱题

题干：狗最倾向于咬13岁以下的儿童$\xrightarrow[\text{导致}]{}$被狗咬伤而前来就医的大多是13岁以下的儿童。

A项，无关选项，题干不涉及被狗咬伤致死的情况。

B项，另有他因，说明去医院就医的多数是13岁以下的儿童，是由于13岁以上的人大多数不去医院就医。

C项，无关选项，题干不涉及被狗咬伤的严重性。

D项，无关选项。

E项，无关选项，题干不涉及女童和男童的比较。

19. C

【解析】母题28·解释题

待解释的现象：2006年美国男婴与女婴的比例是51∶49，等他们长大后性别比例却发生了相反的变化，变为49∶51。

由此可以推出，在这批孩子长大的过程中，男婴可能由于各种原因数量减少，如死亡、移民等。C项陈述的是其中的一个原因，最有助于解释题干。

其余各项均不能解释题干。

20. E

【解析】母题21·因果型支持题

题干：①父母不可能整天与他们的未成年孩子待在一起，②父母并不总是能够阻止他们的孩子犯错$\xrightarrow[\text{导致}]{}$父母不应因为他们的未成年孩子所犯的过错而受到指责和惩罚。

A项，削弱题干，说明父母应当监管未成年孩子的所有活动。

B项，无关选项，题干没有涉及对犯错的未成年人的审判。

C、D项，显然与题干无关。

E项，支持题干，因果相关，说明父母对自己无法控制的行为不用承担责任。

21. D

【解析】母题31·评论逻辑漏洞

在孩子已经表明没有女朋友的情况下，老爸问，“该不是你女朋友在玩吧”，内含不当预设：儿子有女朋友。

而儿子一开始说没有女朋友，后来又说女朋友有电脑，自相矛盾。

22. A

【解析】母题38·简单匹配题

方法一：

假设邻居A的第一句猜测是对的，则第二句猜测是错的，即：刘易斯被加利福尼亚大学录取，萨利被哈佛大学录取，汤姆逊被麻省理工学院录取，那么邻居B和C的猜测全部都是错的。因此邻居A的第一句猜测为假，第二句猜测为真，即萨利被麻省理工学院录取，则刘易斯被哈佛大学录取，汤姆逊被加利福尼亚大学录取。

方法二：

选项排除法，将选项代入题干中可快速验证选项的真假。

故选项A正确。

23. D

【解析】母题38·简单匹配题

根据条件（1），排除选项A。

根据条件（2），排除选项E。

根据条件（3），排除选项B、C。

故选项D正确。

24. C

【解析】母题9·简单命题的负命题

题干：死亡是我们共同的宿命，没有人能逃过这个宿命，即所有人都不能逃过死亡的宿命。

A项，与题干相同，为真。

B项，等价于“有的人不能逃过死亡的宿命”，根据对当关系知，为真。

C项，等价于“有的人能逃过死亡的宿命”，根据对当关系知，“所有不”和“有的”是矛盾关系，为假。

D项，根据对当关系知，“所有不”推“某个不”，为真。

E项，等价于“有的人不能逃过死亡的宿命”，根据对当关系知，为真。

25. A

【解析】母题1·充分必要条件

将题干信息形式化：

①发展进步→开放∧包容；

②先进和有用的东西进来→开放；

③使自己充实和强大起来→包容。

根据条件①可得：④¬（开放∧包容）→¬发展进步，故A项为假。

根据条件④可知，B项为真。

根据条件①可知，C 项为真，D 项可真可假。

根据条件③可知，E 项可真可假。

26. C

【解析】母题 31 · 评论逻辑漏洞

航空油料的价格上涨，同一时期内，几种石油衍生品的价格也上涨→航空油料是石油的衍生品。

题干由两个对象具有同一属性，就得出两个对象是同一事物。

C 项，构造了一个相似的论证，指出具有同一属性的事物，未必是同一事物（归谬法），恰当地指出了题干的漏洞。

27. C

【解析】母题 37 · 排序题

根据票数多少将职员进行排序并化为不等式，有：

$J>O$；$O>K$；$K>M$；$P<L$；$P>N$；$P>O$。

将可以串联的不等式进行串联可得如下条件：

①$J>O>K>M$；

②$L>P>O>K>M$；

③N 并非倒数第一；

④$P>N$。

利用选项排除法：

根据题干条件①$J>O>K>M$，可排除 A、D、E 项。

根据题干条件③N 并非倒数第一，可排除 B 项。

故正确答案为 C。

28. C

【解析】母题 37 · 排序题

因为 P、O、K 的排名连续，根据条件①可知，$J>P$。再由条件④可知，J 和 L 必然为前两名且位置不定。又由条件③和④可知，N 必然在 K 后方且在 M 前方。因此选项 A 可真可假，选项 B、D、E 必然为真。因为 N 的票数比 P 少，若 N 的票数比 O 多，与题干 P、O、K 的排名连续矛盾，故选项 C 必然为假。

29. B

【解析】母题 37 · 排序题

由条件①②可以得出票数大于 O 的有 L、P、J 三个人，O、K、M 不可能是前三。N 小于 P 但是不确定 N 和 J 的大小关系，若 N 大于 J，则前三为 L、P、N；若 N 小于 J，则前三为 L、P、J。因此 L、P、N、J 都可能为前三。故 B 项正确。

30. B

【解析】母题 37 · 排序题

因为 $P>J$，根据条件①和②得：$L>P>J>O>K>M$，由 $P>N$ 且 N 不是倒数第一可知，N 在 P 和 M 之间的任意位置。所以，L、P 一定分别为第一、第二，M 一定是倒数第一，其余四人位置不定。因此，B 项正确。

管理类联考综合（199）逻辑冲刺模考题
卷5 答案详解

1. D

【解析】母题32·评论逻辑技法

李思用的反驳方法是：类比+归谬，构造了一个和对方类似的论证（类比），但其结论显然是不可接受的（归谬），故D项正确。

2. E

【解析】母题34·争论焦点题

张珊对宁泽涛的评价是仅仅是“运气好而已”，李思不同意这个观点，并构造了一个类比论证来反驳这一观点，故两个人的争论焦点是张珊认为宁泽涛仅仅是“运气好而已”的这一评价是否合理，故E项正确。

A项，仅仅是李思的观点，违反双方表态原则。

B项，两人均未提及“最优秀的运动员”，违反双方表态原则。

C项，李思没有对张珊所引用的数据进行质疑，违反双方表态原则。

D项，干扰项，题干的论证仅涉及“宁泽涛”，而D项的论证对象是“运动员”，扩大了论证范围。

3. C

【解析】母题13·论证型削弱题

题干中的论据：

①《乐记》和《系辞》中都有“天尊地卑”“方以类聚，物以群分”等文句；

②《系辞》的文段写得比较自然，《乐记》则显得勉强生硬。

题干中的结论：《乐记》沿袭或引用了《系辞》的文句。

A项，可以削弱题干，但经典著作都经历了从不成熟到成熟的过程，不能说明不成熟的一定是更早的，力度小。

C项，论据①中的词句有更早的出处，说明即使《乐记》和《系辞》都出现了同样的文句，也是源于《尚书》，而不是《乐记》沿袭或引用了《系辞》。

其余各项均不能削弱。

4. A

【解析】母题5·二难推理

将题干信息形式化得：

①经济发展→加强企业竞争力，逆否得：¬ 加强企业竞争力→¬ 经济发展；

②社会稳定→建立健全社会保障体系；

③建立健全社会保障体系→缴纳社会保险费；

④缴纳社会保险费→降低企业竞争力。

联立②③④可知：社会稳定→降低企业竞争力，逆否得：⑤加强企业竞争力→¬ 社会稳定。

故，根据二难推理公式，由①⑤可得：¬ 社会稳定 ∨ ¬ 经济发展。因此，A 项正确。

5. E

【解析】母题 10 · 简单命题的真假话问题

将题干信息形式化可得：

①乙；

②甲；

③¬ 丙；

④有人作案。

若①或②为真，则④必然为真，不符合题干“四人中有且只有一个说真话”，故①②均为假。

若③为真，因为四人中只有一人说真话，故④必然为假，则四个人没人作案。此时①②④为假，③为真，满足仅有一人说真话的条件。

若③为假，则丙作案，故④为真，此时①②③为假，④为真，也满足仅有一人说真话的条件。

故，无法确定谁是作案者，即 E 项正确。

6. C

【解析】母题 16 · 措施目的型削弱题

题干：酗酒闹事影响治安$\xrightarrow[\text{导致}]{}$减少本城烈酒产量$\xrightarrow[\text{以求}]{}$改善城市治安环境。

A 项，不能削弱，影响了 S 城治安环境的“不仅仅”是酗酒闹事，说明酗酒闹事也是影响因素之一。

B 项，不能削弱，有些喝低度酒的人会酗酒闹事，不能削弱喝高度酒的人也会酗酒闹事。

C 项，措施达不到目的，说明减少本城烈酒产量不能减少酗酒闹事事件，从而无法改善城市治安环境。

D 项，措施有恶果，可以削弱，但力度不如 C 项。

E 项，无关选项。

7. B

【解析】母题 29 · 推论题

题干中，横线的部分应该是一项措施，这一措施可以达到“避免过分僵化的控制”这一个目的。

A 项，会导致过分僵化的控制。

B 项，“受控制的任何物质必须是确实产生环境危害的”，那就避免了不危害环境的物质被控制，从而避免了“过分僵化的控制”。

C、D、E 项，无关选项。

8. B

【解析】母题 40 · 其他综合推理题

将题干条件整理如下：

①英语 + 专业科目二 = 政治 + 专业科目一；

②政治 + 专业科目二 > 英语 + 专业科目一；
③专业科目一 > 政治 + 英语。
由① + ②可得：专业科目二 > 专业科目一；
再联立①可得：政治 > 英语。
由③可得：专业科目一 > 政治。
故：专业科目二 > 专业科目一 > 政治 > 英语。
故 B 项正确。

9. C

【解析】母题 7 · 复言命题的真假话问题
将四人所说的话形式化可得：
①经理→李霞；
②所有人都没评上；
③¬ 经理；
④¬ 李霞 ∧ 经理。
①④矛盾，必有一真一假。又因四位职工中只有一人的推测成立，故②③均为假。
由②为假可知，有人能评上；由③为假可知，经理能评上。
若李霞能评上，则①真④假；若李霞未评上，则①假④真，故 C 项正确。

10. C

【解析】母题 29 · 推论题
将题干信息形式化可得：
①股票内部卖与买的比率低于 2 : 1→股价迅速上升；
②股票价格下跌 ∧ 高级主管和董事们购进的股票是卖出的九倍。
由②可知，股票内部卖与买的比率低于 2 : 1，结合①可知，股价会迅速上升，故 C 项正确。
E 项，具有迷惑性，但是题干所讨论的是股票卖与买的比率，与持有量无关。

11. C

【解析】母题 3 · 箭头的串联 + 母题 9 · 简单命题的负命题
题干中有以下判断：
①中国人仇富；
②那些骂富人的人，每天都在梦想成为富人；
③并非所有的富人都为富不仁；
④有的富人辛勤工作且有慈悲心怀。
A 项，为真，由“中国人仇富”可以推出“有的中国人仇富”，等价于“有的仇富者是中国人”。
B 项，为真，并非所有的富人都为富不仁，等价于：有的富人不为富不仁。
C 项，可真可假，骂富人的人→每天都在梦想成为富人，不能推出每天都在梦想成为富人→骂富人的人。
D 项，为真，有的富人→辛勤工作且有慈悲心怀 = 有的辛勤工作且有慈悲心怀→富人。
E 项，为真，由“中国人仇富”可以推出“有的中国人仇富”。

12. B

【解析】母题14·因果型削弱题

题干：为了鸟群的利益而自我牺牲$\xrightarrow[\text{导致}]{}$首先发现捕食者的鸟会发出警戒的叫声。

B项，另有他因，指出鸟儿鸣叫并不是为了鸟群利益，而是为了自我安全。

D项，支持题干，说明鸣叫的鸟儿是为了集体利益而牺牲自我的。

E项，另有他因，但“可能”是弱化词，力度不如B项。

其余各项均为无关选项，并未涉及鸟儿是否牺牲自我利益。

13. D

【解析】母题29·推论题

题干信息：

①H省94%的面积为农村地区；

②H省70%的人口为城市居民；

③H省城市人口占全省总人口的比例是全国最高的。

由③可知：H省农村人口占全省总人口的比例在全国是最低的，即D选项正确。

14. D

【解析】母题3·箭头的串联

将题干信息形式化可得：

①有的慷慨的父母→好父母；

②有的自私自利的父母→好父母；

③好父母→好听众。

将②③串联可得：有的自私自利的父母→好听众，等价于：有的好听众→自私自利的父母。故D项正确。

15. C

【解析】母题16·措施目的型削弱题

题干：让农民住进楼房$\xrightarrow[\text{以求}]{}$节省土地资源，盘活土地资源、有效保护耕地。

C项，直接指出即使搬进楼房也无法达到节省土地资源的目的，即措施达不到目的。

A、E项，措施有负面影响，但是这个负面影响和节省土地资源相比，并不重要。

B项，无关选项。

D项，降低土地资源利用和节省土地资源并不冲突，故不能削弱。

16. B

【解析】母题8·对当关系

将题干信息整理如下：

①很多健康的人并不美，即有的健康的人不美；

②没有一个美的人是不健康的，即所有美的人都是健康的。

A项，由①知，有的健康的人不美=有的不美的人健康，为真。

B项，与②矛盾，为假。

C项，由②知，所有→有的，即有的美的人是健康的。根据有的互换原则，可知有的健康的人是美的，为真。

D项，由②知，美→健康，等价于：¬健康→¬美，为真。

E 项，¬（美∧¬ 健康）=¬ 美∨健康 = 美→健康，由②知为真。

17. B

【解析】母题 40 · 综合推理题

题干已知下列信息：

①坐在左边座位的乘客要去法国；

②坐在中间座位的乘客要去德国；

③坐在右边座位的乘客要去英国；

④三人这次旅行的目的地恰好是三人的祖国，可每个人的目的地又不是自己的祖国；

⑤德国人不是去往法国。

根据①④⑤可知，坐在左边座位的乘客是英国人，去往法国。

因此，坐在中间座位的乘客是法国人，坐在右边座位的乘客是德国人。

列表如下：

座位	左边	中间	右边
目的地	法国	德国	英国
家乡	英国	法国	德国

故 B 项正确。

18. B

【解析】母题 3 · 箭头的串联

将题干信息形式化可得：

①发展→工业；

②保护环境→消除污染，等价于：污染→¬ 保护环境；

③工业→污染。

将①③②串联可得：④发展→工业→污染→¬ 保护环境。

故有：发展→¬ 保护环境，等价于：¬ 发展∨¬ 保护环境，故 B 项正确。

19. C

【解析】母题 24 · 论证型假设题及搭桥法

题干：在美国，总统和小学生都坚持以上帝名义宣誓；在中国，小学生早已不再读经，也没有人手按《论语》宣誓就职$\xrightarrow{\text{证明}}$中国已成为一个几乎将文化经典与传统丧失殆尽的国家。

C 项，必须假设，否则，如果小学生读经不是保持文化经典与传统的象征，那么题干中的结论就不能成立了（取非法）。

其余各项均不必假设。

20. C

【解析】母题 28 · 解释题

待解释的现象：床上抽烟是家庭火灾的主要原因，抽烟的人数显著下降，但死于家庭火灾的人数却没有显著减少。

A 项，可以解释，抽烟的人数下降，但是在床上抽烟的人数没有下降。

B项，可以解释，火灾次数少了，但是每次死亡的人数多了。

C项，不能解释，从过去到现在由床上抽烟引起的火灾通常都发生在房主入睡之后，而抽烟的人数显著下降，那么死于家庭火灾的人数应该减少。

D项，可以解释，如果床上吸烟引起的家庭火灾损失较小、很难引起死亡的话，那么床上吸烟人数的减少，并不能减少火灾死亡人数。

E项，可以解释，火灾次数少了，但是后果更严重了（每次死亡的人数多了）。

21. C

【解析】母题20·论证型支持题

题干：北京凯华出租汽车公司接到的乘客投诉电话是北京安达出租汽车公司的2倍$\xrightarrow[\text{证明}]{}$安达出租汽车公司比凯华出租汽车公司的管理更规范，服务质量更高。

A项，削弱题干，安达出租汽车公司接到的投诉电话少是因为电话号码数多，另有他因。

B项，无关选项，投诉电话的数量上升快，不会改变投诉电话的总数。

C项，支持题干，安达出租汽车公司车辆多于凯华出租汽车公司，但是投诉电话却低于凯华出租汽车公司，补充论据说明安达出租汽车公司的管理更规范。

D项，无关选项。

E项，削弱题干，说明投诉少的不一定服务质量好。

22. C

【解析】母题6·假言命题的负命题

将题干信息形式化可得：亚洲人∧短跑王∧冠军∧黄种人。

A项，冠军→黑人，与题干中“冠军∧黄种人”矛盾。

B项，短跑王→¬黄皮肤，与题干中“短跑王∧黄种人”矛盾。

C项，大部分田径冠军是黑人，与题干不矛盾。

D项，短跑王→黑人，与题干中“短跑王∧黄种人”矛盾。

E项，冠军→非洲∨欧洲∨美洲，与题干中“亚洲人∧冠军”矛盾。

故题干信息无法对C项构成反驳。

23. C

【解析】母题39·数字推理题

甲的看法不正确，例如三种颜色的球数量分别为33，33，34。

乙的看法必然正确，否则三种颜色的球数量之和小于100。

丙的看法必然正确，否则三种颜色的球总数必然超过100。

综上所述，C项正确。

24. B

【解析】母题24·论证型假设题及搭桥法

题干：一些新闻类期刊每一份杂志平均有4～5个读者$\xrightarrow[\text{证明}]{}$《诗刊》12 000个订户的背后有48 000～60 000个读者。

B项，必须假设，建立前提中“新闻类期刊”与结论中“《诗刊》”的关系（搭桥法）。

D项，不必假设，题干中类比成立的前提是订户与读者之间的关系，而不是读者数相近。

其余选项均不必假设。

25. A

【解析】母题23·措施目的型支持题

题干：扩大廉租房制度的保障范围$\xrightarrow[\text{以求}]{}$解决低收入家庭的住房问题。

A项，诉诸权威，不能支持。

其余各项分别从资金或者用地的角度支持了题干的论证过程，即采取该措施可以解决低收入家庭的住房问题。

26. D

【解析】母题38·匹配题

选项排除法：

A项，不符合条件“（2）如果安排K上场，他必须在中位”，故排除。

B项，不符合条件“（3）如果安排L上场，他必须在1队”，故排除。

C项，不符合条件“（5）P不能与Q在同一个队”，故排除。

E项，不符合条件（6）H与Q不在同一个队，故排除。

所以，D项为正确选项。

27. A

【解析】母题38·匹配题

选项排除法：

根据条件“（6）如果H在2队，则Q在1队的中位”，可排除B项和D项。

根据条件（1）如果安排G上场，他必须在前位，可排除C项和E项。

所以，A项为正确选项。

28. D

【解析】母题40·综合推理题

选项排除法：

A项，由题意可知，2队的成员可以是：H、N、P、Q。根据条件“（6）如果H在2队，则Q在1队的中位”，故与题干不符，所以H不在2队；2队的成员只能是N、P、Q，又不符合条件“（5）P不能与Q在同一个队”，故排除。

B项，由题意可知，2队的成员可以是：H、L、N、Q。根据条件“（3）如果安排L上场，他必须在1队”，故L不在2队，2队的成员只能是：H、N、Q，又不符合条件“（6）如果H在2队，则Q在1队的中位”，故排除。

C项，由题意可知，2队的成员可以是H、K、P、Q。根据条件“（6）如果H在2队，则Q在1队的中位”，故与题干不符，所以H不在2队；2队的成员只能是K、P、Q，又不符合条件“（5）P不能与Q在同一个队”，故排除。

E项，如果G和H在一队，则不符合条件（1），故排除。

所以，D项为正确选项。

29. C

【解析】母题38·匹配题

选项排除法：

A项，L在2队不符合条件“（3）如果安排L上场，他必须在1队”，故排除。

B项，N在2队不符合条件（4）K不能与N在同一个队，故排除。

D 项，Q 在 2 队后位，如果 H 在 2 队，则不符合条件“（6）如果 H 在 2 队，则 Q 在 1 队的中位”；如果 H 不在 2 队，则 L 和 N 在 1 队，P 和 Q 在 2 队，不符合条件“（5）P 不能与 Q 在同一个队”，因此 Q 不能在 2 队后位，故排除。

E 项，H 在后位不符合条件（1），故排除。

所以，C 项为正确选项。

30. E

【解析】母题 16 · 措施目的型削弱题

题干：

领导人：去年获得 25 亿美元贷款，国民生产总值增长了 5% $\xrightarrow[\text{证明}]{}$ 今年获得两倍贷款 $\xrightarrow[\text{以求}]{}$ 国民生产总值增加 10% 。

专家反驳上述意见，要支持专家，只需要反驳上述领导人的意见即可。

Ⅰ项，削弱领导人支持专家，指出去年国民生产总值上涨并不是因为获得了贷款，而是因为风调雨顺。

Ⅱ项，削弱领导人支持专家，措施达不到目的。

Ⅲ项，削弱领导人支持专家，措施达不到目的。

所以，E 项为正确选项。

管理类联考综合（199）逻辑冲刺模考题
卷6　答案详解

1. B

【解析】母题3·箭头的串联+母题8·对当关系

题干：①关于怪兽的恐怖故事→运用象征手法；

②关于疯狂科学家的恐怖故事→表达了作者的感受：仅有科学知识不足以指导人类的探索活动；

③恐怖故事→描述了违反自然规律的现象∧想使读者产生恐惧感。

根据对当关系和有的互换原则，①可推出：有的运用象征手法的故事→关于怪兽的恐怖故事。

与③串联得：有的运用象征手法的故事→关于怪兽的恐怖故事→描述了违反自然规律的现象∧想使读者产生恐惧感。所以B项是正确选项。

A、D项，“所有”“任何”过于绝对，无法推出。

C项，题干并未涉及“反科学”的观点。

E项，题干并未涉及“作者对于科学探索的担忧”。

2. D

【解析】母题28·解释题

待解释的现象：浙江省长兴县新四军苏浙军区纪念馆以前收费卖门票时游客非常多，去年7月按省文物局规定免费开放后却变得冷冷清清。

A项，不能解释，因为浙江离上海较近可能受世博会影响比较大，但无法解释全国不少红色景点都出现了这种奇怪的现象。

B项，不能解释，红色景点设施落后的情况在收费时一样存在。

C项，不能解释，此项只能说明为什么红色景点免费了，但无法解释为什么红色景点免费后游客减少的情况。

D项，可以解释，说明旅行社在红色景点免费开放后无法从中盈利，导致了游客数量的减少。

E项，无关选项，题干仅涉及游客的数量，不涉及游客的种类。

3. D

【解析】母题40·综合推理题

根据题干（1）（2）可知，老张和李玲是一家，女儿是小萍，因此老王的女儿是小红。

根据题干（3）可知，老王和方丽是一家，那么老陈和刘蓉是一家，且小虎是他们的儿子。

4. A

【解析】母题3·箭头的串联

将题干信息形式化：

有的20世纪初的政治哲学家→社会主义者∨共产主义者→受到罗莎·卢森堡的影响→不主张极权主义。

由箭头指向原则可知，Ⅰ项为真，Ⅱ项和Ⅲ项可真可假。

5. A

【解析】母题20·论证型支持题（调查统计型）

题干：在某特定路段规定白天使用大灯，年事故率降低15% $\xrightarrow[\text{证明}]{}$ 在全市范围内推行该规定同样会降低事故率。

A项，支持题干，说明该路段能够代表全市其他路段，样本具有代表性。

B项，削弱题干，说明题干中的测试不准确。

C项，削弱题干，说明现在的司机已经在白天需要的时候开启了大灯，那么，题干的措施就有可能无效。

D项，无关选项。

E项，削弱题干，指出该路段不具有代表性，因此在全市范围内推行该措施很可能没有效果。

6. D

【解析】母题8·对当关系

画家：死就死呗，又不是只有我一个人死，别人都不死。

即如果我死了，反正也不是只有我死，还会有别人死，故D项为真。

B项，画家并没有明确表示自己会不会死，故不能被推出。

A、C、E项都表达了所有人会死的意思，这虽然符合客观事实，但画家只说了有的人会死，是不是所有人会死，画家没有表述。

7. E

【解析】母题28·解释题

题干中的矛盾：有些患阿尔茨海默症或中过风的病人丧失语言能力后，仍能反复说出某个脏话。

E项，可以解释，说明一般词语和脏话由不同的大脑区域控制。即使控制一般词语的区域出现问题，控制脏话的区域可能仍在起作用。

其余各项均不能解释题干。

8. A

【解析】母题1·充分必要条件

题干中的前提：川菜∨粤菜；

题干中的结论：川菜→┐粤菜。

A项，粤菜→┐川菜，等价于：川菜→┐粤菜，使题干的结论成立，正确。

B项，“可以不点”不代表“一定不点”，故无法推出题干结论。

C、D、E项均为无关选项，因为“喜欢”或者“不喜欢”与是否点菜无关。

9. E

【解析】母题6·假言命题的负命题

题干：哺乳动物→胎生。

矛盾命题为：哺乳动物∧┐胎生。故E项最能反驳。

B项，“可能”是个弱化词，反驳力度不如E项。

其他选项均不能反驳题干。

10. C

【解析】母题10·简单命题的真假话问题

如果B是甲部落的人，则他说真话，他会说：“我是甲部落的。”

如果B是乙部落的人，则他说假话，他也会说：“我是甲部落的。”

即，B的回答一定是“我是甲部落的”。

故，A说的“他说他是甲部落的人”必为真话，则A是甲部落。

但B说“我是甲部落的”可能是真话可能是假话，故B是哪个部落无法确定。

11. E

【解析】母题23·措施目的型支持题

题干：尽管中学招生人数下降，但是小学招生人数上升。

方案一（校务委员会）：新建小学。

方案二（李思）：将部分中学教室临时改为小学学生教室。

A项、B项、C项均为无关选项。

D项，指出方案二可能对小学生产生负面影响，反对李思提出的方案。

E项，指出方案二可行，支持李思提出的方案。

12. D

【解析】母题37·排序题

根据信息（5）Q总是第二到达终点可知，骑Q的骑手也是第二个到达终点。

根据信息（1）说明G不会第二个到达终点，所以除了G以外的其他4位骑手都有可能会骑Q。故正确答案为D。

13. B

【解析】母题37·排序题

因为K第二个到达终点，根据信息（2）可知，J第一个到达终点。

根据信息（1）可知，G是最后一个（第五个）到达终点。

根据信息（3）可知，H是第三个到达终点，I是第四个到达终点。

故骑手到达终点的顺序为：J、K、H、I、G。

根据题干可知，赛马到达的顺序为：P第一，Q第二，S第四，其余未定。

因为骑手及其所骑的赛马到达终点的顺序须一致，所以H骑的马是T可能为假，故此题选择B。

14. B

【解析】母题40·综合推理题

A项，无法判断骑手G的名次。

B项，由题意可知，赛马P和Q分别是第一个和第二个到达终点，再结合此项可知，H

骑R只能是第三个到达终点，K骑T是第五个到达终点，综上，G骑P是第一，J骑Q是第二，H骑R是第三，I骑S是第四，K骑T是第五。

C项，无法判断骑手G的名次。

D项，由此无法断定I和G所骑的马是T和R中的哪一匹。

E项，由此无法断定I和G所骑的马是T和R中的哪一匹。

15. B

【解析】母题25·因果型假设题（搭桥法）

题干：有些问题不能通过运行任何机械程序来解决，而计算机只能通过运行机械程序去解决问题$\xrightarrow[\text{导致}]{}$没有计算机能够做人类大脑所能做的一切事情。

题干的论证要成立，必须假设人脑能解决一些计算机不能做的事，即至少有一个问题，它不能通过运行任何机械程序来解决，却能够被至少一个人的大脑所解决，故B项正确。

16. A

【解析】母题31·评论逻辑漏洞

题干：涉案一方是法官的竞选资助人案件有65%的判决支持了竞选资助人$\xrightarrow[\text{证明}]{}$给予法官竞选资助与有利于资助人的判决之间存在相关性。

A项，指出了题干的逻辑错误，题干不当假定如果竞选资助人的获胜率超过50%就说明法官不公正。

B项，无关选项，题干中未提及资助额度。

C项，此项不正确，此项引入了一个新的前提“竞选资助和司法判决完全透明”，这一前提不一定成立。

D项，无关选项，题干的论证只针对涉及竞选资助人的案件，与其他案件无关。

E项，诉诸无知。

17. C

【解析】母题40·综合推理题

假设右边箱子的话为真，那么左边箱子的话为假，那么由此可知申请表在左边的箱子中。

假设右边箱子的话为假，即两句话都为真或者都为假。若两句话都为真，那么与“右边箱子的话为假”矛盾，故两句话都为假，即左边箱子的话为假，那么由此可知申请表在左边的箱子中。

因此，无论右边箱子的话为真或者为假，左边箱子的话均为假，故申请表在左边的箱子中。

18. D

【解析】母题38·匹配题

由题意知，三句话中只有一句为真，用选项代入法：

若A项为真，汤姆三句话均为假，故不成立。

若B项为真，汤姆三句话均为真，故不成立。

若C项为真，汤姆第一句话和第三句话均为真，故不成立。

若D项为真，汤姆第二句话为真，故满足题干。

若E项为真，汤姆第二句话和第三句话均为真，故不成立。

综上所述，本题正确答案为D。

19. E

【解析】母题16·措施目的型削弱题

题干：必须提高工人的工资水平和福利待遇，增加劳动力成本在生产总成本中的比重$\xrightarrow[\text{以求}]{}$保证用工。

A项，无关选项，“养老金短缺”问题与题干无关。

B项，措施有恶果，可以削弱题干，但力度弱。

C项，无关选项，改变计划生育政策无法解决短期内存在的问题。

D项，无关选项，企业是否降低生产成本与保证用工之间无必然联系。

E项，另有其他措施，说明提高工人工资和福利待遇不是必须的，削弱题干。

20. E

【解析】母题24·论证型假设题及搭桥法

题干：高层管理者比中、基层管理者更多地使用直觉决策$\xrightarrow[\text{证明}]{}$直觉比推理更有效。

E项，必须假设，否则，若高层管理者的决策无效，则无法由高层管理者更多地使用直觉决策证明直觉更有效。

其余各项均不必假设。

21. C

【解析】母题28·解释题

题干：通常能源消耗增长和经济增长幅度相差不超过15%，但是，2013年浙江省的两者增长幅度相差超过了15%。

A项，可以解释，说明实际经济增长高于12.7%。

B项，可以解释，说明经济增长率偏低是因为某些民营企业未被统计进去，而实际的增长率高于这个数字。

C项，不能解释，新投资上马的企业难以对经济产生快速的大幅的影响。

D项，可以解释，说明经济增长率偏低，是因为能源价格上涨。

E项，可以解释，指出经济增长率偏低只是因为政府的投资活动而带来的暂时性现象。

22. B

【解析】母题20·论证型支持题

题干：人们无权只因不接受一个潜在生命体的性别，或因其有某种生理缺陷，就将其杀死$\xrightarrow[\text{证明}]{}$对胎儿的基因检测在道德上是错误的。

A、B、C、D项都支持人们不应该进行胎儿的基因检测。但是，题干讨论的并不是基因检测的利弊，而是讨论人们“无权”进行胎儿的基因检测，因此，只有B项支持题干，其余各项均不能支持。

23. D

【解析】母题9·简单命题的负命题

Ⅰ项，等价于：有的受到希望工程捐助的学生不努力学习，使该校所有的教师感到痛心，与题干等价，为真。

Ⅱ项，题干并未提及“未受到希望工程捐助的学生”的状况，故真假不定。

Ⅲ项，“并不使有些教师痛心”与题干中“所有的教师都感到痛心”矛盾，故必然为假。

综上，Ⅱ项不能确定真假，选D。

24. C

【解析】母题40·综合推理题

由于日本人必然是亚洲人，故人数最多时，即为其他几个概念没有重合时，即3+4+5=12（人）。

要想人数最少，则要重复的元素尽可能多。又有日本人不经商，故日本人只能为足球爱好者，且余下的一个足球爱好者可以同时经商，即为2+5=7（人）。

故，参加晚会的人数最多12人，最少7人，即C项正确。

25. E

【解析】母题24·论证型假设题

题干：官员不贪污的话，皇帝就没办法治他了。

E项，必须假设，否则，如果迫使官员贪污不是皇帝控制官员的唯一方法，那么即使官员不贪污，皇帝也有其他方法治他，与题干不符。

其余各项均不必假设。

26. D

【解析】母题34·争论焦点题

赵亮的观点：允许专业运动员参加比赛违反奥运会的平等原则，不符合奥林匹克精神。

王宜反驳了赵亮的观点，提出：专业运动员参加奥林匹克比赛符合奥林匹克精神。

因此，两人的争论焦点是：允许专业运动员参加奥运会是否违反奥林匹克精神，故选D。

A项、B项、C项、E项均违反双方表态原则。

27. D

【解析】母题13·论证型削弱题

赵亮：专业运动员一般都有业余运动员所缺少的物质和技术资源，特别是有些专业运动员是由国家直接培养的$\xrightarrow[\text{导致}]{}$专业运动员和业余运动员之间的比赛事实上不平等$\xrightarrow[\text{证明}]{}$允许专业运动员参加比赛不符合奥林匹克精神。

A项，不能削弱，此项至多说明赵亮提及的不平等并不严重，不能说明没有这种不平等现象。

D项，因果无关，运动员的成绩与物质和技术资源没有关系，那么专业运动员相比业余运动员就没有优势，不违反平等原则，削弱赵亮的观点。

其余各项均不能削弱。

28. C

【解析】母题40·综合推理题

根据条件（2）“H和R参观同一座城市”，排除选项A、E。

根据条件（3）“L或者参观M或者参观T”，排除选项D。

根据条件（5）“每一个学生参观这3个城市中的某一个城市时，其他4个学生中至少有1个学生与他前往”，排除选项B。

故正确答案是选项C。

29. D

【解析】母题40·综合推理题

若H和S一起参观了某一个城市，根据条件（1）（2）（5）可知，H、S、R参观同一座城市，P、L参观同一座城市。根据条件（3）可知，P、L参观的是M或者T。
故正确答案是选项D。

30. E

【解析】母题40·综合推理题

根据条件（5）可知，五个人只能分两组参观两个城市。
因为S参观V，根据条件（1），P不跟S同组。
根据条件（3），L不参观V，因此，S不跟L同组。
因此，P与L同组，故正确答案是选项E。

管理类联考综合（199）逻辑冲刺模考题
卷 7 答案详解

1. D

【解析】母题 1 · 充分必要条件

沙僧：有经→有火，等价于：无火→无经。

故 D 项为真。

2. C

【解析】母题 13 · 论证型削弱题

题干：18650 型电池在美国的起火概率是 0.002‰$\xrightarrow[\text{证明}]{}$Tesla 的 7 000 块小电池组成的电池包的起火概率就是 0.14%$\xrightarrow[\text{证明}]{}$以 Tesla 目前的销量看，这将导致它几乎每个月发生一次电池起火事故。

C 项，削弱题干，异常的电池单元会被自动断开，说明电池的起火概率不会累加到 0.14%。

其余各项均为无关选项。

3. A

【解析】母题 3 · 箭头的串联

题干：①优秀记者→实事求是；②公众认可→优秀记者。

将②①串联得：公众认可→优秀记者→实事求是 = ¬ 实事求是→¬ 优秀记者→¬ 公众认可。

故 A 项为真。

4. A

【解析】母题 3 · 箭头的串联 + 母题 2 · 德摩根定律

题干：好医生→精湛的医术∧高尚的品德，等价于：¬ 精湛的医术∨¬ 高尚的品德→¬ 好医生。

根据箭头指向原则可知，A 项可真可假，其余各项均为真。

5. C

【解析】母题 40 · 综合推理题

假设张珊、王五同时买首饰，则李思和赵六同时买包包，根据题干得下表：

姓名	项链	戒指	钱包	背包
张珊	×	√	×	×
李思	×	×	×	√
王五	√	×	×	×
赵六	×	×	√	×

假设张珊、王五同时买包包，则李思和赵六同时买首饰，根据题干得下表：

姓名	项链	戒指	钱包	背包
张珊	×	×	√	×
李思	√	×	×	×
王五	×	×	×	√
赵六	×	√	×	×

故，A、B、D、E 项都有可能为真，也有可能为假。

无论哪种情况，张珊都没有买背包，C 项正确。

6. D

【解析】母题 29 · 推论题

按照战斗力强弱，将题干信息整理如下：

①一个马克木留兵和三个法兰西兵战斗力相同；

②一个马克木留营和一个法兰西营战斗力相同；

③五个马克木留军团和一个法兰西军团战斗力相同。

随着人数的增多，原本单兵战斗力不如马克木留的法兰西军队，战斗力反而反超了。即总体的力量并不等于各部分力量的简单相加，即为 A 选项。

同理，由于军队规模增大，其战斗力并非是个人战斗力的简单相加，故 B、C 项可能能从上述断定中推出，即可能其他原因对军队战斗力也有影响。

D 项，不能推出，因为马克木留规模队伍战斗力不如法兰西，有可能是士兵配合不力，反而整体的战斗力小于单兵战斗力的简单相加。

E 项，根据①可以推出。

7. B

【解析】母题 24 · 论证型假设题（充分性假设）

题干中的前提：美国→最富裕的国家。

补充Ⅱ项：最富裕的国家→每个国民都是富人。

故可得题干的结论：每一个美国人都是富人。

8. D

【解析】母题 24 · 论证型假设题（必要性假设）

Ⅰ项，不必假设，题干没有提及“人均收入”。

Ⅱ项，必须假设，否则，如果世界上最富裕的国家不是每个人都是富人，就无法得到题干的结论“每个美国人都是富人”。

Ⅲ项，必须假设，否则，如果世界上最富裕的国家中有赤贫者，就无法得到题干的结论“每个美国人都是富人”。

9. E

【解析】母题 20 · 论证型支持题

题干的论据：

①蜘蛛通过改变自身颜色和所寄住的花的颜色匹配；

②蜘蛛的捕食对象能够轻易识破蜘蛛伪装。

题干的结论：蜘蛛伪装是为了躲避天敌。

A项，削弱了题干，指出蜘蛛的伪装不能躲避天敌。

B项、C项、D项均为无关选项。

E项，指出会变色的蜘蛛的天敌容易被这些蜘蛛的伪装骗过，故支持了题干。

10. E

【解析】母题40·综合推理题

使用排除法：

今天不可能是周一，否则B车周日限行，与题干中“周末不限行”矛盾。

今天不可能是周二，否则A、C车周一限行，与题干中“保证每天至少有四辆车可以上路行驶”不符。

今天不可能是周三，否则E车周四可以上路，与题干中“E车周四限行”矛盾。

今天不可能是周五，否则B车周四限行，又知E车周四限行，与题干中“保证每天至少有四辆车可以上路行驶”不符。

今天不可能是周六，否则B车周五限行，A、C两车周一、二可以上路行驶，又知E车周四限行，由此可推出A、C两车只能在周三限行，与题干中“保证每天至少有四辆车可以上路行驶”不符。

今天不可能是周日，否则B车周六限行，与题干中“周末不限行”矛盾。

故今天是周四。

11. D

【解析】母题39·数字推理题

根据题意，暑假期间150人参加训练，人次数为$75+75+100=250$可知，可能有的学生参加了两项训练，有的学生参加了三项训练。

设参加一项、两项、三项训练的人数分别为x,y,z，根据题意可知：

$$\begin{cases}x+y+z=150 & ① \\ x+2y+3z=250 & ②\end{cases}$$

②式－①式得：$y+2z=100$，即$y=100-2z\leqslant100$。

故，参加两项训练的学生不可能多于100人，因此，D项为假。

12. C

【解析】母题13·论证型削弱题

题干：标的最低的投标人中标，中标者会偷工减料，造成工程质量低下$\xrightarrow{证明}$必须改变这种错误的政策。

C项，说明这种政策并不会导致偷工减料和工程质量低下，反驳论据。

A、B、D项均为无关选项。

E项，“暂时想不出来比招标更好的政策”，可以完善招标政策以解决题干中的问题，这同样是对招标政策的不满，因此，此项不能很好地削弱题干。

13. E

【解析】母题16·措施目的型削弱题＋类比

题干：通过电脑系统的应用，使顾客自助购买儿童玩具取得了成功$\xrightarrow{证明}$电脑系统也应用于童装的销售。

E项，说明顾客自助不利于童装的销售，削弱题干。

其余各项均为无关选项。

14. B

【解析】母题6·假言命题的负命题

将陈光标的言语信息形式化得：

①有一杯水→独自享用；

②有一桶水→放在家中；

③有一条河流→与他人分享。

A项，由③可知，¬与他人分享→¬有一条河流，根据箭头指向原则可知，此项可真可假。

B项，有一条河流∧¬与他人分享，与③矛盾，故与陈光标的断言发生了最严重的不一致。

C项，根据③，有一条河流→与他人分享=¬有一条河流∨与他人分享，此项与陈光标的断言一致。

D、E项，无关选项。

15. C

【解析】母题31·评论逻辑漏洞

将手表与挂钟比较时，“三分钟”指的是挂钟的三分钟，由于挂钟的时间有误差，这个“三分钟”并不是“标准的三分钟”；将挂钟与电台标准时间比较时，这个“三分钟”是标准的三分钟。

故前后两个“三分钟”的概念是不一致的，C项指出了这一点。

16. D

【解析】母题15·求异法型削弱题

题干使用求异法：

吃芹菜：95%不好斗；

不吃芹菜：53%好斗；

证明：芹菜有助于抑制好斗情绪。

A项，是健身抑制了好斗情绪，另有他因，可以削弱。

B项，指出实验数据不准确，可以削弱。

C项，是心理因素作用导致的，而不是芹菜，另有他因，可以削弱。

D项，解释了芹菜有助于抑制好斗情绪的原因，支持题干。

E项，调查机构不中立，可以削弱。

17. D

【解析】母题36·论证逻辑型结构相似题（类比型）

题干：喝酒的目的是头痛。

D项，睡觉的目的是急匆匆赶路，与题干中的结构最为相似。

其余各项都是直接阐述目的，而没有使用类比。

18. B

【解析】母题13·论证型削弱题

题干：今年通货膨胀率比去年高$\xrightarrow[\text{证明}]{}$通货膨胀率呈上升趋势，明年的通货膨胀率会更高。

B项，说明去年通货膨胀率为1.2%是有特殊原因的，而今年4%的通货膨胀率是平均水平，因而不能因为今年的通货膨胀率比去年高，就认为这种上升趋势会持续到明年，削弱题干。

A、E项为无关选项。

C、D项支持了题干。

19. C

【解析】母题20·论证型支持题

题干：①一旦巨额财产被装入“来源不明”的筐中，其来源就不必一一查明，这对于那些贪污受贿者是宽容；②该罪名给予司法人员以过大的“自由裁量权”和“勾兑空间”$\xrightarrow[\text{证明1}]{}$巨额财产来源不明罪在客观上有利于保护贪污受贿者$\xrightarrow[\text{证明2}]{}$应将巨额财产来源不明以贪污受贿罪论处。

A项，补充论据，支持题干中的证明①。

B项，说明“巨额财产来源不明罪”有恶果，支持题干。

C项，削弱题干，说明不应该以贪污受贿罪论处。

D项，例证法，支持题干。

E项，补充论据，支持题干中的证明②。

20. C

【解析】母题28·解释题

题干中存在的矛盾：事故率在下降，但是，事故的绝对数量却在增加。

$$\text{事故绝对数量}=\text{事故率}\times\text{总客公里数}。$$

事故率降低了，事故的绝对数量却在增加，说明总客公里数增加了。故C项正确。

21. A

【解析】母题9·简单命题的负命题

题干：即使是最勤奋的人，也不可能读完天下所有的书，等价于：最勤奋的人也必然有书读不完。

即：最勤奋的人必然读不完所有的书，A项为真。

22. D

【解析】母题28·解释题

待解释的现象：津国采取了保护大象的措施，也逮捕并驱逐了狩猎人，但是大象总数仍然减少。

D项，可以解释，指出了存在其他原因导致大象数量减少。

其余各项均不能解释。

23. C

【解析】母题17·调查统计型削弱题

题干：一项调查的结果显示网恋的离婚率远低于平均离婚率$\xrightarrow[\text{证明}]{}$网恋在成就稳定的婚姻

方面是很靠谱的。

B项，调查机构不中立，可以质疑题干，但难以确定这种不中立是不是一定造成结果的不正确，故力度小。

C项，直接说明调查没有代表性，他们现在没有离婚只是因为结婚时间更短而不是婚姻关系稳定，故削弱力度大。

其余各项均为无关选项。

24. E

【解析】母题31·评论逻辑漏洞

题干：100个服用“脂立消”的人中只有6人报告有副作用（即94人没有副作用）$\xrightarrow{\text{证明}}$ 94%的人在服用了“脂立消”后有积极效果。

题干前提说100个人中94人“没有副作用”，结论说94%的人服用后“有积极效果”，缺少“没有副作用”和“有积极效果”之间的关系。

故用搭桥法建立二者之间的关系，即服用“脂立消”后没有副作用，就有积极效果。

故正确答案为E项。

25. A

【解析】母题20·论证型支持题

张涛：我国“目前”还不具备开征遗产税的条件。

A项，我国目前的富裕人群集中在35~50岁，而人均寿命为72岁，这说明我国目前很少有富人去世，不具备开征遗产税的条件。所以，很可能遇到征不到遗产税的问题，支持张涛。

B项，说明在我国，不论是富人还是平民，死后都会留有遗产，具备开征遗产税的条件，削弱张涛。

C项，只有在对个人信息很清楚的情况下才能实施遗产税，但无法确定个人信息是否清楚，故此项不能说明目前是否具备开征遗产税的条件。

D项，无关选项，因为个别人的情况不足以说明整体情况。

E项，无关选项，其他国家的情况不足以说明我国的情况。

26. D

【解析】母题29·推论题

《暂行规定》规定“裸官”有3类：①配偶、子女均已移居国（境）外的国家工作人员；②没有子女，配偶已移居国（境）外的国家工作人员；③没有配偶，子女均已移居国（境）外的国家工作人员。

《管理办法》规定“裸官”为：配偶已移居国（境）外的，或者没有配偶，子女均已移居国（境）外的国家工作人员。

A项，不符合《管理办法》，“配偶已移居国（境）外的”也是“裸官”，此项错误。

B项，对于既有配偶也有子女的国家工作人员来说，《暂行规定》规定“配偶、子女均已移居国（境）外的”是“裸官”；《管理办法》规定“配偶已移居国（境）外的”是“裸官”。故二者的规定不一致。此项错误。

C项，根据《暂行规定》，即使配偶已移居国（境）外，如果他的子女仍在国内，就不是“裸官”。此项错误。

D项，对于只有配偶没有子女的国家工作人员来说，两个文件都规定若配偶移居国（境）外的就是“裸官”，故两个文件规定一致，此项正确。

E项，两个文件均没有对此规定，此项错误。

27. C

【解析】母题20・论证型支持题

法官：①警察追击的唯一原因是嫌疑犯逃跑；②从警察旁边逃跑的自身并不能使人合情合理地怀疑他有犯罪行为；③在非法追击中收集的证据是不能被接受的$\xrightarrow[\text{证明}]{}$案例中的证据是不能被接受的。

警察追击嫌疑犯的原因是嫌疑犯逃跑。

C项，合法追击→合情合理地怀疑他有犯罪行为，等价于：不能使人合情合理地怀疑他有犯罪行为→非法追击。故，若此项为真，则警察的追击行为是非法的，强有力地支持了题干。

其余各项均不能支持题干。

28. B

【解析】母题40・综合推理题

根据“阿姨和爸爸不能相邻”，排除选项A、E。

根据“若爸爸不坐在桌头时，爷爷坐在桌头”，排除选项C、D。

故正确答案是B。

29. B

【解析】母题40・综合推理题

根据“爷爷坐在小明的对面”可知，爸爸坐桌头。因为“妈妈和阿姨相邻”，故桌子的一边有妈妈、阿姨、小明/爷爷，另一边为奶奶、妹妹、小明/爷爷，且奶奶必须与妹妹相邻。

30. D

【解析】母题40・综合推理题

因为“小明与阿姨相邻”，题干已知“妈妈与阿姨相邻”，所以阿姨在小明和妈妈的中间。因为“小明坐在爸爸的对面”，而“妹妹坐在桌子两边离桌头最远的地方”，那么小明和爸爸坐在离桌头最近的地方，妈妈坐在离桌头最远的地方，即妈妈与妹妹相对。

管理类联考综合（199）逻辑冲刺模考题
卷8 答案详解

1. A

【解析】母题31·评论逻辑漏洞

题干中“就业歧视”的“就业”指的是在演艺界的就业，而律师把这个就业的范围拓宽到整个社会的就业领域，扩大了题干中“就业歧视”这个概念的外延，是偷换概念。A选项用归谬法指出这点，所以是正确选项。

B项，干扰项，此项实际上认同律师将“演艺界的就业”偷换为“整个社会的就业”，只是演员并不具备在其他行业就业的能力而已。

其余选项均为无关选项。

2. B

【解析】母题29·推论题

题干：短时间内，人的审美判断是主观的；长时间后，审美中的主观因素逐渐消失，人的审美判断就相当客观。

所以，对于当代艺术作品价值的判断，会受到主观因素的影响。故B项正确。

A、C、E项，题干均未提及。

D项的表述与题干中的意思不符，题干表明一件艺术作品需要经过长时间后，审美中的主观因素逐渐消失，才能被正确评价。

3. C

【解析】母题24·论证型假设题

警方：①你总是撒谎，我们不能相信你；

②当你开始说真话时，我们就开始相信你。

C项，必须假设，警方必须能够判断嫌犯何时说真话，否则警方的话就无法成立。

其余选项显然都不必假设。

4. C

【解析】母题13·论证型削弱题（执果索因）

题干：新石器时代少女遗骸佩戴饰品$\xrightarrow[\text{证明}]{}$人类的审美意识已开始萌动。

C项，另有他因，指出佩戴饰品并非是为了审美，而是为了表明社会地位，削弱题干。

A项、B项、D项，均为无关选项。

E项，支持题干。

5. C

【解析】母题13·论证型削弱题

题干：太阳能不会产生污染，无须运输，没有辐射，不受制于电力公司 $\xrightarrow[\text{证明}]{}$ 应该鼓励人们使用太阳能。

A 项，不能削弱，很少有人研究，不代表没有人研究，也不能说明太阳能无法在家庭中应用。

B 项，支持题干，说明长期使用太阳能的话，成本比传统能源少。

C 项，措施不可行，削弱题干。

D 项，用个别人的意见来削弱题干，力度弱。

E 项，措施可行，支持题干。

6. C

【解析】母题 29 · 推论题

题干：

①鼻窦炎是某国最普遍的慢性病；

②关节炎和高血压发病率仅次于鼻窦炎；

③关节炎和高血压发病率随年龄增长而增大；

④鼻窦炎发病率在所有年龄段都相同；

⑤该国人口的平均年龄即将增加。

结合④和⑤可知，C 项，“鼻窦炎患者的平均年龄将增加” 必然正确。

A 项、B 项，推理过度。由③和⑤可知，关节炎和高血压的发病率会增大，但是无法确定是否会超过鼻窦炎的发病率。

7. B

【解析】母题 16 · 措施目的型削弱题

题干：未成年人玩网络游戏超过 5 小时，经验值和收益将计为 0 $\xrightarrow[\text{以求}]{}$ 防止未成年人沉迷于网络游戏。

A 项，无关选项，因为网络游戏防沉迷系统针对的是“沉迷游戏者”，而不是“偶尔玩游戏者”。

B 项，可以削弱，说明该措施不能有效地防止未成年人沉迷于网络游戏，即措施无效。

C 项，无关选项，未成年人玩网络游戏是否走向公开，与防沉迷系统是否有效无关。

D 项，干扰项，题干的措施只针对“防止未成年人沉迷于网络游戏”，与其他游戏无关。

E 项，不能削弱，本项是在认可防沉迷系统有效的基础上，要求采用更加严格的防沉迷系统。

8. B

【解析】母题 35 · 形式逻辑型结构相似题

题干：攻击型军队→航母编队 ∧ 战斗机 ∧ 海外军事基地，因为 ¬ 航母编队 ∧ ¬ 战斗机 ∧ ¬ 海外军事基地，所以，¬ 攻击型军队。

题干信息形式化为：A→B ∧ C ∧ D，又 ¬ B ∧ ¬ C ∧ ¬ D，故 ¬ A。即通过否定一个事件的必要条件，来说明这件事情不会发生。

B 项，大成就→聪明 ∧ 勤奋，¬ 聪明 ∧ ¬ 勤奋，故没有大成就。与题干结构最相似。

其余各项论证方式均与题干不同。

9. B

【解析】母题28·解释题

题干：几百只海豹因吃了受到化学物质污染的一种鱼而死亡，但是，人吃了这种鱼却没有中毒。

A项，无关选项，题干只讨论该化学物质是否伤害哺乳动物，而不涉及是否伤害鱼。

B项，可以解释，说明有毒的部分海豹会吃，而人不会吃，所以人没有中毒。

C项，无关选项，题干仅涉及吃这种鱼是否会中毒，与不吃鱼的人无关。

D项，无关选项，无法解释人吃了这种鱼为什么没有中毒。

E项，不能解释，因为题干已经表明“这种化学物质即使量很小，也能使哺乳动物中毒”，消化系统的差异无法将人类排除在会中毒的哺乳动物之外。

10. B

【解析】母题13·论证型削弱题

题干：10年后，每周参加一次集体鼓励活动和没有参加的T型疾病的患者死亡人数相同 $\xrightarrow[\text{证明}]{}$ 集体鼓励活动并不能使患有T型疾病的患者活得更长。

A项，不能削弱，因为仅由2个样本的情况无法削弱其他41个样本的情况。

B项，削弱题干，说明集体鼓励活动能让患者活的时间更长。

C项，支持题干，一些医生认为集体鼓励活动对患者的治疗有害。

D项，削弱力度弱，“帮助患者与疾病作斗争”未必一定延长“患者的寿命”，而且个人的观点也未必是正确的。

E项，支持题干，说明参加集体鼓励活动影响了患者的正常生活。

11. B

【解析】母题40·综合推理题

由线索（1）可知，①N属于赵；

由线索（3）可知，②李的别墅建于1685年，且不是O；

由线索（4）可知，③P建于1708年；

由线索（5）可知，④张的别墅建于1770年。

由②③④可知，赵的别墅N建于1610年。

由①②④可知，建于1708年的别墅P是王的房子。

再结合题干②可知，建于1770年的张的别墅是O，故建于1685年的李的别墅是M。

故正确答案为B。

12. B

【解析】母题40·综合推理题

由上题推理可知，张的别墅O建于1770年，王的别墅P建于1708年，李的别墅M建于1685年，赵的别墅N建于1610年。故正确答案为B。

13. B

【解析】母题29·推论题

题干：

①经济过热时，政府通常采取紧缩的货币政策；

②日本采取紧缩的货币政策，导致经济十几年停滞不前；

③泰国采取紧缩的货币政策，导致经济大衰退。

显然，题干想表达的意思是，采取紧缩的货币政策可能导致经济滑坡，即B项正确。

其余各项均不能恰当地概括上述论证的结论。

14. B

【解析】母题24・类比型假设题

题干：

专家：Internet是世界上最大的网络，远甚于小型局部计算机网络。

听众：世界上最大的西瓜并无特别之处。

听众使用的是类比论证。一个类比论证要成立，类比对象的本质属性应该是相同的，因此，听众显然认为“比较大小对能力、性质的决定，计算机网络与西瓜并无不同”，即B项正确。

15. D

【解析】母题17・调查统计型削弱题

题干：60%的《消费者》杂志的读者声称在三个月内购买一台空调或至少一件家电大件 $\xrightarrow[\text{证明}]{}$ 下个季度的社会消费额很可能提高。

D项，指出调查样本不具有代表性，削弱题干。

其余各项均为无关选项。

16. D

【解析】母题3・箭头的串联＋母题2・德摩根定律

将题干信息整理如下：

①A地拥有旅馆→拥有A地∧拥有B地；

②C花园拥有一家旅馆→拥有C花园∧（拥有A地∨拥有B地）；

③拥有B地→拥有C花园；

④¬ 拥有B地。

将①逆否得：（¬ 拥有A地∨¬ 拥有B地）→¬ A地拥有旅馆。

结合④可知：该玩家在A地不拥有旅馆，即D项为正确选项。

17. A

【解析】母题10・简单命题的真假话问题

根据题意，甲、丙两人的话矛盾，故必有一真一假。又因只有一个人说假话，则乙、丁说的话为真，即丁、乙不是团员。

由“丁、乙不是团员”可得：丙的话为真，甲的话为假。故A项为正确答案。

18. D

【解析】母题37・排序题

将题干信息整理如下：

①丙＞湖北人；

②甲≠河南人；

③乙＞河南人。

由②知，甲不是河南人；

由③知，乙不是河南人，故丙是河南人。

又由①③知，乙 > 河南人（丙）> 湖北人，故乙是山东人，甲是湖北人。因此 D 项正确。

19. A

【解析】母题 40 · 综合推理题（方位题）

因为 L 和 P 相邻，不妨设 L 位于 1 号，P 位于 2 号。因为六人坐在圆桌前，故 1 和 6 相邻。

根据条件（1）可知，N 位于 3 号。

根据条件（2）可知，L 和 M 相邻，故 M 位于 6 号。

根据条件（3）可知，K 位于 4 号，因此 O 位于 5 号，且不与题干（4）矛盾。

因此六位工程师的入座顺序从 1 到 6 分别为 L、P、N、K、O、M，且 L 和 M 相邻。

故正确答案为 A。

20. A

【解析】母题 20 · 论证型支持题

题干：①单一项目的锻炼使人的少数肌肉发达，而多种体育锻炼交替进行可以全面发展人体的肌肉群；②多种体育锻炼比单一项目的锻炼消耗更多的卡路里$\xrightarrow[\text{证明}]{}$多种体育锻炼交替进行比单一项目的锻炼效果好。

A 项，可以支持，搭桥法，说明卡路里消耗越多，这种锻炼效果越好。

B 项，无关选项，此项没有对两种锻炼方式进行比较。

C 项，不能支持，未指出大病初愈的人是否适宜多种体育锻炼交替进行。

D 项，无关选项，锻炼肌肉群的难易与否和有效与否无关。

E 项，无关选项。

21. E

【解析】母题 28 · 解释题

待解释的现象：尽管地方政府违约的现象屡见不鲜，但投资人还是一如既往积极地投资于 PPP 项目。

D 项，此项只能解释政府不违约的情况下，民营企业有利可图，但无法解释政府存在违约的情况下，为何企业仍愿意投资 PPP 项目。

E 项，可以解释，说明即使政府违约，投资人也从其他方面获得了回报。

其余各项显然不能解释。

22. A

【解析】母题 24 · 论证型假设题

题干：思考者需要思考法则$\xrightarrow[\text{证明}]{}$关于思想自由的论证（思想自由是智力进步的前提条件）是不成立的。

即思考者需要思考法则$\xrightarrow[\text{证明}]{}$智力进步不需要思想自由。

搭桥法：法则→¬ 自由，等价于：自由→¬ 法则，故 A 项正确。

23. B

【解析】母题 21 · 因果型支持题

题干：幼仔在初生阶段缺乏由父母引导的社会化训练$\xrightarrow[\text{导致}]{}$侵略性强。

A 项，可以支持，但没有说明早期没有与母亲隔离的羚羊是否具有同样的侵略性，故力度弱。

B项，可以支持，说明有父母引导的黑猩猩比没有父母引导的黑猩猩的侵略性弱，通过比较支持题干的论证，力度较A项强。

C项，不能支持，被人领养不代表没有父母引导。

D项，无关选项，题干没有对争食冲突和交配冲突进行比较。

E项，削弱题干，另有他因，说明子女的侵略性是先天因素造成的。

24. D

【解析】母题3·箭头的串联

将题干信息符号化：

①提高GDP→大量资金；

②大量资金→转让土地；

③拍卖土地→提高房价；

④提高房价→可能受到中央政府的责罚。

将①②③④串联得：⑤提高GDP→大量资金→转让土地→提高房价→可能受到中央政府的责罚。

A项，¬提高房价→¬受到中央政府的责罚，可真可假。

B项，¬提高GDP→¬提高房价，可真可假。

C项，不会降低房价，可真可假。

D项，¬提高GDP∨可能受到中央政府的责罚，等价于：提高GDP→可能受到中央政府的责罚，此项为真。

E项，无关选项。

25. D

【解析】母题25·因果型假设题

公交服务公司的领导：前一次提高公交车费导致很多通常乘公交车的人放弃了公交系统服务，以致该服务公司的总收入降低$\xrightarrow[\text{证明}]{}$再次提高车费只会导致另一次收入下降。

D项，必须假设，否则，如果目前乘坐公共汽车的人必须坐公共汽车，那么提高车费只会使收入提高。

其余各项均不必假设。

26. B

【解析】母题40·综合推理题

将题干信息整理如下：

①F在第二位；

②J不能排在第七位；

③G和H不能相邻；

④$H < L$；

⑤$L < M$。

根据④和⑤可知，L和M必然不能排第一，故排除C项、D项、E项。

假设H在第一个，F在第二个，剩下的G、J、K、L、M五张唱片只要满足②和⑤即可，所以H可以排在第一个，故B项正确。

另附几种可能的情况：

	1	2	3	4	5	6	7
①	G	F	H	L	M	J	K
②	H	F	G	L	M	J	K
③	J	F	H	L	G	M	K
④	K	F	H	L	G	J	M

27. C

【解析】母题40·综合推理题

根据④⑤可知，M之前必然有H和L，又由①F必须在第二位，故M之前至少有H、L、F三张唱片，即M最早在第四位录制。

另附其中一种情况：

1	2	3	4	5	6	7
H	F	L	M	G	J	K

28. D

【解析】母题40·综合推理题

由④⑤知：$H<L<M$。

而又由题干：若G紧挨在H之前，则必有：$G<H<L<M$。

又由①F在第二位，则必有：$F<G<H<L<M$。

所以，J和K必然有一个在F之前，一个在F之后。

所以，D项必然为假。

29. E

【解析】母题29·推论题

题干：在30岁以上的人中，有1/5的人脊椎骨成疝或退化，但并不显示任何慢性症状。在这种情况下，如果后来发生慢性背疼痛，一般都是由于缺乏锻炼致使腹部和脊部的肌肉退化引起的。

即题干认为，慢性背疼痛一般都是由缺乏锻炼造成的。那么，经常锻炼就可以有效地延缓或防止慢性背疼痛。故E项正确。

A项，题干表示“有1/5的人脊椎骨成疝或退化，但并不显示任何慢性症状”，但没有涉及“其余4/5的人将来是否患慢性背疼痛”。

B项，“可以确信”过于绝对。

C项，题干表示，有1/5的人脊椎骨成疝或退化，但并不显示任何“慢性症状”，但会不会有“轻微的和短暂的背疼”无法确定。

D项，无关选项，题干的论证不涉及医生是否能预测慢性背疼的问题。

30. E

【解析】母题20·论证型支持题

论据：①联苯化合物对人体有害；

②许多牧民饲养的荷兰奶牛的饲料中有联苯残留物。
论点：在动物饲料中添加作为催长素的联苯化合物，对人体有害。
A项，无关选项，题干不涉及荷兰奶牛与其他奶牛“营养含量”的比较。
B项，不能支持，荷兰奶牛的“血液”和“尿液”并不被人食用，因此，在这些地方发现了联苯残留物，无法确定是否对人体有害。
C项，不能支持，因为荷兰奶牛乳制品的“生产地区”，未必是荷兰奶牛乳制品的“消费地区”，因此，当地的癌症发病率未必与荷兰奶牛相关。
D项，无关选项，题干讨论的是联苯残留物对人的影响，而不是对奶牛的影响。
E项，补充论据，说明荷兰奶牛乳制品对人体确实有害。

管理类联考综合（199）逻辑冲刺模考题
卷9　答案详解

1. B

【解析】母题24·论证型假设题

题干：用照片来表现事物总是与事物本身有差别，照片不能表现完全的真实性$\xrightarrow[\text{证明}]{}$仅仅靠一张照片不能最终证实任何东西。

A项，诉诸无知。

B项，必须假设，搭桥法，不能表现完全的真实性的照片→不能构成最终的证据。

C项，不必假设，照片是否可以作为辅助证据与照片能否作为最终证据不是同一概念。

D项，例证法，可以加强题干的论证，但不是必须的假设。

E项，例证法，说明照片不能作为证据最终证实事实，但不是必须的假设。

2. C

【解析】母题28·解释题

待解释的矛盾：一半本地人都认为本地人值得信任，但是，H省人并不信赖H省人。

A项，可以解释。

B项，可以解释，因为H省绝大多数的被抽查者是从外地去那里经商留下来的，本地人对于他们来说也是外地人，不信任本地的H省人是合理的。

C项，不能解释，题干的结论是H省“本地人”不信任本地人，与“外地人”无关。

D项，可以解释，说明H省本地人不信任的可能并不是本地人，而是在H省经商的外地人。

E项，可以解释，说明H省人不信任本地人是因为这些“本地人（被抽查的H省人）”本来是外地人。

3. D

【解析】题型20·论证型支持题

题干：中国人和美国人缺少运动$\xrightarrow[\text{证明}]{}$缺少运动已经成为一个全球性的问题。

A项，只说明在亚洲和美洲具有代表性，并不能说明全世界都是这样，支持力度弱。

B项，削弱题干，说明缺少运动不至于成为“问题”。

C项，无关选项，题干不存在中国和美国运动量的比较。

D项，表明中国和美国的运动情况在全世界范围内都是具有代表性的，有力地支持了题干。

E项，削弱题干，说明题干以中国和美国做样本，没有普遍的代表性。

4. B

【解析】母题 35 · 形式逻辑型结构相似题

题干：韩国人→爱吃酸菜，罗艺→爱吃酸菜，所以，罗艺→韩国人。

形式化为：A→B，C→B，所以，C→A。

A 项，A→B，C→A，所以，C→B，与题干不相似。

B 项，A→B，C→B，所以，C→A，与题干相似。

C 项，A→B，B→C，所以，A→C，与题干不相似。

D 项，A→B，所以，有的 B→A，与题干不相似。

E 项，A→B，B→C，所以，A→C，与题干不相似。

5. C

【解析】母题 1 · 充分必要条件

题干：没有保护私有财产的法律→不是实质上的私有化。

等价于：私有化→有保护私有财产的法律，故 C 项正确。

6. D

【解析】母题 31 · 评论逻辑漏洞

环保主义者：使用一次宇宙飞船对地球臭氧层造成的破坏，等于目前一年地球臭氧层所受到的破坏$\xrightarrow[\text{证明}]{}$不能使用宇宙飞船深入研究和彻底解决目前地球表面臭氧层所受到的破坏。

虽然“发射一次宇宙飞船对地球臭氧层造成的破坏，等于目前一年地球臭氧层所受到的破坏”，但宇宙飞船是可以多年使用的，因此，从长期来看未必是得不偿失的。

D 项，投产后第一年的收益不到投资额的十分之一，但项目可以在未来多年产生收益，因此不能断定这项投资一定是失败的，故此项和题干最为相似。

E 项，干扰项，单纯从成本上来看，警方的支出确实是大于劫犯抢走的现金的。当然，警方破案不仅仅是为了追回钱财，更重要的是伸张正义，但这和题干中成本的比较并不相同。

7. E

【解析】母题 32 · 评论逻辑技法

制造商：“力比咖”增加了钙的含量，钙对健康骨骼很重要$\xrightarrow[\text{证明}]{}$经常饮用“力比咖”会使孩子更加健康。

消费者：“力比咖”饮料中含有大量的糖分，这对孩子的健康是不利的。

消费者提出一个反面论据，反驳了制造商的论点，故 E 项正确。

8. A

【解析】母题 13 · 论证型削弱题

题干：吸烟者知道在哪里弄到烟，不需要广告给他们提供信息$\xrightarrow[\text{证明}]{}$禁止在大众媒介上做香烟广告并未减少吸烟人数。

A 项，削弱题干，说明香烟广告可以刺激香烟的消费需求。

B 项，支持题干，因为题干的意思是不必禁止在大众媒介上做香烟广告。此项说明，如果禁止会有副作用，故不必禁止。

其余各项均为无关选项。

9. B

【解析】母题14·因果型削弱题

题干：英国统治$\xrightarrow[\text{导致}]{}$香港繁荣。

A项，削弱力度弱，因为即使此项为真，也可能是因为英国统治百年才让香港慢慢繁荣。

B项，可以削弱，因为如果英国统治如此有效，那么英国本土也应该繁荣。

C、D项，均为无关选项。

E项，另有他因，指出香港繁荣的原因是其国际金融中心的地位，但是，无法确定国际金融中心的地位是不是因为英国的统治而形成的，因此，此项削弱力度弱。

10. D

【解析】母题33·评价削弱加强

题干：紧缩∨扩张，紧缩会导致下岗，所以扩张。

题干认为紧缩的财政政策有不利后果，因此要采取扩张的财政政策，那么就要看一下扩张的财政政策有没有其他不利后果甚至是更严重的不利后果，故D项正确。

B项，如果存在"不是紧缩的也不是扩张的财政政策"，我们还要知道这样的政策是否有效，才能更好地评价是否应该使用"扩张的财政政策"，因此B项不如D项好。

其余各项均为无关选项。

11. D

【解析】母题29·推论题

律师：

①即便罪犯有罪，也要为其辩护，以维护法律赋予被告的合法权利；

②法律公正→维护罪犯的合法权利。

Ⅰ项，由①知，为真。

Ⅱ项，维护罪犯的合法权利→法律公正，由②知，可真可假。

Ⅲ项，剥夺罪犯的合法权利→¬ 法律公正，是②的逆否命题，为真。

故正确答案为D。

12. B

【解析】母题16·措施目的型削弱题

题干：购买血液测试工具的花费是完全需要的$\xrightarrow[\text{以求}]{}$监视新药的潜在的可能非常危险的副作用。

A项，措施无恶果，支持题干。

B项，措施没有必要，指出购买工具的花费并不是必需的，可以削弱。

其余各项均为无关选项。

13. C

【解析】母题28·解释题

待解释的现象：本地区空气中的二氧化硫含量降低，但是，酸雨的频率却上升了7.1%。

A项，不能解释，本项试图说明其他地区的二氧化硫飘到了本地区，使得本地区二氧化硫含量上升，这与题干信息"本地区空气中的二氧化硫含量降低"矛盾。

B项，不能解释，因为此项可以说明二氧化硫减排不能迅速使酸雨频率下降，但是不能解释酸雨的频率上升。

C 项，指出了导致酸雨频率增加是因为氮氧化物的排放增加，可以解释题干。

D 项、E 项，均为无关选项。

14. A

【解析】母题 31 · 评论逻辑漏洞

题干使用求异法：

绝大多数资深的逻辑学教师：熟悉哥德尔的定理；

绝大多数不是资深的逻辑学教师的人：不熟悉哥德尔的定理；

因此，李明熟悉哥德尔的定理，李明是资深的逻辑学教师。

但是，题干的求异法只能证明资深的逻辑学教师熟悉哥德尔的定理，不能说明熟悉哥德尔的定理的人都是资深的逻辑学教师。A 项指出了这一缺陷。

15. A

【解析】母题 5 · 二难推理

题干信息：

①发展汽车工业→加剧城市交通拥堵；

②¬ 缓解城市交通拥堵→无法维护正常秩序；

③¬ 发展汽车工业→社会失业率增加。

由①②串联得：④发展汽车工业→加剧城市交通拥堵→无法维护正常秩序。

由③④和二难推理可知：无法维护正常秩序∨社会失业率增加。

等价于：维护正常秩序→社会失业率增加，故 A 项为真。

16. D

【解析】母题 16 · 措施目的型削弱题

题干：人工培育出 O 型 RH 阴性血液，该型血能够与任何其他血型相匹配$\xrightarrow[\text{以求}]{}$解决血源紧张问题。

A、B 项，无关选项。

C 项，不能削弱，暂时的价格昂贵并不能代表人工 O 型 RH 阴性血液无法解决血源紧张问题。

D 项，指出即便能培育出 O 型 RH 阴性血液也不能解决血源紧张的问题。

E 项，诉诸权威，不能削弱。

17. C

【解析】母题 24 · 论证型假设题及搭桥法

题干：讲卡若尼安语言的人居住在几个广为分散的地方，这些地方不能以单一连续的边界相连接$\xrightarrow[\text{证明}]{}$不能建立多数人讲卡若尼安语言的独立国家。

搭桥法：地域不连续→不能建立国家。故 C 项必须假设。

A 项，无关选项。

B 项，无关选项，题干与讲卡若尼安语言的人观点无关。

D 项，不必假设，题干的论证只要求讲卡若尼安语言的人占大多数即可。

E 项，无关选项。

18. E

【解析】母题 29 · 推论题

题干信息：
①学校学习成绩排名前百分之五的同学要参加竞赛培训，后百分之五的同学要参加社会实践。
②小李的学习成绩高于小王的学习成绩。
可知：若小王能参加竞赛培训，则小李必然能参加竞赛培训。故E项必为假。
其他选项均有可能发生。

19. B

【解析】母题40·综合推理题

由条件（1）可知：小周只在两个连续的下午卖玩具汽车，符合这一条件的时间只有：星期一和星期二、星期二和星期三、星期五和星期六。
再由（3）可知：小周星期六不卖玩具汽车，故排除星期五和星期六。
那么，只剩下星期一和星期二、星期二和星期三两种可能。
显然，无论哪种可能，都有星期二。故星期二一定会卖玩具汽车，所以正确答案为B项。

20. A

【解析】母题39·数字推理题

由乙、庚的年龄不相同，可知两人中，一人是17岁，另一人是18岁。
又知甲、丙和戊年龄相同，有4位同学年龄为18岁，故甲、丙、戊必然为18岁。
同理可知，乙、丁、己三人均为男生。
题干中说得到推荐资格的是一位17岁的女生，综上可知，得到推荐资格的只能是庚。
故正确答案为A。

21. B

【解析】母题13·论证型削弱题

题干：①在安第斯纪念碑的石头的覆盖层下面，发现了被埋藏一千多年的有机物质；②那些有机物质肯定是在石头被修理后不久就附着生长到它上面的$\xrightarrow[\text{证明}]{}$该纪念碑是在1492年欧洲人到达美洲之前很早建造的。
题干的论证要想成立，必须得有石头的年代和纪念碑的年代相同。B项指出，该纪念碑可能是后人利用之前的石头进行建造的，削弱了题干的假设。
A项，题干说的是岩石“覆盖层”下面的有机物质，与“覆盖层”本身有无有机物质无关。
其余各项显然为无关选项。

22. C

【解析】母题40·其他综合推理题

根据②可知，今天不可能是星期二、星期三，否则P今天在说谎，得出昨天不是P说谎的日子，与题干“P在星期一、星期二说谎”矛盾。
同理，根据③可得，今天不是星期五、星期六。
若今天为星期一，则Q说假话，与③矛盾。
若今天是星期日，则P说假话，与②矛盾。
综上，今天只能是星期四。

23. C

【解析】母题 14 · 因果型削弱题

题干中的书商认为：有促销作用的评论$\xrightarrow[\text{导致}]{}$科幻小说销量上升。

C 项，因果无关，说明科幻小说评论对科幻小说销量无促进作用。

A 项、B 项都可以削弱题干，但这两项都分析“科幻小说评论”与“读者”的关系，而不是“科幻小说评论”与“科幻小说销量”的关系，因此不如 C 项直接。

D、E 项为无关选项。

24. C

【解析】母题 24 · 论证型假设题及搭桥法

丢钥匙的人：只有路灯下能够看得见啊，所以，在路灯下找钥匙。

即他认为，找钥匙要在能看得见的地方。故 C 项正确。

25. E

【解析】母题 2 · 德摩根定律

上市公司：有分红→不需要融资 = 不分红 ∨ 不需要融资，故 E 项正确。

注意：A 项不正确，因为题干讨论的是“上市公司”，而 A 项讨论的是“公司”。

26. D

【解析】母题 6 · 假言命题的负命题

上市公司：有分红→不需要融资 = 不分红 ∨ 不需要融资。

其矛盾命题为：¬（不分红 ∨ 不需要融资）= 分红 ∧ 需要融资，所以 D 项为正确答案。

27. D

【解析】母题 13 · 论证型削弱题

题干：①我和他人都具有相同的视觉经验：能看到建筑、人群和星星等东西；②书本的知识$\xrightarrow[\text{证明}]{}$在我们之外存在一个外部世界。

A 项，可以削弱，指出题干循环论证。

B 项，可以削弱，削弱论据①。

C 项，可以削弱，利用“归谬法”，因为海市蜃楼不是真实存在的，所以视觉经验未必可靠。

D 项，支持题干，说明确实存在外部世界。

E 项，可以削弱，削弱论据②。

28. E

【解析】母题 40 · 其他综合推理题

将题干信息整理如下：

①H→¬ G；

②J ∨ M→H；

③W→G；

④¬ J→S；

⑤M ∧ H。

根据条件①⑤可知，没有 G。

再由条件③可知，¬ G→¬ W。

故除 M 和 H 外，林中至多还有两种鸟。即 E 项正确。

29. D

【解析】母题 40・其他综合推理题

因为林中没有 J，根据④可知，必然有 S，故 D 项必然为假。

30. A

【解析】母题 40・其他综合推理题

如果林中有 G，根据条件①可知，$G \to \neg H$，即没有 H。

根据条件②可知，$J \lor M \to H = \neg H \to \neg J \land \neg M$，即没有 J 且没有 M。

再结合条件④可知，必然有 S。

故 A 项一定为真。

管理类联考综合（199）逻辑冲刺模考题 卷 10　答案详解

1. C

【解析】母题 6 · 假言命题的负命题

题干：

①对普通人而言，那一点雄心，是把自己拉出庸常生活的坚定动力；

②没有雄心的→无力地被庸常的生活所淹没；

③在变革时代，那一点雄心或许能导致波澜壮阔的结果。

A、D、E 项，均是有雄心的成功例子，符合条件①，支持题干。

B 项，根据条件①③可知，有雄心，只是成功的动力，导致波澜壮阔的结果是可能的，而非必然的，所以此项与题干并不矛盾，不能反驳题干。

C 项，柳琴并无雄心 ∧ 做成了很多事情，即没有雄心的 ∧ ¬ 无力地被庸常的生活所淹没，是条件②的矛盾命题，故削弱题干。

2. C

【解析】母题 1 · 充分必要条件

题干：办好公司→至少做好一件事情。

A 项，与题干相同，正确。

B 项，是题干的逆否命题，正确。

C 项，由题干知“至少做好一件事情”后无箭头，故不能“必然”推出它一定能获得巨额利润，错误。

D 项，¬ 至少在一件事情上做得最好→它就不能在市场竞争中获得成功，是题干的逆否命题，正确。

E 项，由题干知“至少做好一件事情”后无箭头，故“失败”有可能发生，正确。

3. B

【解析】母题 13 · 论证型削弱题

题干的论据：

①《孙子兵法》认为，用兵的战术贵能取胜，贵在速战速决；

②毛泽东的《论持久战》主张的却是持久战，中国军队靠持久战取得了抗日战争的胜利。

题干的结论：《论持久战》与《孙子兵法》在“兵不贵久”的观点上是不一致的。

题干暗含了一个假设，毛泽东的持久战是战术上的持久。

B 项，指出毛泽东的持久战并不是战术，而是战略，削弱了题干的隐含假设。

其余各项均为无关选项。

4. B

【解析】母题31·评论逻辑漏洞

该信件包含如下逻辑：

①我们应当送他人礼物而不期望回报；

②别人赠予我们的礼物，我们应当拒绝。

显然联合①②可知，如果没有人接受任何礼物，则任何人都不可能送出一份礼物。

故B项正确。

5. D

【解析】母题17·调查统计型削弱题

题干：中国多所高校在多伦多、纽约、波士顿、旧金山召开了4场人才招聘会的调查数据 $\xrightarrow[\text{证明}]{}$ 在美国工作对中国留学生已失去了吸引力。

A项，仅仅表达质疑，但缺少质疑的证据，力度弱。

B项，无关选项。

C项，支持题干，说明在美国工作对中国留学生已失去了吸引力。

D项，削弱题干，指出中国高校在美国招聘会的调查数据没有代表性。

E项，仅仅表达质疑，力度弱。

6. A

【解析】母题40·综合推理题

将题干信息形式化可得：

（1）张珊∀钱起；

（2）王武∀孙巴；

（3）王武→李思；

（4）¬钱起→¬刘久。

由题干知7人中4人入选，另外3人未入选。

由（1）知，张珊、钱起一人入选，一人未入选。

由（2）知，王武、孙巴一人入选，一人未入选。

故，余下的3人中：李思、赵柳、刘久中有2人入选1人未入选。

故李思和赵柳至少要入选1人，否则如果2人都未入选，就与题干的4人入选不符。

故A项为真。

7. B

【解析】母题17·调查统计型削弱题

题干：在3 500份寄回问卷调查表的老年人中，有83%说自己喜欢看《中国好声音》$\xrightarrow[\text{证明}]{}$ 60岁以上的老年人对《中国好声音》感兴趣。

A项，诉诸无知。

B项，样本没有代表性，削弱题干。

C项，个别人的情况无法削弱整个样本的代表性，故此项不能有效削弱题干。

D项，无关选项，题干的论证不涉及其他节目。

E项，诉诸权威。

8. D

【解析】母题37·排序题

由“丁组的产品合格率高于丙组”以及“丙组与乙组的产品合格率相同”可以推出：乙组的产品合格率低于丁组，故D项正确。

而根据题干无法得知戊组的产品合格率情况，故无法推出A、C项。

根据题干也无法得知各组产品中完全报废的产品的情况，故无法推出B、E项。

9. A

【解析】母题24·论证型假设题（搭桥法）

题干：某科学家重复进行了实验，但没有得到与最初实验相同的结果$\xrightarrow[\text{证明}]{}$最初的实验结果是由错误的测量方法造成的。

搭桥法：没有得到与最初实验相同的结果→最初的实验结果错误，即：最初的实验结果正确→得到与最初实验相同的结果。故A项正确。

其余选项均不必假设。

10. E

【解析】母题3·箭头的串联

题干：①不保护→无法研究＝研究→保护；

②保护→无法获得全部信息。

串联①和②得：研究→保护→无法获得全部信息，故如果对秦始皇兵马俑进行研究，就无法获得关于秦代彩绘技术的全部信息，即E项正确。

11. A

【解析】母题13·论证型削弱题

题干：子门遗址距前子门村、后子门村很近$\xrightarrow[\text{证明}]{}$这两个村是依据当时的城门命名的。

A项，两个村子是中华人民共和国成立后命名的，而子门是最近才发现的，故两个村是不可能依据当时的城门命名的，削弱了题干。

B项、C项、D项均为无关选项。

E项，不能削弱，即便两个村子的名字多次更改，但是不能排除前子门村、后子门村是根据子门命名的可能性。

12. D

【解析】母题16·措施目的型削弱题

题干：当这些酶分子被不必要地激活时，对某些无害的事物像花粉或家庭粉尘做出反应时，就出现了哮喘病$\xrightarrow[\text{证明}]{}$开发一种药物阻碍接收由上文所说的酶分子发出的信息$\xrightarrow[\text{以求}]{}$防止哮喘病的发生。

D项，措施有恶果，指出该药物会影响肌肉细胞抵御有毒气体的功能，削弱题干。

其余各项均为无关选项。

13. D

【解析】母题14·因果型削弱题

题干：有很多新手司机怀着侥幸心理，酒后驾驶汽车$\xrightarrow[\text{证明}]{}$新手驾驶车辆不熟练导致事故率提高。

A项，不能削弱，此项只说明酒后驾车的大多数是老司机，但这些老司机的酒后驾车行为有没有引发事故，此项没有表明。如果他们并没有引发事故，恰恰说明酒后驾车不是事故发生的原因。

B、C 项，无关选项。

D 项，另有他因，酒后驾驶使老司机的事故率也增高，说明事故率增高的原因不是驾驶车辆的熟练度低，而是酒后驾驶。

E 项，支持题干，指出新手司机酒后驾车可能更容易出事故。

14. B

【解析】母题 24 · 论证型假设题及搭桥法

题干：①卡车运输时间短，费用高；②火车运输时间长，费用低$\xrightarrow[\text{证明}]{}$如果减少运输时间比减少运输费用更重要的话，会选择用卡车运输蔬菜。

A 项，削弱题干，因为若 A 项成立，则可选择火车，而不用卡车。

B 项，必须假设，否则，若还有其他影响因素，则不能仅根据时间和费用来判断使用何种方式运输蔬菜。

C 项，无关选项，题干仅比较火车和卡车的区别，没有涉及提高费用是不是可以使火车运输时间提前。

D 项，削弱题干，如果更关心成本，则应该选用火车而不是卡车。

E 项，无关选项，题干比较的是运输相同蔬菜花费的总成本，而不是比较一辆卡车和一节火车的运输能力。

15. A

【解析】母题 28 · 解释题

待解释的现象：许多工种由外来人口在做，而本地却有大量的待业人员存在。

A 项，不能解释，外来劳动力的来源与题干中的矛盾现象无关。

C、D 项，说明了外地劳动力的优势，解释了题干中许多工种由外来人去做的原因。

B、E 项，说明了本地人的劣势，解释了题干中本地有大量待业人员存在的原因。

16. C

【解析】母题 40 · 综合推理题

根据题干条件①③④可知，和美国留学生同在某个系的只能是韩国留学生。

再根据①可知，美国留学生只能在中文系或法律系。

而根据②可知，美国留学生只能在法律系。

故正确答案为 C。

17. C

【解析】母题 35 · 形式逻辑型结构相似题

题干：6 大于 4，并且 6 小于 8，所以 6 既是大的又是小的。

C 项，赵丰比李同高（赵 > 李），并且赵丰比王磊矮（赵 < 王），所以赵丰既是高的又是矮的（既是大的又是小的），与题干结构最为相似。

18. D

【解析】母题 10 · 简单命题的真假话问题

题干中有以下信息：

陈东：小军优秀或小霞优秀；

牛力：没有人得到优秀；
马方：有的人得到优秀。
故牛力和马方的话矛盾，必有一真一假。又因只有一个人的话为真，故陈的话为假。
可知：小军和小霞都没有获得优秀，故D项为真。

19. E

【解析】母题5 · 二难推理
题干中有以下条件：
（1）雪蚕→夏冰；
（2）¬ 落葵→忍冬；
（3）¬ 冬青 ∨ ¬ 南星，等价于：南星→¬ 冬青；
（4）¬ 雪蚕 ∧ 落葵→冬青，等价于：¬ 冬青→雪蚕 ∨ ¬ 落葵；
（5）南星。
由题干条件（5）（3）（4）串联得：（6）南星→¬ 冬青→雪蚕 ∨ ¬ 落葵。
由题干条件（6）（1）（2）和二难推理得：夏冰 ∨ 忍冬，等价于：¬ 夏冰→忍冬。
故E项为真。

20. D

【解析】母题24 · 论证型假设题及搭桥法
题干：精细木工在施展精湛的手艺时，会注意产品的实用价值$\xrightarrow[\text{证明}]{}$精细木工不是艺术。
搭桥法，如果注意实用价值，就不能称之为艺术品，故D项正确。

21. D

【解析】母题40 · 其他综合推理题
将题干信息整理如下：
①工资排在最后5%的人提高工资；
②工资排在最前5%的人降低工资；
③小王的工资数额高于全体职工的平均工资；
④小李的工资数额低于全体职工的平均工资。
根据③④可得，小王的工资高于小李，故不可能小王提高工资而小李降低工资，即Ⅲ项必然为假。
若工资排名前3%的员工工资远远高于其余员工的工资，则即便④为真，小李的工资水平仍然可能排在前5%，即Ⅱ项可能为真，同理，Ⅰ、Ⅳ项也可能为真。
综上，仅Ⅲ项必然为假，故D项为正确答案。

22. A

【解析】母题29 · 推论题
由题干信息“对中国当代人群的研究发现，父系遗传的Y染色体均源自非洲，起源时间在8.9万年至3.5万年前；母系遗传的线粒体DNA均源自非洲，起源时间在10万年以内”，可知“中国当代人的祖先是大约10万年前从非洲来到亚洲的”。
又由题干信息“没有检测到直立人的遗传组分”，而“北京人”属于直立人，可知“北京人的后代可能灭绝了”。
综上，正确答案为A。

23. D

【解析】母题28·解释题

题干中待解释的现象是：

①警察局的统计数字显示，汽车防盗装置降低了汽车被盗的危险性；

②保险业声称，安装了防盗装置的汽车比那些没有安装此类装置的汽车更容易被盗。

D项，安装了防盗装置的汽车比那些没有安装此类装置的汽车更容易被盗，不是因为防盗装置没有起作用，而是这类汽车本身具备更可能被盗的条件，解释了题干。

其他各项均无法解释题干。

24. C

【解析】母题28·解释题

待解释的现象：实行提高退休年龄政策的政府可能会在下次选举时丢失大量选票，但是，德国政府仍然于2007年将退休年龄从65岁提高到67岁。

C项，可以解释，说明提高退休年龄可以为政府节约大量成本。

其余各项均不能解释。

25. D

【解析】母题4·隐含三段论

将题干信息整理如下：

①小王是工人→¬小张是医生，等价于：小张是医生→¬小王是工人；

②小李是工人∨小王是工人，等价于：¬小王是工人→小李是工人；

③¬小张是医生→¬小赵是学生，等价于：小赵是学生→小张是医生；

④小赵是学生∨¬小周是经理，等价于：小周是经理→小赵是学生。

将④③①②串联得：小周是经理→小赵是学生→小张是医生→¬小王是工人→小李是工人。

故，若小周是经理，则小李是工人，即D项正确。

26. D

【解析】母题40·其他综合推理题

将题干条件整理如下：

①1红→2黄；

②2绿→1绿；

③3红∨3黄→2红。

A项，不满足条件③。

B项，不满足条件①。

C项，不满足条件①。

D项，满足题干条件。

E项，不满足条件②。

27. B

【解析】母题40·其他综合推理题

可用假设法（不选用绿旗）：

若1号安插红旗，则2号安插黄旗。根据条件③的逆否命题可知，3号必须安插绿旗，与不选用绿旗矛盾。故 1 号只能安插黄旗，且 2 号只能安插红旗。而 3 号有两种选择（红旗或者黄旗），故共有两种可行的方案。

28. B

【解析】母题 40 · 其他综合推理题

由于安插的各个旗子颜色不同，故根据条件②可知，2 号不能安插绿旗。

若 2 号安插黄旗，根据条件③可知，3 号必须安插绿旗，则 1 号安插红旗，可以成立。

若 2 号安插红旗，则根据条件①可知，1 号必须安插黄旗或者绿旗。

故共有如下几种可能：

	1 号旗座	2 号旗座	3 号旗座
第一种可能	红	黄	绿
第二种可能	黄	红	绿
第三种可能	绿	红	黄

故 B 项可能为真。

29. A

【解析】母题 13 · 论证型削弱题 + 母题 6 · 假言命题的负命题

题干的论据：

①政府的功能→满足人民的需要。

②不知道人民的需要→无法满足人民的需要 = 满足人民的需要→知道人民的需要。

③没有言论自由→不知道人民的需要 = 知道人民的需要→言论自由。

题干的结论：对于一个健康的国家来说，言论自由是必不可少的。

将①②③串联得：政府的功能→满足人民的需要→知道人民的需要→言论自由。

A 项，题干并没有表示言论自由是满足人民需要的充分条件，不能削弱题干。

B 项，削弱论据①。

C 项，削弱论据③。

D 项，言论自由会导致政府无法满足人民的需要，削弱结论。

E 项，直接削弱结论。

30. C

【解析】母题 1 · 充分必要条件

将题干信息形式化：

①不想总是受他人摆布→用批判性思维来武装头脑；

②不想混混沌沌地度过一生→用批判性思维来武装头脑；

③想学会独立思考、理性决策→用批判性思维来武装头脑。

A 项，¬ 用批判性思维来武装头脑→¬ 学会独立思考、理性决策，等价于③，为真。

B 项，用批判性思维来武装头脑 ∨ 混混沌沌地度过一生，等价于②，为真。

C 项，¬ 学会独立思考、理性决策→¬ 用批判性思维来武装头脑，可真可假。

D 项，不想总是受他人摆布→用批判性思维来武装头脑，等价于①，为真。

E 项，用批判性思维来武装头脑 ∨ 总是受他人摆布，等价于①，为真。

管理类联考综合（199）逻辑冲刺模考题
卷11　答案详解

1. A

【解析】母题36·论证逻辑型结构相似题

题干：杀虫剂→水獭不能生育，水獭不能生育，原因是杀虫剂。

形式化为：A导致B，B，所以A是原因。

A项，A导致B，B，所以A是原因，与题干相同。

B项，A导致B，A，所以B，与题干不同。

C项，A导致B，¬A，所以¬B，与题干不同。

D项，A→B∧C，B，所以A，与题干不同。

E项，A→B，所以B→A，与题干不同。

2. C

【解析】母题25·因果型假设题

题干：①员工都不愿意在上级管理者眼里与坏消息有所关联$\xrightarrow[导致]{}$②上报时故意淡化或掩盖问题$\xrightarrow[导致]{}$③最高层次管理者对基层问题的了解程度低。

A项，无关选项，题干仅讨论对问题的了解程度，与解决问题的能力无关。

B项，削弱题干，否定了题干中的原因①。

C项，排除高层管理者从其他渠道了解问题的可能性，必须假设。

D项，无关选项，题干仅讨论对问题了解的程度，与由谁解决问题无关。

E项，削弱题干，说明下级可能会出于获得奖励的目的而说明实情，削弱题干信息②。

3. B

【解析】母题20·论证型支持题

中国官员：去年非洲出口的全部石油，中国只占8.7%，欧洲占36%，美国占33%$\xrightarrow[证明]{}$中国没有掠夺非洲资源。

A项，不能支持，欧洲和美国有掠夺非洲资源之嫌，那么中国可能有掠夺非洲资源之嫌，也可能没有掠夺非洲资源之嫌。

B项，可以支持，如果占非洲出口的全部石油36%的欧洲和占非洲出口的全部石油33%的美国都没有掠夺非洲的资源，那么占非洲出口的全部石油8.7%的中国更没有掠夺非洲资源之嫌。

C项，无关选项，中国是否为非洲带来收入与是否掠夺非洲的资源无关。

D项，无关选项。

E 项，诉诸无知。

4. C

【解析】母题 29 · 推论题

题干：①公共运输服务质量下降且车费上涨；②汽油价格并非高不可攀$\xrightarrow[\text{导致}]{}$公共交通乘客数量下降，赤字增加。

A 项，不能被题干支持，因为即使汽油价格增长，也不一定会达到高不可攀的程度。因此，使用公共交通的乘客数量未必增加。

B 项，与题干意思冲突，显然不正确。

C 项，汽油价格高不可攀，则使用公共交通的乘客数目会增加，与题干形成对照组，故被题干支持。

D 项、E 项，汽油价格与使用公共交通的乘客数目无关，显然不符合题干。

5. D

【解析】母题 20 · 论证型支持题

题干：①姨母要求嘉克公开遗嘱；②公开遗嘱不利于任何人；③不公开遗嘱利于他母亲且不会损害别人$\xrightarrow[\text{证明}]{}$嘉克理应不公开遗嘱。

搭桥法：不公开遗嘱相对于公开遗嘱来说，更有利于多数人，因此，不应该公开遗嘱。故 D 项最能支持题干。

A 项，无关选项，题干不涉及此比较。

B 项，削弱题干，如果必须遵守诺言，那么嘉克应该公开遗嘱。

C 项，与题干描述不符，因为公开遗嘱仅仅是“无益于任何人”，并没有“有害于一些人”。

E 项，此项说明不需要遵守承诺，但并未说明“不公开遗嘱”更加合理，因此不如 D 项有效。

6. C

【解析】母题 33 · 评价题

采掘业发言人：限制国外便宜铜的进口$\xrightarrow[\text{以求}]{}$稳定国产铜价格$\xrightarrow[\text{以求}]{}$帮助国产铜矿业的经营。

制造业发言人：限制国外便宜铜的进口$\xrightarrow[\text{导致}]{}$提高电线电缆成本$\xrightarrow[\text{导致}]{}$电线电缆价格上涨$\xrightarrow[\text{导致}]{}$对国产铜的需求下降。

可见，制造业发言人认为，限制国外便宜铜的进口（措施），会导致对国产铜的需求下降（产生恶果），从而会伤害国产铜矿业（达不到目的）。故 C 项正确。

7. B

【解析】母题 3 · 箭头的串联

将政治家的话形式化可得：

①¬ 重新分配财富→¬ 减轻经济不公 = 减轻经济不公→重新分配财富；

②现有体制→无法容忍的经济不公；

③无法容忍的经济不公→暴力改革 = ¬ 暴力改革→减轻经济不公；

④国家的职责→缓和这种形势（即 ¬ 暴力改革）；

⑤暴力改革的形势无法缓和→产生暴力事件。

由④③①串联得：国家的职责→¬ 暴力改革→减轻经济不公→重新分配财富。

故，B 项正确。

8. B

【解析】母题 40·综合推理题

A 项，将此项带入题干信息（1）可知，B 组全部投反对票，与本题条件“B 组两个评委的投票结果不同”矛盾，不可能为真。

B 项，不与题干信息矛盾。

C 项，根据题干信息（2），由“C 组全部投同意票”可知，A 组应全部投反对票，不可能为真。

D 项，“A 组全部投同意票”与题干信息（5）矛盾，不可能为真。

E 项，“A 组全部投同意票”与题干信息（5）矛盾，不可能为真。

9. B

【解析】母题 40·综合推理题

A 项，假设此项为假，即 A 组评委全投反对票，代入题干并不矛盾，故 A 项为假。（如 A 组全投反对票，B 组全投反对票，C 组一个投反对票两个投同意票）

B 项，假设此项为假，即 C 组评委全部投反对票，根据题干信息（2）可知，A 组全部投同意票，那么与题干信息（5）矛盾，因此假设不成立，即至少有一个 C 组评委投同意票。此项必为真。

C 项，假设此项为假，即 C 组评委全投同意票，根据题干信息（2）可知，A 组全投反对票。代入题干并不矛盾。故 C 项为假。（如 A 组全投反对票，B 组一个投反对票一个投同意票，C 组全投同意票）

D 项，假设此项为假，即 B 组评委全投同意票，代入题干并不矛盾，故 D 项为假。（如 A 组全投反对票，B 组全投同意票，C 组一个投反对票两个投同意票）

E 项，假设此项为假，即 B 组评委全投反对票，代入题干并不矛盾，故 E 项为假。（如 A 组一个投同意票一个投反对票，B 组全投反对票，C 组一个投反对票两个投同意票）

10. E

【解析】母题 20·论证型支持题

题干：①人类对糖的渴望，曾经吸引着人们喜爱吃更健康的食品；②如今的糖是精制糖，对健康不利$\xrightarrow[\text{证明}]{}$对糖的渴望是无益的。

要使题干论证有效，必须假设：对糖的渴望会驱使人选择精制糖而非健康食品。E 选项补足了这个假设。

B 项，说明对糖的渴望驱使人们选择健康食品，削弱题干。

A、C、D 项均为无关选项。

11. B

【解析】母题 1·充分必要条件

将题干信息形式化：

①投票表决→至少 10% 的住户签字提议。

②提议被大多数住户投票否决了。

由②可知，该提议已经提交全体住户投票表决，联立①可知，有至少 10% 的住户签了该提议。即B选项正确。

12. B

【解析】母题10·简单命题的真假话问题

丙：学生不都没有携带乙肝病毒=有的学生携带了乙肝病毒。

故，甲与丙的话矛盾，必然一真一假。又因四个医生中只有一人的断定属实，故乙和丁的话都为假。

由丁为假可知，所有学生均携带乙肝病毒，故王某也携带了乙肝病毒。

由“所有学生均携带了乙肝病毒”可知，丙的话为真。

故正确答案为B。

13. A

【解析】母题22·求异法型支持题（百分比对比型）

失足青少年：来自离异家庭的占24%；

所有人：离婚率接近1/4（A项）

削弱：离婚率提高是青少年犯罪的重要原因（同比削弱）。

B项，无法削弱。因为我们并不确定之前的离婚率是多少，故也无法得知现在的离婚率是多少。

C项，无法削弱。离异家庭子女走上犯罪道路的是少数，无法削弱失足青少年有24%来自离异家庭。

D项，无关选项，题干不涉及“社会稳定”。

E项，无关选项。题干讨论的是离婚率和青少年“犯罪”的关系，而不是“性犯罪”。

14. E

【解析】母题15·求因果五法削弱题（求异法型）

题干：结婚的人比离婚未再婚的人寿命长$\xrightarrow[\text{证明}]{}$离婚的压力对健康有不利影响。

A项，无关选项，题干并未提及国家差异。

B项，支持题干，说明离婚的确会造成压力。

C项，无关选项，题干讨论的是“离婚”对人的影响，而非“已婚”人士的寿命情况。

D项，支持题干，说明压力确实对健康产生不利影响。

E项，削弱题干，说明离婚后寿命变短，可能不是因为离婚的压力，而是因为单身生活。

15. E

【解析】母题19·数字陷阱型削弱题

题干：新型石油燃烧器价格=2年内原石油成本-2年内现石油成本。

所以，如果石油价格持续上涨，则销售新型石油燃烧器的利润会越低，故E项正确。

A项，有竞争对手出现，能造成一定程度的不利，但力度不如E项。

B项，对销售有利，因为厂家需求量越大，越有利于新型石油燃烧器的销售。

C项，原有的石油燃烧器效率越低，新型石油燃烧器就越有吸引力，即对其销售有利。

D项，能造成一定程度的不利，但是需求下降程度未作说明，故无法确定影响大小。

16. D

【解析】母题11·定义题

“别在我家门口”综合征：我赞同此项目，但是不要在我附近做。

A 项，该家长并不赞同感染艾滋病毒的儿童进入学校，因此其行为不符合该综合征特征。
B 项，该政客并未反对自身进行财产公开登记，不符合该综合征特征。
C 项，该教授并不属于宗教团体，因此其行为不符合该综合征特征。
D 项，符合该综合征特征。
E 项，该战略家支持核防卫与其所反对的核战争并非同一个概念，因此不符合该综合征特征。

17. E
【解析】母题 33 · 评价题
贾女士：长子具有优先继承权。
陈先生试图举一个反例：布朗公爵夫人不是长子，却继承了其父亲的全部财产。
陈先生的反例只能反驳“只有长子具有继承权”，不能反驳“长子具有优先继承权”。
故 E 项正确。

18. D
【解析】母题 40 · 综合推理题
使用选项排除法：
由条件（1）可知，有甲必有乙，排除 A、C、E 项。
由条件（3）可知，没有甲且有丙，则必有戊，排除 B 项。
故，只有 D 项符合题干条件要求。

19. D
【解析】母题 24 · 论证型假设题及搭桥法（调查统计型）
题干：该公司一大部分新上岗的员工没有掌握基本的写作、数量和逻辑技能$\xrightarrow[\text{证明}]{}$大学教育在传授基本技能上是失败的。
由该公司“新员工”的状况推出“大学生”的情况，必须保证该样本具有代表性，故 D 项正确。
A 项，支持题干，但并非题干的假设。
B 项，削弱题干。
C 项，无关选项。题干讨论是否具有这些技能，没有讨论这些技能的重要性。
E 项，无关选项，题干不存在过去的大学生和现在的大学生之间的比较。

20. A
【解析】母题 40 · 综合推理题（匹配题）
由“王武挣钱比车间主任多”和“车间副主任钱挣得最少”可知，王武不是车间副主任。
由“车间副主任是个独生子”和“李思的姐姐”可知，李思不是车间副主任。
故，张珊是车间副主任。
由“王武挣钱比车间主任多”可知，王武不是车间主任，故王武是采购经理，李思是车间主任。

21. E
【解析】母题 25 · 因果型假设题
题干：社会期望女性在其他更多的方面表现出自己的能力$\xrightarrow[\text{导致}]{}$女性的数学才能没有被充

分发挥出来。

A项、B项，无关选项，题干不涉及数学能力与其他方面能力的比较。

C项、D项，无关选项，题干不涉及女性与男性才能的比较。

E项，必须假设，说明社会期望的确会对女性产生影响。

22. E

【解析】母题29·推论题

题干：

①任何一个人的身体感染了X病毒，一周以后就会产生抵抗这种病毒的抗体。

②抗体测试可以估计感染X病毒的时间，估计误差在一个月之内。

该测试是通过确定抗体的数量来估计感染X病毒的时间，但由①知，任何人感染此病毒后，一周内是没有产生抗体的，因此，该测试在感染X病毒的一周内是无效的，故选E。

23. D

【解析】母题29·推论题

由题干可知：一个非常好的声誉，可能因为一个事件，转眼就被破坏；而一个不好的声誉，往往需要很长时间的努力才能消除它。显然可以推出D项为真。

A项，无关选项，题干仅讨论了“破坏”一个好的声誉，但没有涉及“赢得”一个好的声誉。

B、C、E项显然为无关选项。

24. A

【解析】母题24·论证型假设题及搭桥法

题干：男性心脏病患者的荷尔蒙睾丸激素含量低于无心脏病的男性$\xrightarrow[证明]{}$荷尔蒙睾丸激素的高含量分泌不是造成男性患心脏病的原因。

A项，必须假设，否则，若患心脏病后男性体内荷尔蒙睾丸激素的含量会下降，则荷尔蒙睾丸激素的高含量仍然可能是造成心脏病的原因。

B项，无关选项。题干所讨论的范围是患有心脏病的男性和无心脏病的男性总体的特征，其中个别成员的特征不能说明问题。

C项，不必假设，传统观点往往不对并不能说明所有的传统观点都是不对的。

D项，削弱题干，共因削弱。

E项，无关选项。题干仅仅讨论荷尔蒙睾丸激素和男性心脏病之间的关系，与其他疾病无关。

25. E

【解析】母题17·调查统计型削弱题

题干：1985年调查的孩子牙洞发病率低于1970年的调查情况（果）$\xrightarrow[证明]{}$在1970—1985年这段时间内，孩子们的牙病比率降低了（因）。

E项，另有他因，可能不是因为发病率降低，而是因为孩子年龄小尚未发病。

其他选项均为无关选项。

26. C

【解析】母题40·综合推理题

以序号为依据，将题干信息化为不等式：

①Q < H；②X 种植在 1 或 6 号菜池子中；③3 号菜池子种植 Y 或 S；④S < L，且二者相邻。
因为 S 种植在偶数号菜池中，则根据题干信息③可得，Y 必然种植在 3 号菜池中。
又由题干信息④可得：S 不能种植在 2 号菜池中，则 S 必然种植在 4 号菜池中，故 L 种植在 5 号菜池中。
因此选项 C 为正确答案。

27. B

【解析】母题 40·综合推理题

根据题干信息①可知，H 不可能种植在 1 号菜池中，故排除 A 项。
根据题干信息④且 S 种植在奇数池中可知，L 必然种植在偶数池中，故排除 D、E 项。
若 C 项为真，则 H 种植在 4 号菜池中，再根据题干信息④可知，S 不种植在 3 号菜池中。则 S 可种植在 1 或 5 号菜池中，若 S 种植在 1 号菜池中，则 L 种植在 2 号菜池中，根据题干信息③，Y 必然种植在 3 号菜池中，则 Q 必然种植在 5 号菜池中，与题干信息①矛盾。若 S 种植在 5 号菜池中，则 L 种植在 6 号菜池中。因为 Y 必然种植在 3 号菜池中，所以 Q 只能种植在 1 号菜池中，则与题干信息②相违背。
因此排除选项 C，本题的正确答案为 B。

28. D

【解析】母题 40·综合推理题

根据题干信息②可知，X 只能种植在 1 或 6 号菜池中，若 X 种植在 6 号菜池中，则选项 D 显然不能为真。若 X 种植在 1 号菜池中，若 D 项为真，则 H 种植在 2 号菜池中，无法满足题干信息①。因此 D 项不可能为真。
例如，在满足题干要求的情况下，X 种植在 1 号菜池中，Y 种植在 2 号菜池中，S 种植在 3 号菜池中，L 种植在 4 号菜池中，Q 种植在 5 号菜池中，H 种植在 6 号菜池中。A、B、C、E 项均可能为真。

29. D

【解析】母题 20·论证型支持题

题干：有的科学家试图证伪量子理论，但发现其误差在可接受的统计范围内，这说明接受量子理论是合理的。
A 项，说明量子理论不应该被接受，削弱题干。
B 项，接受这个理论→没有被实验所证伪，混淆了充分必要条件，不能支持题干。
C 项，题干中“量子理论的这些结果”不同于与它相竞争的理论的结果，指的是量子理论的误差在可接受范围内，而不是“违反直观的结论”是多还是少，无关选项。
D 项，搭桥法，支持题干。
E 项，无关选项。

30. B

【解析】母题 24·论证型假设题

题干：好的史学作品必须突破那层僵化的历史真实观，直接触及历史人物的灵魂，写出历史的本质真实来。
运用“取非法”，B 项必须假设，因为如果忠实地记述历史事实的史学作品就是好的史学作品，那么就会推翻题干中对好的史学作品的定义。

管理类联考综合（199）逻辑冲刺模考题
卷12　答案详解

1. A

【解析】母题14 · 因果型削弱题

题干：加利福尼亚的银行之间缺乏竞争$\xrightarrow[\text{导致}]{}$个人贷款利率高于美国其他州。

A项，另有他因，指出导致利率更高的有其他原因，削弱题干。

B项，无关选项，题干的论证与“风险”无关。

C项，无关选项，题干的论证与“安全性”无关。

D项，排除他因，排除消费者不能归还私人贷款的比率高导致当地个人贷款利率高的可能性，支持题干。

E项，无关选项，“吸收储户”的竞争情况与“个人贷款”的竞争情况不同。

2. B

【解析】母题16 · 措施目的型削弱题

题干：增加十种最好销的品牌$\xrightarrow[\text{以求}]{}$增加销量。

A项，无关选项。

B项，削弱题干，现在所售品牌已经包括了八种最流行的品牌，而其中七种已经占据了几乎所有手机的销量。因此再增加所售品牌无法增加销量，措施达不到目的。

C项，无关选项，因为题干的计划是增加“最好销的品牌”，而不是“知名品牌”，此项偷换概念。

D项，无关选项，“不流行的品牌”带来的利润少与增加“十种最好销的品牌”是否可以增加销量无关。

E项，无关选项，与C项同理。

3. C

【解析】母题14 · 因果型削弱题

农场：炼铅厂引起的空气污染$\xrightarrow[\text{导致}]{}$农作物减产。

炼铅厂：有害昆虫和真菌的蔓延（另有他因）$\xrightarrow[\text{导致}]{}$农作物减产。

C项，正是炼铅厂引起的空气污染才导致了有害昆虫和真菌的蔓延，从而导致农作物减产，说明还是炼铅厂的责任，显然为正确选项。

其他选项均不正确。

4. A

【解析】母题35 · 形式逻辑型结构相似题

题干：①¬ 能力→¬ 生存；②阿法种南猿：能力∧¬ 生存，所以①不成立。
②的矛盾命题为：能力→生存，而①等价于：生存→能力。可见，题干误将必要条件混淆为充分条件。
A 项，①¬ 认识→¬ 改正；②大张：认识∧¬ 改正，所以①不成立。与题干的错误相同。
其余各项均与题干不相同。

5. C

【解析】母题 10·简单命题的真假话问题

根据题干条件可知，（1）和（4）矛盾，必然有一真一假。
假设（2）为真，则（3）必然为真，因为题干的断定中只有两个为真，所以（2）为假，（3）为真。
由（2）为假可知，该县没有斑点狗得狂犬病（即Ⅱ项为真）。
由（3）为真可知，有些狗得了狂犬病（即Ⅳ项为真）。
又因为（2）为假，所以（1）为假，（4）为真，故有的狗没得狂犬病（即Ⅴ项为真）。
故正确答案为 C。

6. D

【解析】母题 39·数字推理题

根据题意：
Ⅰ项，大成服装厂职工增加人数为：30 - 26 = 4（人），为真。
Ⅱ项，该省上个月企业职工增加人数为：15 000 - 12 000 = 3 000（人），为真。
Ⅲ项，“失去工作总人数”不等于“失业人数”，因为失去工作的企业职工可能会重新就业。

7. E

【解析】母题 20·论证型支持题

题干：①波罗的海海豹病毒性死亡率高于苏格兰海豹；②波罗的海海豹血液内的污染物浓度高于苏格兰海豹；③污染性物质能削弱海洋哺乳动物对病毒感染的抵抗力$\xrightarrow[\text{证明}]{}$血液中污染性物质的含量较高导致波罗的海海豹死亡率高。
A 项，另有他因，削弱题干论证。
B 项，无关选项，题干不涉及此项中的比较。
C 项，不能削弱，因为“波罗的海海豹的血液中污染性物质的水平略有波动”与题干中“波罗的海海豹血液内的污染物浓度高于苏格兰海豹”并不冲突。
D 项，另有他因，导致波罗的海海豹死亡率高可能不是因为污染性物质含量高，而是因为污染性物质种类不同。
E 项，补充新论据，支持题干中的论据③。

8. A

【解析】母题 24·论证型假设题及搭桥法

题干：今天的纯理论研究将来可能成为技术应用的源头$\xrightarrow[\text{证明}]{}$纯理论研究具有价值。
Ⅰ项，必须假设，否则如果理论发现和实际应用之间没有时间差，那么今天的纯理论研究，就不可能在未来发展成为技术应用。
Ⅱ项，无关选项，题干不涉及纯理论研究和技术应用哪个更浪费时间和金钱的问题。
Ⅲ项，无关选项，题干仅仅表明今天的纯理论研究在未来可能会有应用价值，但并不涉及这种价值与时间长短的关系。

9. E

【解析】母题 32・评论逻辑技法（类比型）

通过“新生婴儿有什么作用”不难发现题干将新生婴儿比作一时没有作用，但是在将来会有作用的纯理论发现。即 E 选项正确。

10. A

【解析】母题 14・因果型削弱题＋母题 16・措施目的型削弱题

题干中的因果：脊髓中存在着神经生长抑制剂$\xrightarrow[导致]{}$脊髓中受损伤的神经不能自然地再生。

题干中的措施：开发降低这种抑制剂活性的抗体$\xrightarrow[以求]{}$神经修复。

A 项，措施有恶果，说明降低神经抑制剂的活性可能导致其无法发挥主要功能。

B 项，无关选项。

C 项，无关选项。

D 项，补充论据，支持题干，说明措施有效。

E 项，指出题干中的措施需要一定的条件——“抗体的稳定供给”，但并不确定这一条件是否能够满足，故无法削弱题干。

11. D

【解析】母题 29・推论题

由题干信息“胡椒处于相对短缺的状态”，可知：“过去三年中世界的胡椒剩余储备减少了”为真，即 D 项。

A 项，无关选项，题干并未提及。

B 项，题干仅提及产量，未提及消费量。

C 项，气候恶劣和可可的价值更高共同导致胡椒产量下降。所以，仅仅气候回归正常不必然得出胡椒产量会回升。另外，胡椒的价格和可可相同，也不能说明种植胡椒的收益和可可相当（如产量不同、成本不同）。

E 项，推理过度，根据题干信息仅仅可以得出过去三年单位产量胡椒利润上涨，但不能得出“前所未有”。

12. C

【解析】母题 29・推论题

由题干可知，如今种植胡椒获利更多的一个重要因素是农民改种可可导致胡椒供不应求，因此价格飞涨。所以，如果农民不改种，很可能价格不会飞涨，获利也不会增加，因此 C 项正确。

其他选项均不能从题干中必然推出。

13. E

【解析】母题 1・充分必要条件

将题干信息形式化：

父亲能卷舌头 ∨ 母亲能卷舌头→孩子能卷舌头。

由箭头指向原则可知，“孩子能卷舌头”后面无箭头，无法推出任何信息，因此，无法断定其父母的情况。

故正确答案为 E 项。

14. D

【解析】母题40·综合推理题

根据题干条件（1）（2）可知，六位教授分成四组评审四篇博士论文，且只有两篇博士论文存在两位教授评审。

由题干条件（3）（4）可知，H和F一组，L和另一位教授一组，因此，G、J、K三位教授两两不能同组。

根据题干条件（5）（6）及K不评审孙博士的论文，即这三位教授都不评审孙博士的论文可知，H和F评审孙博士的论文。

故正确答案为D。

15. D

【解析】母题40·综合推理题

选项排除法：

由上题分析可知，只有两篇博士论文存在两位教授评审。

A项，根据题干条件（3）可知，F不能与G同组评审，排除。

B项，根据题干条件（3）可知，F不能与L同组评审，排除。

C项，由上题分析可知G、J、K三位教授两两不能同组，由题干条件（5）（6）可知，J评审吴博士的论文，故K不能评审吴博士的论文，排除。

E项，根据题干条件（3）（7）可知，F不能评审吴博士的论文。

故正确答案为D项。

16. B

【解析】母题40·综合推理题

根据上题的分析可知，因为L只能与G、K、J中的任一位同组，但G、K、J三位教授两两不能同组。已知G评审马博士的论文，那么K不能评审马博士的论文。

故正确答案为B项。

其他选项均有可能为真。

17. D

【解析】母题13·论证型削弱题

题干：女性秘书具有强烈的现代意识、敏锐的现代眼光和娴熟的公关技巧$\xrightarrow[\text{证明}]{}$女性秘书要比男性秘书好。

A项，削弱力度弱，因为即便女性秘书具有缺点，也不代表男性秘书不具有类似的缺点。

B项，削弱力度弱，从题干中无法确定上述调查的样本是否有代表性。

C项，指出女性秘书还具有其他优势，支持题干。

D项，说明男性秘书也同样具备题干中女性秘书的两个优点，这就说明女性秘书未必比男性秘书好，削弱题干。

E项，无关选项，题干从女性秘书的优点出发得出结论，和领导偏好无关。

18. D

【解析】母题29·推论题

题干：老年人经常会患由血脂高导致的一些慢性病，对此人们的态度时常走极端：一个是完全不理会；一个是过度敏感。

也就是说对于老年人慢性病，过于忽视和过于关注都是不好的，因此D项为真。

A项，无关选项，题干并未提及。

B项，干扰项，题干中虽然涉及了饮食问题，但是题干讨论的核心是对于老年人慢性病的态度，而不是饮食的合理搭配。

C项，题干并未提及心血管疾病。

E项，题干并未提及，属于过度推理。

19. E

【解析】母题2·德摩根定律

题干：父亲同意∨母亲同意→购买=¬购买→父亲不同意∧母亲不同意。

根据题干，小红没能说服家人给她买这件衣服，即没有购买，可知小红的父亲和母亲都不同意。故A、B、C、D项均正确，E项错误。

20. A

【解析】母题29·推论题

题干：没有（漫长的黑暗∧犁地时种子短暂的曝光）→种子不发芽。

A项，夜晚犁地，种子无法接受阳光，会造成种子无法发芽，故此项正确。

B项，不犁和在夜晚犁地，种子都无法接触阳光，都不能发芽，故此项错误。

C项，日出前和日落后犁地，种子都无法接触阳光，都不能发芽，故此项错误。

D、E项，题干未提及土层问题，故这两项均为无关选项。

21. E

【解析】母题20·论证型支持题

题干：新婚夫妇在登记结婚前进行私人财产公证对社会和家庭都是有利的。

A、B项，从两个角度分别说明了进行婚前财产公证的必要性。

C项，措施无恶果，支持题干。

D项，说明这是一种普遍接受的方式，支持题干但力度不大。

E项，无关选项，题干所讨论的是婚前私人财产公证问题，与社会地位并不相关。

22. D

【解析】母题26·措施目的型假设题

题干：去年6月下旬天气奇热，而人大游泳池却要到7月才开放$\xrightarrow[\text{导致}]{}$以后游泳池从6月下旬开放$\xrightarrow[\text{以求}]{}$避免这样的问题。

Ⅰ项，必须假设，说明措施有必要。否则，若以后六月下旬并不炎热，就没必要提前开放游泳池。

Ⅱ项，必须假设，说明措施可行。否则，就无法开放游泳池。

Ⅲ项，不必假设游泳是消暑的“最好”方式。

23. C

【解析】母题20·论证型支持题

题干：月球对地球的影响远远大于太阳；孕育地球生命的力量，来自月球而非太阳。

A、B、D、E项均为题干提供了论据，支持了题干的观点。

C项，说明了太阳的作用大，削弱题干。

24. D

【解析】母题29·推论题

题目问的是关于C公司的说法，所以只需要看题干最后一句：①C公司假期收入占全年收入的1/3；②C公司假期利润占全年利润的一半。

可得：对于一定金额的销售数量而言，C公司在假期中（第四季度）可获得更多的利润。故D项正确。

A项，无法推出，题干没有涉及“固定成本”问题。

B项，与题干信息矛盾，第四季度利润已经占了年利润的一半，因此第一季度和第三季度利润至多和第四季度利润持平。

C项，题干仅仅涉及利润和收入的比较，在不知成本的情况下，无法确定其销售单价。

E项，由题干信息无法获知进货成本。

25. B

【解析】母题22·求异法型支持题

题干中的实验：

第一组“害虫和家畜”：在辐射环境下喝清水；

第二组“害虫和家畜”：在没有辐射的环境下喝污染的泰勒斯威尔地区的水。

实验结果：第二组在致癌和生理缺陷上受到的危害比正常情况高10倍，比第一组高6倍。

实验结论：是水污染，而非核辐射导致“孩子”的生理缺陷和癌症。

A项，干扰项，题干中的实验结论是“第二组在致癌和生理缺陷上受到的危害比正常情况高10倍，比第一组高6倍”，这说明第一组核武器辐射环境下的害虫和家畜比正常情况高接近2倍，所以，此项与实验结论冲突。

B项，题干是由动物试验得到关于人的结论，需要保证有害物质对动物和人的影响是类似的，所以此项补充了题干的隐含假设，支持力度大。

C项，不能支持题干，此项是题干的推论，而不是题干的论据。

D项，无关选项，题干未涉及毒素是否长期暴露在饮用水中。

E项，说明毒素有好处，削弱题干。

26. D

【解析】母题3·箭头的串联

将题干信息形式化：

①汤唯→《色戒》；

②《色戒》→梁朝伟；

③¬ Angelababy→¬ 梁朝伟 = 梁朝伟→Angelababy。

将①②③串联得：汤唯→《色戒》→梁朝伟→Angelababy，

逆否得：¬ Angelababy→¬ 梁朝伟→¬ 《色戒》→¬ 汤唯。

由箭头指向原则可知：Ⅰ和Ⅱ为真，Ⅲ真假不定。

故正确答案为D。

27. C

【解析】母题13·论证型削弱题

题干：在影响地球气候的风的类型变换之前，太阳黑子活动频繁$\xrightarrow[\text{证明}]{}$可通过对太阳黑子活动的预测来改善天气预报。

A 项，无关选项，题干不存在现在的天气预报与 36 年前的天气预报之间的比较。

B 项，支持题干，说明太阳黑子活动和天气变化存在关系。

C 项，太阳黑子活动能够预测的气候状况，以前已经通过其他手段进行预测了，说明新发现不能为天气预报带来更多的帮助，削弱题干。

D 项，无关选项。

E 项，支持题干，说明通过观测太阳黑子对风的影响，确实能预测气候。

28. D

【解析】母题 40 · 其他综合推理题

由题干条件①可知，有一个人在 3 个分委会中都任职，不妨将其简称为“全委”。“全委”和其余任何一人都同在某个分委会。再根据题干条件②③可知，F、G、H、I 都不是“全委”，故“全委”只可能是 M 和 P 中的一个。故排除 A、B、C 项。

E 项与题干条件③矛盾，排除。

故正确答案为 D。

29. B

【解析】母题 40 · 其他综合推理题

根据上题分析可知，“全委”只可能是 M 和 P 中的一个，又知在 M 任职的分委会中有 I，说明 M 不可能是“全委”，否则 I 也是“全委”。可得“全委”是 P，排除 E 项。

A 项，不可能为真。因为 M 不是“全委”。

C 项，不可能为真，因为 P 是“全委”。如果 C 项为真，则 I 也是“全委”。

D 项，不可能为真，否则该分委会的委员有 F、M、I 和 P 四人，违反题干条件“每个分委会由 3 位不同的委员组成”。

故正确答案为 B。

30. D

【解析】母题 40 · 其他综合推理题

根据题意，3 个分委会，每个分委会 3 个委员，共 9 个分委会委员。6 人分任这 9 个委员。其中一人是“全委”，任 3 个分委会委员，其余 5 人任 6 个分委会委员，因此，有且只有一人任 2 个分委会的委员。

故 D 项正确。

管理类联考综合（199）逻辑冲刺模考题
卷13　答案详解

1. D

【解析】母题20·论证型支持题

人力资源部：起诉后期再开始调解。

公司总裁：调解人有可能解决其中的大部分问题，如果起诉后期再开始调解，就几乎没有什么效果。

A项，无关选项，此项说明许多争论不需要调解，不涉及起诉后期的调解是否有效。

B项，削弱总裁“调解人有可能解决其中的大部分问题”这一观点。

C项，无关选项，题干不涉及调解和起诉所用时间的比较。

D项，说明起诉后期再开始调解使得调解难度增大，支持公司总裁的观点。

E项，诉诸无知。

2. B

【解析】母题3·箭头的串联+母题2·德摩根定律

将题干信息形式化：

①美联储推出QE3→全球美元供给增加→各国购买美元资产→加大本国通货膨胀压力；

②¬输入性通货膨胀→本币升值→抑制本国出口→经济滑坡。

由②可知，¬输入性通货膨胀→经济滑坡，等价于：输入性通货膨胀∨经济滑坡。

故B项为正确选项。

3. B

【解析】母题29·推论题

题干：在李明博访问了与日本存在主权争议的独岛后，其支持率由25.7%升至34.7%。

支持率=支持他的人数/总人数，在韩国总人数不变的情况下，支持率上升，说明支持他的人数增加，即“一部分先前不支持他的人现在转而支持他”，B项正确。

D项，干扰项，因为相继发生的两个事件，可能有因果关系也可能没有因果关系，此项断定过强。

E项，推理过度。

其余各项均为无关选项。

4. B

【解析】母题31·评论逻辑漏洞

政治家：汽油价格在去年一年中涨了10%，乘车的费用涨了12%，报纸价格涨了15%，清洁剂价格涨了15%，面包价格涨了50% $\xrightarrow{\text{证明}}$ 那些声称去年全年消费物价涨幅低于3%的经济学家是错误的。

政治家通过部分产品价格的涨幅，推断所有产品价格的涨幅，样本没有代表性，B项正确。

A项，诉诸人格。

C项，诉诸情感。

D项，诉诸权威。

E项，不当类比。

5. B

【解析】母题28·解释题

待解释的现象：美国遭遇了50多年来最严重的干旱天气，预计玉米和大豆将大幅度减产，但是2012年美国农业净收入有望达到创纪录的1 222亿美元，比去年增加3.7%。

B项，收入=单价×数量，虽然玉米和大豆将大幅度减产，但是国际和国内价格暴涨，收入就可能增加。

C、D选项中的措施可以减少农场主的部分损失，但无法解释收入提高，甚至“创纪录”。

其余各项均为无关选项。

6. C

【解析】母题13·论证型削弱题

题干：职业骗子宁肯使用低劣的诈骗短信，也不去设计一些更具欺骗性、更易让人上当的短信$\xrightarrow[\text{证明}]{}$骗子太笨、太不敬业了。

题干中暗含一个隐含假设：现在的骗术不够有欺骗性、不易使人上当，因此应该“设计一些更具欺骗性、更易让人上当的短信”。

A项，骗子不聪明，就骗不了别人。题干恰恰认为骗子骗不了人，不能反驳题干。

B项，无关选项，题干不涉及是否引起警察注意的问题。

C项，一种骗术毫无作用→骗子将它淘汰，等价于：骗子没将一种骗术淘汰→此种骗术有作用。因此，如果C项成立，说明骗子没有淘汰诈骗短信，说明诈骗短信是有用的、可以使人上当的。削弱了题干的隐含假设，力度大。

D项，阐述了骗子使用诈骗短信的理由，但并不能说明诈骗短信是有效的，因此削弱力度不如C项。

E项，有的骗子会使用其他的高明手段，不能反驳题干中的骗子使用的诈骗短信是低劣的。

7. B

【解析】母题29·推论题

题干讨论的是细小差别的积累，会变成大差距。

A、C、D、E项均符合题干所讨论的内容。

B项，题干不涉及“性格”，故此项不能被题干合理地引出。

8. C

【解析】母题20·论证型支持题

题干：避税空间的大小与税制的复杂程度成正比，避税能力的高低与纳税人的收入水平成正比$\xrightarrow[\text{证明}]{}$复杂税制造成的避税空间大多会被富人利用，使得累进税达不到税法规定的累进程度，其调节分配的功能也大大弱化。

C 项，补充论据，富人的收入增加而平均税率却减少，说明累进税的调节分配功能被弱化。

其他选项均为无关选项。

9. C

【解析】母题 28·解释题

待解释的现象：一个作战计划中的弱点是绝密，但是日本公布了登陆钓鱼岛的自卫队的弱点。

C 项，说明日本的真实目的不在于夺岛，公布难以运送兵力是其弱点，就可以为建造两栖战舰制造舆论，提升自己的作战能力。

其余各项虽有一定的解释作用，但都没有 C 项可信。

10. A

【解析】母题 1·充分必要条件

将题干信息符号化：

①没有买卖→没有杀戮，等价于：杀戮→买卖；

②没有杀戮←人与自然和谐相处，等价于：杀戮→┐人与自然和谐相处。

A 项，杀戮→买卖，为真。

B 项，没有买卖→人与自然和谐相处，无箭头指向，可真可假。

C 项，没有买卖←人与自然和谐相处，无箭头指向，可真可假。

D 项，杀戮$\xrightarrow[\text{导致}]{}$人与自然没能和谐相处，此项是因果关系，而题干是条件关系，与题干不同。

E 项，买卖→杀戮，无箭头指向，可真可假。

11. A

【解析】母题 40·匹配题

由第一盘对局的情况可知：张山的妹妹不是冬雨，王武的妹妹不是唯唯。

由第二盘对局的情况可知：王武的妹妹不是春春，李思的妹妹也不是春春。

因此，王武的妹妹是冬雨。故李思的妹妹不是冬雨，也不是春春，只能是唯唯。

综上可知，张山的妹妹是春春。

12. A

【解析】母题 16·措施目的型削弱题

题干：只要信用卡被盗刷时使用了密码，银行均视为持卡人本人所为，对所发生的损失概不负责$\xrightarrow[\text{证明}]{}$不设密码，自己的信用卡会更安全。

A 项，诉诸无知。

B 项，可以削弱，犯罪分子伪造设有密码的信用卡时，如果不能获取密码就无法盗刷，说明还是设密码更安全。

C 项，可以削弱，说明设了密码的信用卡在遗失时更不容易被盗刷。

D 项，可以削弱，说明不设密码有坏处，会使卡主承担损失，因此还是应该设置密码。

E 项，可以削弱，说明不设密码更容易被盗刷，因此还是应该设置密码。

13. D

【解析】母题 3·箭头的串联

题干：①有的未受过大学教育的人→优秀作家；

②优秀作家→敏感而富有想象力的人；

③写出打动人心的作品→敏感而富有想象力的人。

串联①②得：有的未受过大学教育的人→优秀作家→敏感而富有想象力的人；

等价于：有的敏感而富有想象力的人→未受过大学教育，因此 D 项为正确选项。

其他选项均不正确。

14. E

【解析】母题 28 · 解释题

待解释的现象：在质量不变的情况下，外国品牌的葡萄酒价格上涨而销量却增长。

A 项，若要此项解释题干，必须得有一个前提：这些葡萄酒价格上涨的同时伴随着广告策略的改变。但我们无法从此项中确认此前提，因此，此项不能很好地解释题干。

B 项、C 项，用个别消费者的情况做解释，解释力度弱。

D 项，价格折扣实际上是变相降价，因而无法解释葡萄酒“价格上涨”而销量却增长。

E 项，消费者认为价格越高质量越好，可以解释。

15. B

【解析】母题 9 · 简单命题的负命题

题干：①不道德的行为∧公开实施→伤害公众感情；

②所有不道德的行为会伴有内疚感。

B 项，有的不道德的行为不会伴有内疚感，与②矛盾，一定为假。

其余各项均不必然为假。

16. C

【解析】母题 15 · 求异法型削弱题

题干使用求异法：

第一个大棚施加肥料甲：产出 1 200 公斤茄子；

<u>第二个大棚不施加肥料甲：产出 900 公斤茄子；</u>

故：肥料甲导致了第一个大棚有较高的茄子产量。

A 项，肥料甲渗入第二个大棚，会导致实验缺乏对比性，但是由“少量”可知削弱力度弱。

B 项，排除他因，支持题干。

C 项，另有他因，可以削弱，说明是土质和日照量的不同导致了两个大棚的差异。

D 项，无关选项，题干未提及肥料乙。

E 项，如果过期肥料都起到了作用，那么不过期的肥料可能作用更大，不能削弱题干。

17. B

【解析】母题 24 · 论证型假设题（搭桥法）

题干：“得分高”的学生对该评价体系的满意度都很高 $\xrightarrow[\text{证明}]{}$ “表现好”的学生对这个评价体系都很满意。

B 项，必须假设，搭桥法，建立“表现好的学生”和“得分高的学生”的联系。

其余各项显然均不必假设。

18. D

【解析】母题 1 · 充分必要条件

将题干信息形式化：

①¬ 外国资本和劳动力注入→¬ 振兴＝振兴→外国资本和劳动力注入；
②外国资本和劳动力注入→“异化”。
串联①②得：③振兴→外国资本和劳动力注入→“异化”。
A 项，外国资本和劳动力注入→振兴，根据③可知，均无此箭头指向，可真可假。
B 项，振兴→¬ “异化”，根据③可知，为假。
C 项，外国资本和劳动力注入∧完善各项制度→¬ “异化”，题干未涉及“完善各项制度”，可真可假。
D 项，振兴→可能“异化”，根据③可知，为真。
E 项，根据③振兴→“异化” ＝¬ 振兴∨“异化”，可真可假。

19. E

【解析】母题 29・推论题

题干：鱼龙为了适应海洋环境，使自身体貌特征与鱼类的体貌特征趋于一致$\xrightarrow[\text{证明}]{}$趋同是不同种类的生物为适应同一环境而各自发育形成一个或多个相似体貌特征的过程。
A 项，“完全相同”过于绝对。
B 项，是不是“近亲”题干没有涉及，无关选项。
C 项，“完全”过于绝对。
D 项，“一定”过于绝对。
E 项，由于不同种类的生物为适应环境可以发育成与其他生物相似的特征，所以不能因为特征相似就把它们归为一类生物。

20. E

【解析】母题 31・评论逻辑漏洞

题干：①从非核资源可以得到便宜的电力，②强制性的安全检查和安全维修，使继续经营这座核电站变得很不经济$\xrightarrow[\text{证明}]{}$关闭这座核电站不是出于安全考虑，而是出于经济方面的考虑。
显然，出于对核电站的安全考虑，才会有强制性的安全检查和安全维修，这些费用的上升不是单纯的经济因素，因此 E 项正确。

21. D

【解析】母题 33・评价题

题干：B 市取消强制婚前检查制度$\xrightarrow[\text{导致}]{}$婚前检查率从 10 年前的接近 100% 降至 2011 年的 7%$\xrightarrow[\text{导致}]{}$该市新生儿出生缺陷率的上升。
A 项，与题干的论证相关，如果生存环境受到破坏，新生儿出生缺陷率可能上升，另有他因削弱题干；反之，则支持题干。
B 项，与题干的论证相关，如果该市育龄人群中不健康的生活方式大量增加，新生儿出生缺陷率可能上升，另有他因削弱题干；反之，则支持题干。
C 项，与题干的论证相关，如果高龄孕妇的比例有较大提高，新生儿出生缺陷率可能上升，另有他因削弱题干；反之，则支持题干。
D 项，无关选项，流动人口的多少并不影响新生儿的健康。
E 项，与题干的论证相关，如果孕检的比例降低，新生儿出生缺陷率可能上升，另有他因削弱题干；反之，则支持题干。

22. A

【解析】母题 40 · 复杂匹配题

使用表格法，将题干中的已知信息整理如下表：

病房	1	2	3	4	5	6	7
甲	√	√	×	×	×	×	×
乙	×	×				×	×
丙	×	×				×	×
丁	×	×					×
戊	×	×	×	×	×	×	√

“每间病房只由一位护士来护理”，根据上表可知丁护理 6 号病房。

由条件（3）知，乙护理 3 号病房。

由条件（2）知，乙不护理 6 号病房。

由条件（4）逆否可得：丙不护理 4 号病房。

综上所述：

病房	1	2	3	4	5	6	7
甲	√	√	×	×	×	×	×
乙	×	×	√		×	×	×
丙	×	×	×	×	√	×	×
丁	×	×	×		×	√	×
戊	×	×	×	×	×	×	√

因此，A 项“乙护理 3 号病房”为真。

23. E

【解析】母题 40 · 复杂匹配题

结合上题分析和本题条件可知，丁只护理 6 号病房。故有以下表格内容：

病房	1	2	3	4	5	6	7
甲	√	√	×	×	×	×	×
乙	×	×	√	√	×	×	×
丙	×	×	×	×	√	×	×
丁	×	×	×	×	×	√	×
戊	×	×	×	×	×	×	√

故，E项“乙护理5号病房”为假。

24. D

【解析】母题28·解释题

待解释的现象：目前巨额亏损下的交强险依然是各保险公司争抢的业务。

A项，不能解释，经营交强险业务的公司盈利的少而亏损的多，因此，该业务不应该是被争抢的业务。

B项，加剧矛盾，部分不该赔付的案例被判赔付，保险公司亏本赔付也要争抢业务的行为不合理。

C项，不能解释，拖拉机享受惠农政策，与保险公司的行为无关。

D项，可以解释，因为商业车险与交强险捆绑，而商业车险利润丰厚足以抵消保险公司的损失。

E项，可以解释，但“有的”力度弱。

25. B

【解析】母题30·概括结论题

题干中列举了一个例证：A牌奶粉与B牌奶粉进行了两年的比较广告战，反而缩小了各自的市场份额，说明比较广告战有可能缩小目标市场，故B项正确。

A项，无关选项，题干中说的是“不再扩张的市场”。

C项，无关选项，题干的论证不涉及消费者是否能判断广告的正确性。

D项，“任何情况下”，过于绝对。

E项，推理过度。

26. A

【解析】母题40·综合推理题

A项，根据条件（5）H去美国，则Z去美国，但是根据条件（3）W和Z不能去同一个国家，显然矛盾，所以A项为正确选项。

27. C

【解析】母题40·综合推理题

将题干信息形式化：

（1）G英国→H美国＝H英国→G美国；

（2）L英国→M美国∧U美国＝M英国∨U英国→L美国；

（3）W≠Z；

（4）U≠G；

（5）Z英国→H英国＝H美国→Z美国。

由于H不能既去英国又去美国，所以根据题干条件（1）（5）可知G和Z只有一个可以去英国。

如果G去英国，根据题干条件（1）知H去美国；再根据题干条件（5）知Z去美国；再根据题干条件（3）知W去英国；再根据题干条件（4）知，U去美国。剩下L、M不确定。假设L去英国，则根据题干条件（2）知M去美国，此时最多有3个学生（G、W、L）一起去英国；假设M去英国，则根据题干条件（2）知L去美国，此时最多也是3个学生（G、W、M）一起去英国。

如果Z去英国，根据题干条件（5）知H去英国；再根据题干条件（1）知G去美国；再根据题干条件（4）知U去英国；再根据题干条件（2）知L去美国；再根据题干条件（3）知W去美国。剩下的M哪个国家都可以。故此时最多有4个学生（Z、H、U、M）一起去英国。

所以，最多可以有4个学生去英国，C项为正确选项。

28. D

【解析】母题40·综合推理题

选项排除法：

A项，根据条件（2）可知，L去英国，则M要去美国，与题干矛盾，不可能为真。

B项，与条件“（4）U所去的国家与G所去的国家不同”矛盾，不可能为真。

C项，W和Z都去英国，与条件“(3）W所去的国家与Z所去的国家不同”矛盾，不可能为真。

E项，根据条件（2）可知，L去英国，则M要去美国，与题干矛盾，不可能为真。

所以，D项为正确选项。

29. B

【解析】母题10·简单命题的真假话问题

假设张山的话为真，则李思说谎。故李思说“王武说谎”为假，王武的话为真。

而王武说：“张山和李思都说谎了”，与假设矛盾。

故张山的话为假，李思的话为真，王武的话为假。

由李思的话为真可知：张山出场1次，李思出场3次，王武出场0次。

故B项正确。

30. C

【解析】母题25·因果型假设题（搭桥法）

题干：中国代表团没有透彻地理解奥运会的游戏规则$\xrightarrow[\text{导致}]{}$在伦敦奥运会上，无论是对赛制赛规的批评建议，还是对裁判执法的质疑，前后几度申诉都没有取得成功。

搭桥法：没有透彻理解→申诉不成功，等价于：申诉成功→透彻理解。

所以，C项必须假设。

其余各项均不必假设。

管理类联考综合（199）逻辑冲刺模考题
卷14　答案详解

1. D

【解析】母题32·评论逻辑技法

A项，由实验数据得到一般性结论，用的是归纳法，正确。

B项，“症状越严重的患者感知黑白对比的能力越弱”就是利用了抑郁症状与患者感知黑白对比能力之间的共变关系，共变法，正确。

C项，研究人员的结果“抑郁症患者视网膜感知黑白对比的能力都明显弱于健康者”就是对抑郁症患者与健康者感知黑白对比能力的比较，求异法，正确。

D项，研究人员没有提出假说，不正确。

E项，显然正确。

2. B

【解析】母题20·论证型支持题

“气候变暖派”：1900年以来地球变暖完全是由人类排放温室气体所致。只要二氧化碳的浓度继续增加，地球就会继续变暖。两极冰川融化会使海平面上升，一些岛屿将被海水淹没。

“气候周期派”：地球气候主要由太阳活动决定，全球气候变暖已经停止，目前正处于向“寒冷期”转变的过程中。

A项，可以支持，指出气温没有继续上升，支持“全球气候变暖已经停止”。

B项，无关选项，“南半球暴雨成灾，洪水泛滥”与气候变暖的关系不明确。

C项，可以支持，支持了气候周期派中“全球目前正处于向‘寒冷期’转变的过程”。

D项，可以支持，指出大堡礁的面积目前正在扩大，反驳了“气候变暖派”中“一些岛屿将被海水淹没”的观点，相应地支持了“气候周期派”的观点。

E项，可以支持，说明寒冷和温暖交替出现。

3. A

【解析】母题13·论证型削弱题

题干：章鱼保罗通过选择国旗，准确预测了8场比赛的胜负$\xrightarrow[\text{证明}]{}$人算不如天算，贝利（球王）不如海鲜（章鱼）。

A项，支持题干，指出章鱼聪明，肯定了章鱼保罗的预测能力。

B项，可以质疑，指出章鱼保罗的预测失败，质疑了题干中章鱼保罗的预测能力。

C项，可以质疑，说明另有其他原因（西班牙国旗图案类似于它爱吃的食物）导致了章鱼保罗的预测成功。

D项，可以质疑，说明另有其他原因（加纳国旗上有一颗五角星让章鱼觉得危险）导致了章鱼保罗的预测成功。

E 项，可以质疑，说明不是章鱼保罗自身有预测能力。

4. D

【解析】母题 1 · 充分必要条件

将题干信息形式化：开征房产税→我国的税务机关达到征收直接税和存量税的水平，

逆否得：¬ 我国的税务机关达到征收直接税和存量税的水平→¬ 开征房产税。

故，D 项为正确选项。

其他选项均不正确。

5. C

【解析】母题 24 · 论证型假设题

论据：

①科学家荣誉越高，越容易得到新荣誉，成果越少，越难创造新成果；

②马太效应造成各种社会资源（如研究基金、荣誉性职位）向少数科学家集中。

论点：出类拔萃的科学家总是少数的，他们对科学技术发展所作出的贡献比一般科学家大得多。

A 项，削弱题干，说明存在未得到承认的出类拔萃的科学家。

B 项，削弱题干，说明诺贝尔奖得主也未必有卓越贡献。

C 项，搭桥法，说明得到荣誉和奖励越多的科学家，社会贡献就越大，必须假设。

D 项，无关选项，题干的论证与“出名要趁早”无关。

E 项，直接削弱题干的结论。

6. B

【解析】母题 1 · 充分必要条件

将题干信息形式化：

①不上网→报纸的影响力会大大下降；

②对网络版收费→很多读者可能会流转到其他网站；

③让读者心甘情愿地掏腰包→报纸必须提供优质的、独家的内容。

A 项，对网络版收费→一部分读者会重新订阅印刷版，与题干信息②不符。

B 项，报纸有良好的经济收益（即让读者心甘情愿地掏腰包）→提供优质的、独家的内容，与题干信息③相符，为真。

C 项，¬ 上网∧能造成巨大的影响力，与题干信息①不符。

D 项，推理过度，印刷版的报纸面临困难，但会不会退出历史舞台题干没有断定。

E 项，推理过度，网络版的报纸面临困难，但会不会退出历史舞台题干没有断定。

7. E

【解析】母题 29 · 推论题

题干中，相关公安局领导说“打错了”，“打错了”加了引号，说明他不认为打人是错的，打领导的家属是打错人了。所以，A、B、C、D 项都是公安局领导暗含的意思。

E 项表明所有人都不该打，而不只是领导的家属不该打，与公安局领导的意思不符。

8. D

【解析】母题 1 · 充分必要条件

将题干信息形式化：

①真正的动态稳定→包容异见和反对；

②处置得当→化“危”为“机”。

A项，¬处置得当→转“机”为“危”，可真可假。

B项，化“危”为“机”→处置得当，可真可假。

C项，包容异见和反对→达成真正的动态稳定，可真可假。

D项，¬包容异见和反对→¬达成真正的动态稳定，是①的逆否命题，为真。

E项，¬处置得当→化“危”为“机”，可真可假。

9. D

【解析】母题28·解释题

待解释的矛盾：一家大型公司撤销了占员工总数25%的三个部门，且再也没有聘用新员工，但实际结果是，该公司员工总数仅仅减少了15%。

A项，不能解释，员工提前退休也属于员工数量的减少，因此不能解释题干中的差异。

B项，“公司继续裁员”的话，员工总数减少应该大于25%，加剧了题干中的矛盾。

C项，无关选项，不涉及员工数量的增减。

D项，可以解释，三个部门被撤销，但并没有裁掉三个部门的所有员工，这样就解释了题干中的差异。

E项，不能解释，未被撤销的部门的员工辞职了，那么实际减员人数应该更多才对，加剧了题干中的矛盾。

10. C

【解析】母题32·评论逻辑技法

题干使用的方法是类比论证和归谬法。假设对方的论证成立，构造了一个相似的论证（类比），而这个论证的结论显然是无法接受的（归谬）。

故C项正确。

11. B

【解析】母题36·论证逻辑型结构相似题

题干：每一个政治不稳定事件都有“某个”人作为幕后策划者，无法推出，所有政治不稳定事件都是由“同一个”人策划。

B项，任一自然数都小于“某个”自然数，无法推出，所有自然数都小于“同一个”自然数，与题干推理的错误相同，正确。

其余各项显然均与题干推理的错误不同。

12. C

【解析】母题32·评论逻辑技法

题干：哥白尼的理论较为简单$\xrightarrow[\text{证明}]{}$哥白尼的理论优于托勒密的理论。

A项，不吻合，“唯一的决定因素”太过于绝对化。

B项，干扰项，题干认为简单的理论更优，并非“更重要”。

C项，可以吻合，题干通过比较一种较为简单和一种较为复杂的理论，得出简单的理论更优，即较为复杂的那个较差。

D项，不吻合，题干认为哥白尼和托勒密的理论都是正确的，因此不涉及理论的真假。

E 项，题干的判断标准是“简单”，而不是时间。

13. B

【解析】母题30·概括结论题

题干：基因测试疾病结果显示，4家公司对于同一受检者得出的结果却不同，对装有心脏起搏器的受检者的判断有误。

A 项，只是陈述了实验结果，并不是题干的引申。

B 项，由题干的例证可知，基因检测技术还很不成熟，不宜过早投入市场运作，正确。

C 项，“商业欺诈”属于推理过度。

D 项，“每家公司所使用的分析方法不同”，题干没有提及。

E 项，以偏概全，此项仅是其中一家公司的基因测试结果。

14. E

【解析】母题13·论证型削弱题

题干：贵妇不仅身着丝绸衣物，戴着精美玉镯和金指环，而且随葬有许多精美的漆器（果）$\xrightarrow[\text{证明}]{}$西汉贵妇很爱美（因）。

A 项，无关选项。

B 项，题干由饰物推断墓主人“爱美”，与墓主人是否是“美女”无关。

C 项，不能削弱题干，虽然墓主人的衣服朽化不见，但通过遗物痕迹进行衣着的推断是考古的常用手法。

D 项，排除他因，支持题干。

E 项，另有他因，指出贵妇衣着佩戴华丽并非因为爱美，而是为了彰显尊贵的地位，有力地削弱了记者的结论。

15. E

【解析】母题13·论证型削弱题

题干：如果这一论文一收到就被发表，那么，这种死于心脏病突发的患者很可能挽回生命。

A 项，无关选项，题干中“论文一收到就被发表”是一种假设情况，与“医学杂志加班加点，以尽快发表该论文”无关。

B 项，诉诸权威，削弱力度弱。

C 项，措施有副作用，但相对于挽回生命来说，这一副作用是可以接受的，削弱力度弱。

D 项，不能削弱题干，题干中“论文一收到就被发表”仅仅是一种假设。

E 项，削弱题干，说明即使论文一收到就被发表，也无法迅速挽回心脏病突发的患者的生命。

16. B

【解析】母题40·综合推理题

由“杰克请了琳达跳舞”可知，杰克不是琳达的丈夫。

再由“露丝的丈夫正和爱丽思跳舞”可知，这个人不是杰克，故杰克不是露丝的丈夫。

故杰克是爱丽思的丈夫，他正在与琳达跳舞。

再由“迈克的舞伴（不是琳达）是詹姆斯的妻子（不是爱丽思）”可知，詹姆斯的妻子是露丝。

故，夫妻关系为：杰克——爱丽思，迈克——琳达，詹姆斯——露丝，即B项正确。

17. B

【解析】母题33·评价削弱加强

题干：在任何一个国家的医院，医疗事故致死的概率不低于0.3% $\xrightarrow[\text{证明}]{}$ 即使是癌症患者也不应当去医院治疗，因为去医院治疗会增加死亡的风险。

B项，使用求异法，若去医院治疗的癌症患者的死亡率低于不去医院治疗的癌症患者的死亡率，则削弱题干；反之，则支持题干，故B项对评估上述论证最为重要。

A项，干扰项，因为不论即使不遭遇医疗事故但最终也会死于癌症的人占多大比例，都说明医疗事故会导致癌症病人死亡。

C、D、E项，为无关选项。

18. C

【解析】母题30·概括结论题

网友："知识改变命运，没有知识也改变命运。"网友前后所说的"改变"并非同一概念，第一个"改变"是指由不好变好，而第二个"改变"是指由好变不好，故C项正确。

A项，不正确，没有指出题干中两个"改变"的区别。

B项，无关选项，题干中没有提到权力和金钱。

D项，不正确，与网友表达的意思相反。

E项，推理过度。

19. B

【解析】母题3·箭头的串联+母题8·对当关系

将题干信息形式化：

①许多温和宽厚的教师→好教师；

②有的严肃∧不讲情面的教师→好教师；

③好教师→学识渊博。

将①③串联得：许多温和宽厚的教师→好教师→学识渊博；

将②③串联得：有的严肃∧不讲情面的教师→好教师→学识渊博。

A项，可真可假，许多温和宽厚的教师→学识渊博，"许多"可以推"有的"，"有的"不能推"许多"，因此题干可以得出"有的学识渊博的教师是温和宽厚的"。

B项，有的严肃∧不讲情面的教师→学识渊博，运用"有的互换原则"，可得"有的学识渊博→严肃∧不讲情面的教师"，为真。

C项，不能推出，题干中"所有的好教师都是学识渊博的人"，不能得出"所有学识渊博的教师都是好教师"。

D项，可真可假，题干得出"有的学识渊博的教师是好教师"为真，与"有些学识渊博的教师不是好教师"是下反对关系，因此，可真可假。

E项，可真可假，"有的严肃且不讲情面的教师是好教师"为真，无法断定"所有严肃且不讲情面的教师都是好教师"的真假。

20. E

【解析】母题6·假言命题的负命题

题干：不得仅仅因为法律禁止，就不授予那些发明专利权。

E项，法律禁止，所以，不授予那些发明专利权，与题干矛盾。

其余各项都与题干不矛盾。

21. A

【解析】母题11·概念题

题干：收入增加，低档品的需求量变小；收入减少，低档品的需求量变大。

A项，穷的时候，方便面的需求量增加；有钱后，方便面的需求量减少，符合题干描述。

B项，收入减少，食盐的需求量不变，不符合题干描述。

C项，只体现需求，没有说明收入情况，不符合题干描述。

D项，说明了名牌服装是高档品，没有涉及正常品和低档品。

E项，有钱的人买玩具，没有钱的人不买玩具，不符合题干描述。

22. D

【解析】母题26·措施目的型假设题

题干中有两个关键信息：

①优秀指挥家具有能够让一流乐队反复进行排练的权威；

②这种权威必须通过赢得乐队对他所追求的艺术见解的尊重才能获得。

两者出现了矛盾，艺术见解只有通过反复排练才能被充分表现出来，如果一个指挥家在没有指挥乐队反复排练前，怎样才能让乐队了解并尊重其艺术见解呢？这就需要搭桥，即必须假设：即使一种艺术见解还没有被充分地表现出来，一流乐队也能够领悟这种艺术见解的优点。即D项正确。

23. B

【解析】母题14·因果型削弱题

题干：常常喝啤酒$\xrightarrow[\text{导致}]{}$发胖。

A项，可以削弱，如果只喝啤酒，他们不会发胖，则削弱题干。

B项，不能削弱，喝可乐、吃炸鸡等可以使人发胖，并不排斥喝啤酒也会使人发胖。

C项，可以削弱，如果他们是缺乏体育锻炼，则削弱题干，另有他因。

D项，可以削弱，存在其他共变因素“抽烟”，指出有共变关系的未必有因果联系。

E项，可以削弱，如果他们经常食用高脂肪食品，则削弱题干，另有他因。

24. D

【解析】母题3·箭头的串联

将题干信息形式化：

①¬外汇储备增长→¬国际影响力＝国际影响力→外汇储备增长；

②¬外汇储备投资→¬外汇储备增长＝外汇储备增长→外汇储备投资；

③外汇储备投资→承担风险。

将①②③串联得：国际影响力→外汇储备增长→外汇储备投资→承担风险，

逆否得：¬承担风险→¬外汇储备投资→¬外汇储备增长→¬国际影响力。

故有，中国目前的国际影响力→承担风险，选项D为真。

其他选项均不正确。

25. A

【解析】母题1·充分必要条件

中国调味品协会某副会长认为：

①按国家标准添加添加剂→没有安全问题；

②有些企业：未加添加剂∧强调自己未加添加剂→不公平。

由②可得：公平→添加添加剂∨¬强调自己未加添加剂，故A项为真。

其余各项均不能推出。

26. A

【解析】母题40·综合推理题

将题干信息整理如下：

①小号衬衫有黄、蓝两种颜色，中号衬衫有红、黄、蓝三种颜色，大号衬衫有红、黄两种颜色；

②任意两件衬衫型号和颜色至少有一个不同；

③一共需要购买三件衬衫；

④大号和小号衬衫不可同时存在。

根据题干信息①③④可知，购买的三件衬衫中至少存在一件中号衬衫。

选项A，倘若购买两件小号衬衫，由信息①可知小号衬衫并无红色，因此，红色衬衫不可能有两件，故A选项必定为假。

27. B

【解析】母题40·综合推理题

由题干信息①可知，小号衬衫并无红色；又由题干信息④可知，不可购买大号衬衫。因此，购买的三件衬衫中红色的衬衫只可能是一件中号衬衫，故B项一定为假。

28. B

【解析】母题40·综合推理题

由题干信息①③④可知，至少购买一件中号衬衫。因此若没有购买黄色中号衬衫，那么至少购买蓝色或者红色中号衬衫中的一件，故B项一定为真。

29. C

【解析】母题10·简单命题的真假话问题

将题干信息形式化：

张说：王；

王说：赵；

李说：¬李；

赵说：王说谎。

若张的话为真，作案者为王，则李的话也为真，与题干“四个人中只有一个人说真话”矛盾，故张说假话，作案者不是王。

同理，王说假话，作案者不是赵。

由王说假话可知，赵说的话为真，又因为“四个人中只有一个人说真话”，故李的话为假。

所以，作案者是李。

30. E

【解析】母题 29 · 推论题

题干：

①经济的良性循环不能过分依靠政府的投资；

②我国近几年的经济稳定增长，靠的是政府的投资。

这说明，我国近几年的经济稳定增长，并不满足经济良性循环的要求，故 E 项正确。

A、C 项推理过度，B、D 项为无关选项。

管理类联考综合（199）逻辑冲刺模考题
卷15　答案详解

1. D

【解析】母题3·箭头的串联

题干中有以下信息：

①有些人游览中国西部；

②有些人游览中国东北；

③游览中国东北→游览中国西部 = 没有游览中国西部→没有游览中国东北；

④没有游览中国西部→新加坡人。

由题干信息④可得：有的没有游览中国西部→新加坡人 = 有的新加坡人→没有游览中国西部。

与题干信息③串联得：有的新加坡人→没有游览中国西部→没有游览中国东北。

故D项，“有些新加坡人没有游览中国东北”为真。

其他选项均不正确。

2. B

【解析】母题14·因果型削弱题

题干：地价上涨$\xrightarrow[\text{导致}]{}$房价猛涨。

A项，不能削弱，房价增长19.1%，地价上升了6.53%，说明房价的增长可能与地价上升有关。

B项，可以削弱，住宅用地价格增长率远远低于住宅价格增长率，不能说明二者之间存在直接的关系。

C、D项，诉诸权威。

E项，诉诸无知。

3. D

【解析】母题24·论证型假设题

题干：倡导“效率优先，兼顾公平”是正确的，如果听信“公平优先，兼顾效率”的主张，我国的经济就会回到“既无效率，又不公平”的年代。

A项，“最大问题”，过于绝对化，不必假设。

B项，无关选项，题干未涉及“第三条平衡的道路”。

C项，无关选项，题干未提及“效率与公平并重”。

D项，必须假设，否则，如果“效率优先，兼顾公平”也会使经济回到“既无效率，又不公平”的年代，那么就无法说明倡导“效率优先，兼顾公平”是正确的。

E项，无关选项，题干不涉及提高民营经济者的回报和提高低收入者的收入、维护社会稳定之间的比较。

4. A

【解析】母题13·论证型削弱题

题干中的信息有：

（1）大学排名不像企业排名那样容易；

（2）大学排名的前提有：①成熟的市场经济体制，②稳定的制度，③公认的公证排名机构；

（3）在我国，大学排名的前提条件远不具备，公认的大学排名机构还未产生。因此，我国目前不宜进行大学排名。

A项，无关选项，题干讨论大学排名的可行性，而此项讨论的是大学排名的影响。

B项，削弱题干中的论据①成熟的市场经济体制。

C项，削弱题干，说明不准确的排名也可以供参考。

D项，削弱题干，质疑论据，说明公认的大学排名机构可以从排名实践中产生。

E项，削弱题干中的论据②稳定的制度。

5. B

【解析】母题15·求异法型削弱题

题干：研究人员对532名胰腺癌患者和另外1 701人的对比调查发现，每天至少食用五份蔬菜的人患胰腺癌的概率是每天食用两份以下蔬菜的人的一半。

A项，可以质疑，如果受访者在调查中所说的话都是假的，则调查结果会不可靠。

B项，无关选项，在胰腺癌患者中，男女各占多大比例，不会影响调查结果。

C项，可以质疑，如果在生活习惯方面有差异，说明另有他因导致患胰腺癌的概率不同，削弱题干。

D项，可以质疑，如果有遗传方面的原因，说明另有他因导致患胰腺癌的概率不同，削弱题干。

E项，可以质疑，如果有免疫系统的差异，说明另有他因导致患胰腺癌的概率不同，削弱题干。

6. A

【解析】母题33·评价题

A项，在以肉食为主、很少食用上述蔬菜的群体中胰腺癌患者的比例若高，则支持题干，反之则削弱题干。

B、C、D、E项都与食用蔬菜和患胰腺癌的关系无关。

7. B

【解析】母题23·措施目的型支持题

题干：权力使人堕落和道德沦丧 $\xrightarrow[\text{导致}]{}$ 应该设计出一些制度 $\xrightarrow[\text{以求}]{}$ 限制和防范权力的滥用。

A项，可以支持题干，但力度不如B项。

B项，措施有必要，权力确实使人堕落和道德沦丧，支持题干。否则，如果权力不会使人堕落和道德沦丧，那就没有必要限制和防范权力的滥用。

C项，无关选项，题干讨论的是有权力的人，而此项讨论的是没有权力的人。

D项，可以支持题干，但力度不如B项。

E项，不能支持题干。

8. E

【解析】母题3·箭头的串联

题干：筹集更多的开发资金→银行贷款∨预售商品房，

等价于：不能银行贷款∧不能预售商品房→无法筹集到更多的开发资金。

题干说，政府不允许银行贷款，所以只需要补充“不能预售商品房”，即可得到题干中“无法筹集到更多的开发资金”的结论，故E项正确。

其他选项均不正确。

9. D

【解析】母题15·百分比对比型削弱题

调查中的儿童中耳炎患者：78%来自二手烟家庭。

D项，所有被调查儿童：80%来自吸烟家庭（只有20%的儿童来自无烟家庭）。

根据求异法可知D项削弱“父母等家人吸烟是造成儿童罹患中耳炎的重要原因”。

其余选项均为无关选项。

10. C

【解析】母题28·解释题

题干：1—7月份，居民收入持续增加，但是，居民储蓄存款增幅持续下滑，7月外流存款达1 000亿元左右。

A项、B项，不能解释，存款是定期还是活期，不影响存款金额。

C项，可以解释，是因为借贷利息已远远高于银行存款利率，由于追求利润使得1 000亿元储蓄资金外流。

D项，不能解释，“考虑”是否买股票或是基金不代表已经购买了股票或是基金。

E项，加剧了题干中的矛盾。

11. C

【解析】母题31·评论逻辑漏洞

题干：目前还没有证据证明这两种病毒能够完全删除计算机文件。所以，发现这两种病毒的计算机用户不必担心自己的文件被清除掉。

把没有证据证明“病毒能够完全删除文件”作为证据，证明“发现病毒的用户不必担心自己的文件被删除掉”，犯了“诉诸无知”的逻辑错误，即没有证据证明已经发生的事情，也可能是存在的，故C项正确。

12. D

【解析】母题16·措施目的型削弱题

捷克官员：签署协议可以使捷克联合北约盟友，借助最好的技术设备，确保本国的安全。

A项，无关选项。

B、C项，大部分民众反对签署协议，不代表此措施达不到保护本国安全的目的，诉诸众人。

D项，可以削弱，说明签署协议会威胁到捷克的安全，措施达不到目的。

E项，支持题干，说明签署协议会拥有更多的武器，以保障本国的安全。

13. D

【解析】母题24·论证型假设题

题干：在获得诺贝尔文学奖后，马尔克斯居然还能写出引人入胜的故事，实在令人吃惊。

说明作家在获得诺贝尔文学奖后，应该写不出引人入胜的故事，故D项必须假设。

其他选项均不必假设。

14. D

【解析】母题29·推论题

题干：通常处于潜伏状态的病毒，只有当幼虫受到生理上的压抑时才会被激活。

D项，“食物严重短缺”会造成“幼虫受到生理上的压抑”，从而使病毒有可能被激活。

其余各项都和“生理上的压抑”无关。

15. C

【解析】母题40·综合推理题（匹配题）

由题干条件（1）（2）（5）知，广东人不做服装批发，也不做服装加工，故广东人做服装零售。

由题干条件（3）知，上海人和另外某人做同一种生意，由题干条件（1）知此人不是福建人，由题干条件（4）知此人不是浙江人，故此人一定是广东人。

故上海人和广东人都做服装零售，即C项正确。

16. A

【解析】母题39·数字推理题

由题干可知：

（1）$\frac{\text{江苏省粮食总产量}}{\text{江苏省种植面积}}:\frac{\text{山东省粮食总产量}}{\text{山东省种植面积}}=72\%$；

（2）$\frac{\text{江苏省粮食总产量}}{\text{江苏省农业总面积}}:\frac{\text{山东省粮食总产量}}{\text{山东省农业总面积}}=118\%$。

$\frac{(2)}{(1)}=\frac{\text{江苏省种植面积}}{\text{江苏省农业总面积}}:\frac{\text{山东省种植面积}}{\text{山东省农业总面积}}=\frac{118}{72}$。

故：江苏省农业总面积中种植地的比例大于山东省。

反之，山东省农业总面积中休耕地的比例大于江苏省，故A项正确。

17. D

【解析】题型24·论证型假设题

题干：研究人员借助功能性磁共振成像技术观察志愿者的大脑活动，结果发现他们对分手等社会拒绝产生反应的大脑部位与对躯体疼痛反应的部位重合$\xrightarrow[\text{证明}]{}$分手这类社会拒绝行为会引起他们的躯体疼痛。

研究人员通过“大脑部位”的反应判断志愿者有“躯体疼痛”，因此，必须搭桥，建立这两者的关联性，故D项必须假设。

A项，偷换概念，题干只讨论“分手这类社会拒绝行为”，而不是本项中的“社会应激事件”。

B项，无关选项。

C项，不必假设，题干中研究人员的结论是通过大脑作为媒介，将生理反应与心理反应关联起来，不必假设心理过程的改变影响其生理反应。

E项，假设过度，题干中的论证只需论证分手等心理活动与生理上的疼痛具备相关性即可，不需要假设生理痛苦“总是”通过心理活动来体现。

18. E

【解析】母题7·复言命题的真假话问题

将题干信息形式化：

男1号：男1号∨男3号；

男2号：¬女2号；

男3号：¬女1号→男2号；

女1号：¬女1号∧¬男2号；

女2号：¬男3号∧¬男1号。

男1号与女2号的话矛盾，必然为一真一假。

男3号与女1号的话也矛盾，必然为一真一假。

由于五人中只有两个人没猜错，故男2号的话为假，所以获大奖的是女2号。

故E项正确。

19. C

【解析】母题24·论证型假设题

题干：正史可了解皇帝的真实形态，野史可了解皇帝的生活写照$\xrightarrow[\text{证明}]{}$要了解皇帝的真面目，还必须读野史。

搭桥法，说明了解皇帝的真面目，既需要读正史，也需要读野史。

故C项正确。

20. C

【解析】母题3·箭头的串联

题干有以下断定：

①行为得体→心理健康；

②与人和谐相处→行为得体；

③与人和谐相处→心理品质足够好。

将题干条件②①串联得：与人和谐相处→行为得体→心理健康，

逆否得：¬心理健康→¬行为得体→¬与人和谐相处。

故A、B、D项为真，C项可真可假。

由题干条件③逆否可知：心理品质不足够好→¬与人和谐相处，故E项为真。

21. A

【解析】母题40·综合推理题

因为G与I相邻并且在I的北边，根据题干条件（2）可知，E在I的南边；再根据题干条件（3）（1）可知，F和H位于E的南边。故五个岛由北至南的顺序依次为：G、I、E、F、H。

故A项正确。

22. B

【解析】母题40·综合推理题

因为I在G北边的某个位置，根据题干条件（2）可知，E、G、I三个岛由北至南的顺序依次为：I、E、G或者E、I、G。故排除A、C、D项。

根据题干条件（1）可知，E项错误，排除。

根据题干条件（1）（3）可知，G、F、H三个岛由北至南的顺序依次为：G、F、H。
故B项正确。

23. C

【解析】母题40·综合推理题

因为G在最北边，根据题干已知条件，由北至南可能的情况为：
（1）G、F、H、I、E；
（2）G、F、H、E、I；
（3）G、I、E、F、H；
（4）G、E、I、F、H。
故C项正确。

24. E

【解析】母题1·充分必要条件

将题干信息形式化：
一定能在法律上支持安乐死→具备剥夺人生命的权利。
逆否得：不具备剥夺人生命的权利→不一定能在法律上支持安乐死，
等价于：不具备剥夺人生命的权利→可能不能在法律上支持安乐死。
故E项为真。

25. C

【解析】母题31·评论逻辑漏洞

题干：没有读完大学的成功只是表面的，因为没有大学文凭，一个人是不会获得真正成功的。
题干犯了循环论证的逻辑错误，即C项正确。

26. C

【解析】母题13·论证型削弱题

题干："美国所有的州"禁止使用不合格的车辆$\xrightarrow[\text{证明}]{}$旧式美国汽车对"全球"大气污染的危害在未来将会消失。
A项，仅说明空气污染是个全球问题，但未说明这种污染是否会因为美国的措施而得到解决。
B项，无关选项，出现和题干无关的新比较。
C项，美国"所有的州"禁止使用不合格的车辆，这些车辆会被出口到没有尾气排放限制的国家，从而污染环境，削弱题干。
D项，可能在个别州依然存在旧式美国汽车造成的大气污染，可以削弱题干，但力度不如C项。
E项，无关选项，题干讨论的是"旧式美国汽车"是否依然造成污染，而不是讨论空气污染是否加重。

27. E

【解析】母题5·二难推理

题干使用二难推理：土耳其不加入欧盟∨土耳其加入欧盟　（永真式）
↓　　　　↓
欧盟将失去与土耳其的合作∨给欧盟带来一系列问题

等价于：不可能（欧盟与土耳其合作∧土耳其没有给欧盟带来一系列问题）
所以，欧盟不能既得到与土耳其的全面合作，又完全避免土耳其加入欧盟而带来的困难问题。
故E项为正确选项。

28. E

【解析】母题30·概括结论题

题干：①高级经理人在报酬上的差距较大，激励的是部门之间的竞争和个人的表现；②高级经理人在报酬上的差距较小，激励的是部门之间的合作和集体的表现；③3M公司各个部门之间是以合作的方式工作的。

由②③可知，3M公司的高级经理人很可能在报酬上的差距较小，选E。

A项，显然不对，如果高级经理人在报酬上的差距较大，应该是以竞争的方式工作。

B项，出现了新内容，不能作为题干的结论。

C项，推理过度，因为“高级经理人在报酬上的差距较小”会激励部门之间的合作，并不表明“部门之间合作”一定是因为“高级经理人在报酬上的差距较小”。

D项，前提说的是以合作的方式工作，结论里却说“以竞争的方式工作”，显然不对。

E项，如果是以合作的方式工作，很可能3M公司高级经理人在报酬上的差距较小，可以作为结论。

29. A

【解析】母题27·数字型假设题

题干：①新商品房的平均价格每平方米增加25%，②在同期的平均家庭预算中，购买商品房的费用所占的比例保持不变$\xrightarrow[\text{证明}]{}$平均家庭预算也一定增加了25%。

商品房费用=平均每平方米的价格×面积。

因此，要想得出题干的结论，必须得有“平均每个家庭所购买的新商品房的面积保持不变”，故A项必须假设。

其余各项均为无关选项。

30. B

【解析】母题29·数字型推论题

题干：肥胖儿童数量=儿童总数量×15%。

肥胖儿童的数量一直在持续上升，可知儿童总数量持续上升。

不肥胖儿童的数量=儿童总数量×85%，因为儿童总数量持续上升，所以不肥胖儿童的数量也在持续上升，故B项为正确选项。

其他各项均不正确。

管理类联考综合（199）逻辑冲刺模考题
卷16　答案详解

1. E

【解析】母题15・求因果五法型削弱题

题干使用求异法：

吸烟者：打呼噜的人较为常见；

不吸烟者：打呼噜的人较不常见；

故有：吸烟可能会导致打呼噜。

E项，说明是压力导致了吸烟和打呼噜，另有他因，削弱题干。

其余各项均不能削弱题干。

2. C

【解析】母题40・综合推理题

使用选项排除法：

由“C是老三，她有2个妹妹”可推知，C是女孩，排第三，后边排有2个女孩，排除A、D、E项。

由“E有2个弟弟”可推知，E后边跟两个男孩，即F和G是男孩，因此排除B项。

故C项正确。

3. D

【解析】母题3・箭头的串联

题干：①小王∧小张→小陈；

②小陈→¬市中心；

③小宋→小王。

将①②串联得：小王∧小张→小陈→¬市中心。

故D项正确。

4. B

【解析】母题35・形式逻辑型结构相似题

题干：李华的好朋友→¬喜欢赵敏，刘丽→¬喜欢赵敏，所以，刘丽→李华的好朋友。

形式化为：A→¬B，C→¬B，所以，C→A。

A项，A→¬B，C→A，所以，C→¬B，与题干不同。

B项，A→¬B，C→¬B，所以，C→A，与题干相同。

C项，A→¬B，C→B，所以，C→¬A，与题干不同。

D项，A→¬B，C→A，所以，C→¬B，与题干不同。

E 项，A→¬ B，C→A，所以，C→¬ B，与题干不同。

5. B

【解析】母题 32·评论逻辑技法

记者的提问犯了非黑即白的逻辑错误，要求教授在两个反对的选项（即“国学大师”和“学术超男”）里面必须选择一个。教授跳出了这一困境，做了另外一个回答（即文化传播者），故 B 项正确。

6. A

【解析】母题 30·概括结论题

题干的论据：①引进的空心莲子草、大米草导致原有的植物群落衰退；

②新疆引进的意大利黑蜂使原有的优良蜂种伊犁黑蜂几乎灭绝。

这说明，“引进国外物种可能会对我国的生物多样性造成巨大危害”，故 A 项正确。

B 项，只谈到了论据①，不够全面。

C、D、E 项，出现了题干中没出现的新内容，是无关选项。

7. C

【解析】母题 40·综合推理题

由题干条件②③④可得，知识丰富的为甲、乙、丙三人，丁知识不丰富，丁没有当选为优秀宇航员。

丁至少符合题干条件之一，但丁不可能技术熟练，否则与题干“只有一人完全符合优秀宇航员的全部条件”矛盾。故丁为意志坚强的人。

由题干条件①④，结合“丁为意志坚强的人”可知，意志坚强的人不是甲和乙，否则会有 3 人意志坚强，故意志坚强的人为丙。

又因为只有一个人完全符合优秀宇航员的全部条件，故丙为技术熟练的人。

所以，符合全部条件的为丙。

8. B

【解析】母题 3·箭头的串联

将题干信息形式化：①张伟→¬ 孙浩；

②王东∧李明→张伟。

将②①串联得：③王东∧李明→张伟→¬ 孙浩，

逆否得：④孙浩→¬ 张伟→¬ 王东∨¬ 李明。

B 项，孙浩参加，由④可知王东和李明至少有一个不参加。又知李明参加，故王东不参加。

其他选项均不能得出王东不参加聚会的结论。

9. B

【解析】母题 3·箭头的串联

将题干信息符号化：

①冬泳协会→体检∧合格 =¬ 体检∨¬ 合格→¬ 冬泳协会；

②冬泳协会→积极分子；

③有的退休→冬泳协会；

④保安→¬ 体检。

将③②串联得：有的退休→冬泳协会→积极分子。

将④①串联得：保安→¬ 体检→¬ 冬泳协会。

将③①串联得：有的退休→冬泳协会→体检∧合格。

由②可知，有的冬泳协会→积极分子 = 有的积极分子→冬泳协会。

根据箭头指向原则可知，A、C、D、E 项均可推出，B 项无法推出。

10. A

【解析】母题 33 · 评价题

题干：1997 年香港实行“一国两制”，同年，香港陷入经济衰退 $\xrightarrow[\text{证明}]{}$ “一国两制”造成了香港的经济衰退。

A 项，没有证据能够证明同时发生或相继发生的两件事是否有因果关系，就不能因此断定它们之间存在这样的关系，即因果关系是先因后果，但并非存在先后关系的都有因果关系。

其余各项均为无关选项。

11. A

【解析】母题 13 · 论证型削弱题（果因）

题干：早期人类遗骸化石显示，我们的祖先很少有现代人常见的牙齿疾病 $\xrightarrow[\text{证明}]{}$ 早期人类的饮食很可能和现代人有很大的不同。

A 项，另有他因，我们的祖先很少有现代人常见的牙齿疾病的原因不是饮食差异，而是寿命的差异，削弱题干。

B 项，不能削弱题干，由题干信息无法获知早期人类与现代人的饮食哪个更健康。

C 项，支持题干，说明确实可能是饮食的不同导致牙齿问题不同。

D 项，某些人的情况难以削弱整体情况。

E 项，早期人类和现代人的食物都是熟食，不存在差异，不能削弱题干。

12. D

【解析】母题 26 · 措施目的型假设题

题干：将精心挑选的犀牛空运到秘密地区保护，以避免犀牛因偷猎而导致灭绝厄运。

A 项，必须假设，否则，仍有被偷猎的可能。

B 项，必须假设，否则，犀牛无法繁殖和生长，就起不到保护作用了。

C 项，必须假设，否则，仍有被偷猎的可能。

D 项，不必假设，“60 年前的行动获得成功”和题干没有必然的联系。

E 项，必须假设，否则，可能因为数量太少而自然灭绝。

13. A

【解析】母题 28 · 解释题

待解释的现象：金星和地球一样，内部也有一个炽热的熔岩核，但是，地球是通过板块构造运动产生的火山喷发来释放内部热量的，金星上却没有这种现象。

A 项，金星靠别的方式释放了内部热量，可以解释。

其余各项均与释放热量没有直接关系，无关选项。

14. E

【解析】母题 28 · 解释题

待解释的现象：目前注入达里湖的4条河流都是内陆河，没有一条河流通向海洋，但科学家们仍然确信：达里湖的华子鱼最初是从海洋迁徙而来的。

E项，可以解释，说明历史上某个时期，达里湖曾与海洋相连。

其余各项均无为无关选项。

15. D

【解析】母题16·措施目的型削弱题

题干：脐带血中含有的造血干细胞对白血病、重症再生障碍性贫血、部分恶性肿瘤等疾病有显著疗效，因此，父母为新生儿保存脐带血，可以为孩子一生的健康提供保障。

A项，不能削弱，因患血液病需要做干细胞移植的概率极小，无法说明这种治疗手段无效。

B项，无关选项。

C项，不能削弱，脐带血不是最有效手段，可以是有效的辅助治疗手段。

D项，削弱题干，指出脐带血对大多数成年人的治疗几乎没有效果，无法为孩子一生的健康提供保障。

E项，不能削弱，中国脐带血移植尚处于起步阶段，不能说明这种治疗手段无效。

16. E

【解析】母题20·论证型支持题

题干中的原则要点有二：①以捕获野生动物为生；②不会威胁到野生动物种群延续。

A项，与题干矛盾。

B项，不符合要点①。

C项，牛羊不是野生动物。

D项，不符合要点②。

E项，符合两个要点，为题干提供例证。

17. C

【解析】母题32·评论逻辑技法

题干：

抽签∨选举∨篡权；

抽签∨选举→君主制和世袭制不合理；

<u>篡权→君主制和世袭制不合理；</u>

因此，君主制和世袭制不合理。

所以，题干的论证方法是：通过表明所有可能的解释都推出同一个命题，来论证这个命题成立，即C项。

18. B

【解析】母题24·论证型假设题

题干：文明人与野蛮人或其他动物的重要区别在于通过深谋远虑来抑制本能的冲动，例如，耕种土地就是一种深谋远虑的行动，人们为了冬天吃粮食而在春天工作。

A项，不必假设，题干只表示深谋远虑是人与野蛮人或其他动物的“重要”区别，而非“唯一”区别。

B项，必须假设，否则，如果松鼠埋栗子、北极狐埋鸟蛋等这些近似于人类耕种土地的行为不是本能，而是深谋远虑的行动，那么人类与动物之间就不存在深谋远虑这一区别了。
C 项，无关选项，题干未涉及文明程度的问题。
D 项，无关选项，题干仅涉及“深谋远虑”，未涉及“法律、习惯与宗教”。
E 项，无关选项，题干不涉及“深谋远虑”外的行为。

19. C

【解析】母题 3 · 箭头的串联

将题干信息形式化：
①三大顽疾得到有效控制→资金成本回归到合理的位置；
②三大顽疾不能得到有效控制→“牛市”就很难到来 = “牛市”到来→三大顽疾得到有效控制。
将②①串联得：“牛市”到来→三大顽疾得到有效控制→资金成本回归到合理的位置。
故，C 项正确。
其他选项均不正确。

20. B

【解析】母题 33 · 评价题

网络媒体报道称：让水稻听感恩歌《大悲咒》能增产 15%；
农业专家表示：音乐不仅有助于植物对营养物质的吸收、传输和转化，还能达到驱虫的效果。
A 项、E 项，使用求异法判断网络媒体的报道是否真实，与题干相关。
C 项、D 项，与农业专家的话是否真实有关。
B 项，肯定了题干报道的真实性，追问此报道中的现象是否能够得到推广，与评估题干报道的真实性不相关。
故 B 项正确。

21. B

【解析】母题 38 · 简单匹配题

选项排除法：
A 项，不符合题干条件（4）。
B 项，符合题干全部条件。
C 项，不符合题干条件（3）。
D 项，不符合题干条件（2）。
E 项，不符合题干条件（1）（2）。

22. D

【解析】母题 40 · 综合推理题

选项排除法：
根据题干条件“（1）L 与 P 必须在同一天值班”，故排除 E 项。
根据题意可知，L 和 P 在初二值班，再根据题干“每天需要 2 人值班”可知，只有 L 和 P 在初二值班，故排除 B 项。
根据题干条件（4），S 初三→H 初二，等价于：¬ H 初二→¬ S 初三。故，S 不在初三值班，故 S 在初一值班，排除 A 项。
根据题干条件（3），K 初一→G 初二，等价于：¬ G 初二→¬ K 初一。故，K 不在初一值班，K在初三值班，排除C项。

综上，D项可以为真，正确的排法如下：

初一	初二	初三
G	L	H
S	P	K

23. A

【解析】母题40·综合推理题

如果G和K在同一天值班，因为L和P必须在同一天值班，所以剩下的那天必是H和S值班。

根据题干条件（4），若S在初三值班，那么H在另一天（即初二）值班，与H和S在同一天值班矛盾，所以A项必然为真。

24. B

【解析】母题36·论证逻辑型结构相似题

题干：摄像机不可能跟踪到全部的犯规动作，因此，利用回放决定判罚是错误的。

B项，警察不能阻止一切犯罪活动，因此，不该要警察，与题干相同。

其余各项显然均与题干不同。

25. A

【解析】母题7·真假话问题

如果冠军是的卢，则甲一对一错，乙一对一错，丙一对一错，不合题意。

如果冠军是乌骓，则甲两个都对，乙两个都对，丙两个都错，不合题意。

如果冠军是赤兔，则甲一对一错，乙两个都错，丙两个都对，符合题意。

故，冠军是赤兔，A项正确。

26. E

【解析】母题40·综合推理题

由题干条件（2）可知，小赵不是狗的主人。

由题干条件“（1）小李不是小高的男友”可知，小高的男友是小张或小王。

再由题干条件（4）可知，小陈不是狗的主人。

故狗的主人是小高，小高不是鸟的主人。

由题干条件（3）逆否可得：狗的主人不是小王，也不是小李。故狗的主人是小张。

故小张和小高是情侣，共同养狗。

由题干条件（2）可知，小赵不是小王的女友，故小赵是小李的女友。

由题干条件（1）可知，小李不是猫的主人，故小赵和小李是情侣，共同养鸟，所以小王和小陈是情侣，共同养猫。

综上，正确答案为E。

27. C

【解析】母题13·论证型削弱题

亚里士多德：野蛮民族，尤其是亚细亚蛮族的奴性比古希腊更大，导致东方国家长期存在君主专制。

A 项，指出亚里士多德因果倒置，可以削弱。

B 项，另有他因，可以削弱。

C 项，诉诸情感，不能削弱。

D 项，另有他因，可以削弱。

E 项，提出反面论据反驳亚里士多德，可以削弱。

28. B

【解析】母题 13 · 论证型削弱题

题干：①北极地区蕴藏着丰富的石油、天然气、矿物和渔业资源；②全球变暖使北极地区冰面融化，使航线缩短上万公里$\xrightarrow[\text{证明}]{}$北极的开发和利用将为人类带来巨大的好处。

A、C、D、E 项都指出了北极的开发和利用给人类带来了恶果，削弱题干。

B 项，无法削弱北极的开发和利用是有利的。

29. D

【解析】母题 20 · 论证型支持题

题干：有时候，一个人不能精确地解释一个抽象语词的含义，却能“十分恰当地使用这个语词进行语言表达”$\xrightarrow[\text{证明}]{}$“理解一个语词”并非一定依赖于对这个语词的含义作出精确的解释。

A 项，无关选项，题干没有讨论解释抽象词语的难易程度。

B 项，精确地解释→理解，等价于：不理解→不能精确地解释，与题干矛盾，削弱题干。

C 项，无关选项，题干的论证不涉及“其他人”。

D 项，搭桥法，建立论据中“十分恰当地使用这个语词进行语言表达”和结论中“理解一个语词”之间的联系，支持题干。

E 项，无关选项，题干仅讨论“抽象语词”，不涉及“非抽象语词”。

30. E

【解析】母题 13 · 论证型削弱题

题干：每天饮用 3 杯或更少的咖啡不会对心脏造成伤害$\xrightarrow[\text{证明}]{}$不必担心咖啡损害你的健康。

A 项，无关选项，题干仅讨论咖啡，没讨论其他食物。

B 项，指出营养学家的观点缺乏临床数据支持，可以削弱，但力度不如 E 项。

C 项，无关选项，题干仅讨论“每天饮用 3 杯或更少的咖啡”，不涉及“大量饮用咖啡”。

D 项，无关选项，题干仅讨论咖啡，没讨论压力是否损害心脏。

E 项，拆桥，喝咖啡对心脏无害不意味着对身体无害，削弱题干。

管理类联考综合（199）逻辑冲刺模考题
卷17　答案详解

1. D

【解析】母题3·箭头的串联

将题干信息形式化：

①¬ 四个小时的睡眠→¬ 大脑得到很好的休息；

②¬ 大脑得到很好的休息→精神疲劳。

将题干信息①②串联得：¬ 四个小时的睡眠→¬ 大脑得到很好的休息→精神疲劳，

逆否得：¬ 精神疲劳→大脑得到很好的休息→四个小时的睡眠。

A 项，大脑得到充分休息→¬ 精神疲劳 = 精神疲劳→¬ 得到充分休息，根据题干条件②可知，可真可假。

B 项，可真可假。

C 项，大脑得到充分休息 ∨ ¬ 精神疲劳 = ¬ 大脑得到充分休息→¬ 精神疲劳，与题干矛盾。

D 项，大脑得到很好的休息→四个小时睡眠，为真。

E 项，“一定”过于绝对，题干只说“大部分”会感到精神疲劳。

故 D 项正确。

2. A

【解析】母题20·论证型支持题

题干：有痛感（原因）$\xrightarrow[\text{导致}]{}$呻吟和脸部扭曲（结果），因此，别人有相同的外在符号（结果）$\xrightarrow[\text{证明}]{}$有相同的内心活动（原因）。

A 项，可以支持，说明有题干中的结果，一定有题干中的原因。

B 项、C 项，不能支持题干，因为“有联系”不代表有这种结果一定会有这种原因。

D 项、E 项，无关选项。

3. D

【解析】母题15·求异法型削弱题

题干：克山病流行的时期生活困难，饮食结构单一，后来生活逐渐好转，营养结构趋向合理，克山病新发病人越来越少$\xrightarrow[\text{证明}]{}$营养缺乏是克山病的诱因。

A 项，另有他因，水土问题是原因。

B 项，有因无果，削弱题干。

C 项，无因有果，削弱题干。

D 项，无关选项，题干讲的是“发病”，此项讲的是“治病”。

E 项，有因无果，削弱题干。

4. C

【解析】母题 29・推论题

题干：成本（职工工资）若高，利润（老板所得）就低了；利润若高，成本就低了。

说明，如果职工没有股份，那么职工所得和老板所得就具有题干中的此消彼长的关系，二者之间有利益矛盾，C 项正确。

B 项，推理过度，即使职工持有股份，也可能会与老板有其他利益矛盾。

其他选项均不正确。

5. A

【解析】母题 29・推论题

题干：燃料价格提高，销售数量却增加。那么最合理的推论就是需求增加了，故 A 项正确。

B、C、E 项所叙述的情况会导致需求减少，则销量减少，与题干相反。

D 项，题干不涉及“炼油成本”，无关选项。

6. A

【解析】母题 31・评论逻辑漏洞

题干认为“辩无胜”，理由是依据辩论者和评论者的标准，都无法分辨谁胜谁负，但是，评论辩论胜负的标准不是个人的主观观点，而是有客观的实施标准和逻辑标准，故 A 项正确。

7. B

【解析】母题 24・论证型假设题

题干：最优行动准则的优势就是它采纳弹性比较大的标准。

B 项，必须假设，否则，如果采纳弹性比较小的标准能够发挥最优行动准则的优势，就会与题干不符。

A、C、D、E 项的论证对象是法律，不必假设。

8. A

【解析】母题 2・箭头 + 德摩根定律

将题干信息形式化：

¬（成绩优秀 ∧ 品德良好）→¬ 奖学金，即：¬ 成绩优秀 ∨ ¬ 品德良好→¬ 奖学金，

逆否得：奖学金→成绩优秀 ∧ 品德良好。

A 项，成绩优秀 ∧ 品德良好→奖学金，与题干不一致。

B 项，奖学金→成绩优秀 ∧ 品德良好，与题干一致。

C 项，¬ 成绩优秀→¬ 奖学金，与题干一致。

D 项，¬ 品德良好→¬ 奖学金，与题干一致。

E 项，奖学金→成绩优秀 ∧ 品德良好，与题干一致。

9. B

【解析】母题 13・论证型削弱题

题干：企业竞争以效率为根本，而效率是以亲情为核心的东西。我国的各种制度不是要破坏亲情，而是要把亲情发挥到最高点。

A项，支持题干，亲情可以建立在公德（制度）的基础之上。

B项，严重削弱，制度不是激发亲情，而是淡化亲情。

C项，反目成仇（失去了亲情）会给企业带来灾难，不能削弱题干，反而进一步说明了亲情存在时对效率的作用。

D项，可以削弱，制度本身容不下半点亲情，但是承认了制度可以激发亲情，削弱的力度不如B项。

E项，无关选项，题干讨论的是企业，此项讨论的是家庭。

10. E

【解析】母题13·论证型削弱题

题干：纳税也是公民的权利，起点太高，就剥夺了低收入者作为纳税人的荣誉$\xrightarrow[\text{证明}]{}$个人所得税起征点不宜太高。

A项，诉诸众人，世界各国怎么征税不代表我国就要这样征税，每个国家都有自己的国情。

B项，支持题干，支持“起点太高，就剥夺了低收入者作为纳税人的荣誉”。

C项，无关选项，个人所得税的作用与官员的观点无关。

D项，无关选项。

E项，可以削弱，说明即使不交个人所得税，照样是纳税人。

11. A

【解析】母题13·论证型削弱题

题干：①如果一个人只活一天，他去偷人家东西是最好的，因为他不会遭受担心被抓住的痛苦；②对于还能活20年的人来说，偷人家东西就不是最好的，因为他会遭受担心被抓住的痛苦$\xrightarrow[\text{证明}]{}$③一个人到底是做出好的行为还是做出坏的行为，跟他生命的长短有关。

A项，不能削弱，遭受担心被抓住的痛苦←不会去偷人家东西，支持题干②。

B项，可以削弱，指出只活一天最好的行为不是偷盗，反驳题干①。

C项，可以削弱，直接反驳题干的论点，反驳题干③。

D项，可以削弱，削弱题干的论据②。

E项，可以削弱，削弱题干的论据①②。

12. E

【解析】母题24·论证型假设题

A项，不必假设，因为题干中偷东西会“担心被抓住”而不是“被抓住”。

B项，无关选项。

C项，削弱题干论据①“因为担心被抓住而不去偷盗”。

D项，削弱题干论据。

E项，必须假设，否则，如果一个人在决定是否去偷人家东西之前，不能确切地知道他还能活多久，那么他就不会因为只能活一天就去偷盗，还能活20年就不去偷盗，题干的论证就无法成立。

13. E

【解析】母题14·因果型削弱题

题干：气候干旱造成草原退化、沙化（天灾）$\xrightarrow[\text{导致}]{}$沙尘暴。

A 项、D 项，说明草原退化是因为人祸，而非天灾，削弱题干。

B 项、C 项，可以削弱，有因无果，与内蒙古地区相近的地方并没有草原退化、沙化。

E 项，支持题干，补充论据说明现在草原的生态不如以往。

14. C

【解析】母题 3 · 箭头的串联

将题干信息形式化：

①当选→迎合选民；

②迎合选民→很可能开出许多空头支票。

将①②串联可得：当选→迎合选民→很可能开出许多空头支票。

事实上，程扁当选了，所以他很可能开出许多空头支票，故 C 项为正确选项。

其他选项均不正确。

15. B

【解析】母题 3 · 箭头的串联（箭头变或者）

将题干信息形式化：

①高层不参与→薪酬政策不成功 = 高层参与 ∨ 薪酬政策不成功；

②有更多的管理人员参与 ∧ 告诉公司他们认为重要的薪酬政策→薪酬政策将更加有效。

A 项，¬ 有更多的管理人员参与→薪酬政策不成功，可真可假。

B 项，高层参与 ∨ 薪酬政策不成功，由①可知，为真。

C 项，高层参与→薪酬政策成功，由①可知，为假。

D 项，有更多的管理人员参与→薪酬政策将更加有效，由②可知，可真可假。

E 项，高层参与 ∧ 薪酬政策不成功，可真可假。

故正确答案为 B。

16. A

【解析】母题 5 · 二难推理

将题干信息形式化：

①100% 的检测→违规；

②违规→采取相应措施；

③采取相应措施→民众反应强烈；

④民众反应强烈→100% 的检测；

⑤100% 的检测→¬ 民众反应强烈。

将题干信息④逆否得：¬ 100% 的检测→¬ 民众反应强烈。

结合题干信息⑤可知，必有：¬ 民众反应强烈。

将题干信息①②③串联可得：100% 的检测→违规→采取相应措施→民众反应强烈，

逆否得：¬ 民众反应强烈→¬ 采取相应措施→¬ 违规→¬ 100% 的检测。

故，A 项“联盟不会提醒各成员国采取相应的措施”为真。

17. C

【解析】母题 31 · 评论逻辑漏洞

题干：在 5 年时间内中科院 7 个研究所和北京大学共有 134 名在职人员死亡 $\xrightarrow[\text{证明}]{}$ 中关村知识分子的平均死亡年龄为 53. 34 岁。

题干将“7个研究所和北京大学共有134名在职人员”与“知识分子”混为一谈。C项，将“大学生”与“具有大学文化程度的人”混为一谈，和题干犯了同样的错误。

B项，干扰项，样本没有代表性，但C项更加准确。

18. D

【解析】母题38·匹配题

题干条件：①李浩和重庆人不同岁；

②张翔的年龄比辽宁人小，即张翔<辽宁；

③重庆人比王鸣的年龄大，即王鸣<重庆。

重庆人在条件中出现的次数最多，是解题的突破口。

由题干条件①③可知，李浩、王鸣都不是重庆人，故张翔是重庆人。

由题干条件②③可知，王鸣不是辽宁人，因此，王鸣是湖南人，则李浩是辽宁人。

故正确答案为D。

19. B

【解析】母题38·匹配题

题干：妈妈不喜欢女儿穿长袖衫配短裙。

选项代入法可知，B项中，妹妹穿的是绿色短裙和粉色长袖衫，正是妈妈不喜欢的衣服搭配方案。

20. B

【解析】母题2·箭头+德摩根定律

将题干信息符号化：

假日→A堵∧B堵，等价于：¬（A堵∧B堵）→¬假日，即：¬A堵∨¬B堵→¬假日。

Ⅰ项，A堵∧B堵→假日，无箭头指向，可真可假。

Ⅱ项，A堵∧¬B堵→¬假日，为真。

Ⅲ项，¬假日→¬A堵∧¬B堵，无箭头指向，可真可假。

21. D

【解析】母题3·箭头的串联

将题干信息符号化：

（1）G湖∨J湖=¬J湖→G湖；

（2）¬E市∨¬F市→¬G湖=G湖→E市∧F市；

（3）¬E市→¬H山；

（4）I峰←J湖=¬I峰→¬J湖。

将题干信息④①②串联得：¬I峰→¬J湖→G湖→E市∧F市。

故D项正确。

22. D

【解析】母题28·解释题

待解释的现象：去年全国居民消费物价指数（CPI）仅上涨1.8%，属于“温和型”上涨，但是老百姓觉得涨幅一点也不“温和”。

A项，可以解释，指出了CPI统计范围和标准有问题。

B项，可以解释，解释了老百姓的感受与统计数据不同的原因。

C 项，可以解释，解释了为什么老百姓感觉物价涨幅大。

D 项，不能解释，因为“高收入群体”只是一小部分，代表不了老百姓。

E 项，可以解释，解释为什么 CPI 涨幅并不高。

23. C

【解析】母题 39 · 数字推理题

论述（1）不能推出，三种花色的牌的张数可能是 6、7、7。

论述（2）能推出，如果都少于或等于 6 张，总数就达不到 20 张。

论述（3）能推出，否则总数超过 20 张。

24. D

【解析】母题 16 · 措施目的型削弱题

题干：南京长江大桥理论上最多能通过 3 000 吨的船舶$\xrightarrow[\text{导致}]{}$必须拆除并重建南京长江大桥$\xrightarrow[\text{以求}]{}$彻底疏通长江黄金水道。

A 项，支持题干，说明措施有必要。

B 项，无法削弱题干，因为我们无法断定这些大型轮船是因为南京长江大桥而未能通过，还是因为其他原因（比如不需要去南京的上游）才停泊在南京下游港口。

C 项，无关选项，此项只能说明“仅拆除南京长江大桥”还不够，还需要拆除其他大桥，但无法说明“南京长江大桥不应该被拆除”。

D 项，可以削弱，说明拆除并重建南京长江大桥不是“必须”的。

E 项，无关选项。

25. C

【解析】母题 6 · 假言命题的负命题

将题干信息形式化：

①理发师→北方人 =¬ 北方人→¬ 理发师；

②女员工→南方人；

③已婚者→女员工。

将题干信息③②①串联得：已婚者→女员工→南方人→¬ 北方人→¬ 理发师。

C 项，南方人 ∧ 女员工 ∧ 理发师，与理发师都是北方人矛盾，也与女员工都不是理发师矛盾，说明题干的推理前提至少有一个为假。

其他选项均与题干推理的前提不矛盾。

26. B

【解析】母题 24 · 论证型假设题

题干：珊瑚化石在比它现在生长的地方深得多的海底发现$\xrightarrow[\text{证明}]{}$这种珊瑚与现在的珊瑚在重要的方面有很大的不同。

B 项，必须假设，否则如果地理变动使这种珊瑚化石下沉，那么就不能说明这种珊瑚一直生活在深水中，题干的结论无法成立。

其他选项均不是必要的假设。

27. D

【解析】母题 28 · 解释题

题干中的差异：剪除的干草在土壤中逐渐腐烂，有利于植物的生长；但是，被剪除的如果是新鲜青草的话，则不利于植物的生长。

正确选项须指出干草和新鲜青草的差别，故D项可以解释，说明了新鲜青草腐烂对植物生长不利的原因。

A项，加剧了题干的矛盾，说明不管是干草还是新鲜青草都是有益的。

B项，可以解释剪除干草有利于植物的生长，但无法解释剪除新鲜青草不利于植物的生长。

C项，腐烂得快不一定不利于植物的生长，不能解释。

E项，题干是对剪除干草和剪除新鲜青草对植物生长影响的比较，没有涉及混合起来的情况。

28. A

【解析】母题40·综合推理题

由“乙的学历比小学教师低”和“小学教师的学历比丙的低”，可知，乙、丙均不是小学教师，故小学教师是甲。

又由于：丙>小学教师（甲）>乙，再由“大学教师比甲的学历高”可知，大学老师是丙，故乙是中学教师。

综上所述可知，A项正确。

29. D

【解析】母题3·箭头的串联

将题干信息形式化：

①有些30岁以下的员工→外语培训班；

②部门经理→野外拓展=¬野外拓展→¬部门经理；

③外语培训班→¬野外拓展。

将题干信息①③②串联可得：有些30岁以下的员工→外语培训班→¬野外拓展→¬部门经理。

故有：有些30岁以下的年轻员工不是部门经理，D项正确。

30. C

【解析】母题15·百分比对比型削弱题

题干：某地有过迷路经历的司机90%以上没有安装车载卫星导航系统；

C项：此地所有汽车90%以上没有安装车载卫星导航系统（不足10%的汽车安装了车载卫星导航系统）；

削弱：车载卫星导航系统能有效防止司机迷路。

E项，干扰项，有的安装了卫星导航系统的司机也会迷路，只能说明卫星导航系统并不能完全解决迷路问题，但不能削弱卫星导航系统是“有效”的。

管理类联考综合（199）逻辑冲刺模考题
卷18　答案详解

1. D

【解析】母题1·充分必要条件

将题干信息符号化：

①¬存在→¬思考；

②思考→人生就意味着虚无缥缈。

将题干信息②逆否得：¬人生就意味着虚无缥缈→¬思考，故D项正确。

2. C

【解析】母题28·解释题

待解释的现象：63%的被调查者赞成大学生当保姆，但是有近60%的人表示不会请大学生保姆。

A项，不能解释为什么有近60%的人不会请大学生保姆。

C项，可以解释，“69%的人认为做家政工作对大学生自身有益”解释了“63%的被调查者赞成大学生当保姆”，“31%的人认为大学生保姆能提供更好的家政服务”解释了“有近60%的人表示不会请大学生保姆”。

其余选项均为无关选项，不能解释。

3. C

【解析】母题28·解释题

待解释的矛盾：我国连续三年粮食丰收，今年国际石油价格又创新高，但国家发展改革委员会却通知停止以粮食生产燃料乙醇的项目。

B项，加剧了题干中的矛盾。

C项，可以解释，用秸秆代替粮食生产燃料乙醇，可以在节省粮食的同时满足燃料需求，解释了为什么叫停“粮变油”项目。

其余各项均为无关选项。

4. C

【解析】母题13·论证型削弱题

雷切尔·卡逊：滴滴涕的案例证明化学药品对人类健康和地球环境有严重危害。

A项，可以削弱，提出滴滴涕对人体健康有益，并且不会造成严重的环境危害，直接削弱论点。

C项，无关选项，与滴滴涕无关。

B、D、E项，均削弱题干，说明滴滴涕可以用于治疗疟疾，对人类健康有益。

5. E

【解析】母题17·调查统计型削弱题

题干：抽样调查中，姚军得到65%以上的支持，得票最多$\xrightarrow[\text{证明}]{}$最受欢迎的学生会干部是姚军。

A项，候选人的排放位置不影响调查结果，不能削弱。

B项，支持题干。

C项，不影响姚军得票率最高的事实，所以削弱力度不大。

D项，调查统计只要求样本有代表性，不要求所有人必须参与调查，故此项无法削弱题干。

E项，样本没有代表性，削弱题干。

6. C

【解析】母题3·箭头的串联

将题干信息形式化：

①有的足球运动员→¬ 英语，根据“有的”互换原则，可得：有的¬ 英语→足球运动员；

②足球运动员→美剧。

将题干信息①②串联得：有的¬ 英语→足球运动员→美剧。

即：有的美剧→¬ 英语，即有些喜欢看美剧的人不会说英语，C项正确。

其他选项均不一定为真。

7. B

【解析】母题3·箭头的串联＋母题8·对当关系

将题干信息形式化：

①优秀的领导者→注重企业长远发展；

②注重企业长远发展→想尽办法占据市场。

将题干信息①②串联可得：优秀的领导者→注重企业长远发展→想尽办法占据市场。

故有：所有优秀的领导者都想尽办法占据市场。

A项，“所有”推“有的”，为真。

B项，等价于：所有优秀的领导者都不会想尽办法占据市场，与题干为反对关系，一真另必假，故若题干为真，则B项为假。

C项，等价于：所有不优秀的领导者都不注重企业的长远发展，题干讨论的是“优秀的领导者”，不涉及“不优秀的领导者”的情况，可真可假。

D项，符合题干，为真。

E项，题干未涉及“善于应对市场竞争”，可真可假。

8. C

【解析】母题37·排序题

根据条件（4）可知，甲只能住在4号或5号。

若甲住在4号，则戊住在1号，由条件（3）可知，丙住在2号，此时，乙只能住在3号或5号，都与甲相邻，与条件（1）矛盾，故甲不住在4号。

故甲住在5号，戊住在2号，由（3）可知，丙住在4号。又由乙的房号比丁小，故乙住在1号，丁住在3号。

9. E

【解析】母题2 · 箭头＋德摩根定律

将题干信息形式化：

进入国家排球队→具有足够的身高∧排球技术好＝¬具有足够的身高∨¬排球技术好→¬进入国家排球队。

A项，具有足够的身高∧¬排球技术好→¬进入国家排球队，为真。

B项，¬具有足够的身高∧排球技术好→¬进入国家排球队，为真。

C项，具有足够的身高∧排球技术好→¬进入国家排球队，根据箭头指向原则，可真可假。

D项，具有足够的身高∧排球技术好→进入国家排球队，根据箭头指向原则，可真可假。

E项，小四矮∧不会打球→进入国家排球队，不符合题干，因此E项不可能为真。

10. D

【解析】母题31 · 评论逻辑漏洞

题干的前提：学期论文得优→通过考试；

题干的结论：通过考试→学期论文得优∨做课堂报告。

题干的结论等价于：¬学期论文得优∧¬做课堂报告→¬通过考试，故D项评价正确。

其他选项均不正确。

11. B

【解析】母题20 · 论证型支持题

专家：洞庭湖沿岸遭遇了损失最为惨重的鼠灾$\xrightarrow[\text{证明}]{}$洞庭湖生态环境已经遭到破坏。

A项，可以支持，说明由于无法抑制老鼠过度繁殖，洞庭湖的生态平衡已经被破坏。

B项，不能支持，无法确定“围湖造田”“筑堤灭螺”等人类活动与鼠灾之间的关系。

C项，可以支持，说明老鼠泛滥的原因。

D项，可以支持，说明洞庭湖水域适合老鼠居住，因此老鼠会涌入这里。

E项，可以支持，说明田鼠泛滥的原因。

12. D

【解析】母题15 · 求异法型削弱题

题干使用求异法：超过一半的人更喜欢标有“Q”的牛奶，而非标有“M”的牛奶$\xrightarrow[\text{证明}]{}$超过一半的人更喜欢蒙牛牛奶，而非伊利牛奶。

D项，另有其他差异因素，指出更多人选择“Q”牛奶，不是因为他们喜欢蒙牛牛奶，而是因为他们喜欢英文字母“Q”。

其余各项均不能削弱。

13. B

【解析】母题31 · 评论逻辑漏洞

题干：《周易》卦爻辞中记载了商代到西周初叶的人物和事迹$\xrightarrow[\text{证明}]{}$《周易》卦爻辞的著作年代应当在西周初叶。

A、C项，不准确，由题干可知，卦爻辞中记载的人物和事迹是被文献资料所证实的，并非是传说。

B 项，准确，《周易》卦爻辞中记载了商代到西周初叶的人物和事迹，只能说明《周易》的著作年代等于或晚于西周初叶，但无法确定具体年代，即无法确定下限。
D 项，不准确，题干的论据是“出土的文献资料”，而诉诸权威是用权威的观点来证明自己的观点，因此，题干不是诉诸权威。
E 项，诉诸无知。

14. B

【解析】母题 1 · 充分必要条件

将题干信息符号化：
①¬ 政府帮助∧获得利润→有自生能力；
②开放的市场∧¬ 获得利润→¬ 有自生能力；
③¬ 有政策性负担→¬ 政府的保护和补贴；
④政府的保护和补贴→获得利润。
A 项，题干没有涉及“淘汰”，故可真可假。
B 项，政府的保护和补贴→有政策性负担，是题干信息③的逆否命题，故为真。
C 项，有政策性负担→政府的保护和补贴，可真可假。
D 项，根据题干信息②，在开放的市场中没有获得利润的企业没有自生能力，故此项为假。
E 项，获得利润→有自生能力，可真可假。

15. A

【解析】母题 13 · 论证型削弱题

公安部某专家：撒谎的心理压力会导致某些生理变化，测谎仪可以测量撒谎者的生理表征$\xrightarrow[\text{证明}]{}$测谎结果具有可靠性。
A 项，可以削弱，说明测谎仪测量的生理表征不一定是由撒谎导致的，可能是由其他心理压力导致的。
B 项，无关选项。
C 项，不能削弱题干，因为即使测谎仪需要维护或出现故障，我们只需要按时维护和更换即可满足需求。
D 项，“较小的心理压力”不代表没有心理压力，不能削弱。
E 项，支持题干，说明测谎仪可以测撒谎者的生理表征。

16. C

【解析】母题 5 · 二难推理

将题干信息符号化：
①¬ 答应→人质被杀害；
②人质被杀害→¬ 援助国援助；
③答应→复制绑架事件。
将题干信息①②串联得：④¬ 答应→人质被杀害→¬ 援助国援助。
运用二难推理，由题干信息③④得：复制绑架事件∨¬ 援助国援助，等价于：援助国援助→复制绑架事件，故 C 项正确。
其余选项均可真可假。

17. D

【解析】母题24·论证型假设题

题干的意思是：即使多媒体课件相对于板书没有别的优势，也可以起到节省时间的作用，从而提高教学效果。

A、C项，不必假设，与“即使多媒体课件相对于板书没有别的优势，也可以起到节省时间的作用”冲突。

B项，无关选项，题干涉及的是课件的作用，而不是板书的作用。

D项，说明多媒体课件确实可以节省时间，必须假设。

E项，削弱题干，说明多媒体课件的效果不如板书。

18. D

【解析】母题40·其他综合推理题

根据题干条件（3）可知，德国人是技师，且德国人不是C。

根据题干条件（1）可知，德国人不是A。

根据题干条件（2）可知，德国人不是E。

根据题干条件（4）可知，德国人不是B和F。

因此，德国人是D。

19. E

【解析】母题40·其他综合推理题

根据题干条件（1）可知，A不是美国人，且美国人是医生。

根据题干条件（2）（3）可知，E和C不是美国人。

根据题干条件（6）可知，B不是美国人。

根据上一题结论可知，D不是美国人。

因此，美国人是F。

20. B

【解析】母题29·推论题

根据题干可知，雄性非洲慈鲷鱼具有推理能力，即具有“某些理性认识特点”，因此B项正确。

A项，无关选项，题干不涉及雄性非洲慈鲷鱼和雌性非洲慈鲷鱼关于逻辑推理能力的比较。

C项，推理过度，我们并不明确逻辑推理能力是否是雄性非洲慈鲷鱼占据地盘大小的决定性因素。

D项，此项符合现实，但题干并未涉及。

E项，无关选项，题干并未涉及雄性非洲慈鲷鱼的推理能力是否与人类相同。

21. A

【解析】母题24·论证型假设题

评论家：禁放花炮不仅暗含着文化歧视，而且也将春节的最后一点节日气氛清除殆尽。

A项，必须假设，题干表示禁放花炮将春节“最后一点节日气氛”清除殆尽，说明其他的能够烘托节日气氛的习俗已经消失。

B项，削弱题干，提出反面论据，说明放花炮不是春节的最后一点节日气氛。

E项，假设过度，“杜绝火灾”绝对化。

C 项、D 项均为无关选项。

22. D

【解析】母题 24 · 论证型假设题

题干：大城市的川菜馆数量正在增加$\xrightarrow[\text{证明}]{}$更多的人不是在家里宴请客人而是选择去餐厅请客吃饭。

A 项，不必假设，即使其他餐馆的数量减少，如果减少数量不如川菜馆的增加数量大，题干仍然可以成立。

B 项，削弱题干，说明仅由川菜馆数量正在增加，不能说明餐馆数量也增加了，从而使得题干的结论不成立。

C 项，无关选项，题干不存在“川菜馆”与“其他餐馆”的比较。

D 项，必须假设，新餐馆开张→现有餐馆容纳不下吃饭的客人。故可以通过餐馆的增加说明去吃饭的人多了。

E 项，显然不必假设。

23. B

【解析】母题 40 · 综合推理题

方法一：

根据题干“己既没有弟弟也没有妹妹”可知，己是最小的。戊是女孩，没有妹妹，所以戊是女孩中最小的，故己是男孩。

甲是男孩，且有 3 个姐姐，所以甲最多排第四；如果甲排第五，前四个里面一定有乙，不满足乙有一个哥哥这一条件，因此甲只能排第四。

故乙在第五，哥哥是甲，弟弟是己。

因为戊没有妹妹，所以戊是第三；因为“丙是女孩，有一个姐姐和一个妹妹”，所以丙是第二；丁排第一，是女孩。故 B 项正确。

方法二：选项排除法。

根据题干“乙有一个哥哥和一个弟弟”和“丙是女孩，有一个姐姐和一个妹妹”可知，6 人中至少有 3 个女生。

由“甲是男孩，有 3 个姐姐”可知，甲前面有 3 个女孩，最多排第四，排除 D 项。

由“乙有一个哥哥和一个弟弟”可知，乙排第五，排除 E 项。再结合“戊是女孩，没有妹妹”可知，乙是男孩，所以 6 人中有 3 男 3 女，排除 C 项。

根据题干“己没有弟弟也没有妹妹”可知，己是最小的。戊是女孩，没有妹妹，所以戊是女孩中最小的，故己是男孩。排除 A 项。

故正确答案为 B。

24. B

【解析】母题 6 · 假言命题的负命题

题干：赛场失意→情场得意。

矛盾命题为：┐（赛场失意→情场得意）＝赛场失意∧情场失意。故 B 项为假。

25. E

【解析】母题 3 · 箭头的串联

将题干信息形式化：

①卖红焖羊肉∧卖羊杂碎汤→卖烤全羊，等价于：¬卖烤全羊→¬卖红焖羊肉∨¬卖羊杂碎汤；

②星期天→¬卖烤全羊；

③王老板去“草原酒家”吃饭→卖红焖羊肉。

将题干信息②①串联得：星期天→¬卖烤全羊→¬卖红焖羊肉∨¬卖羊杂碎汤。

故，星期天：¬卖红焖羊肉∨¬卖羊杂碎汤 = 卖红焖羊肉→¬卖羊杂碎汤。

故，如果星期天卖红焖羊肉，那么这天它一定不卖羊杂碎汤，E 项为真。

注意：B 项不一定为真，因为王老板去“草原酒家”吃饭时未必是星期天。

26. D

【解析】母题 32 · 评论逻辑技法

论据：①“善良”“棒极了”一类的语词，能引起人们积极的反应；

②“邪恶”“恶心”之类的语词，则能引起人们消极的反应；

③许多无意义的语词也能引起人们积极或消极的反应。

论点：人们对语词的反应不仅受语词意思的影响，而且受语词发音的影响。

显然，“许多无意义的语词也能引起人们积极或消极的反应”是作为论据（前提）用来支持结论“人们对语词的反应不仅受语词意思的影响，而且受语词发音的影响”的，故 D 项正确。

27. D

【解析】母题 28 · 解释题

题干的矛盾现象：包办酒席的机构的卫生检查程序严格，但是，有更多的食物中毒案例。

A 项，饭店吃饭的人多，加剧了题干的矛盾，无法解释题干。

B 项，说明更多的中毒案例不应该是由包办酒席的服务部门提供剩菜引起的，加剧了题干矛盾。

C 项，饭店也提供包办酒席的服务，无法解释题干。

D 项，吃酒席的人会互相交流，如果出现食物中毒，他们之间相互都会知道，很明显会想到是酒席中的食物有问题；而饭店中同时吃饭的人互不认识，即使出现食物中毒，也不易通过交流发现饭店的食物有问题，可以解释题干。

E 项，味道是否好，与是否会食物中毒无关。

28. B

【解析】母题 14 · 因果型削弱题

西方舆论界：中国的巨大需求$\xrightarrow[\text{导致}]{}$石油、粮食、钢铁等原材料价格暴涨。

A 项，不能削弱，“中国提高了农作物产量”与粮食的价格的关系不确定。

B 项，举反例，说明中国的需求增长了，但是石油价格却下跌了，可以削弱题干论点。

C 项，此项没有说明“美国大投资家对石油的囤积”与石油价格的关系，而且也无法说明“粮食、钢铁等原材料价格下跌”，因此不如 B 项削弱力度大。

D 项，此项没有说明印度对粮食的需求增加是否影响粮食价格，不能削弱。

E 项，无关选项。

29. E

【解析】母题 12 · 概念间的关系

由题意可知，黑龙江人是北方人。

最少的情况是：由基层提升上来的都是北方人，而北方人都具有博士学位，因此最少5人。

最多的情况是：由基层提升上来的人都不是北方人，而由基层提升上来的人和北方人都没有博士学位，因此最多应是3+4+5=12（人）。

30. D

【解析】母题30·概括推论题

题干信息：

形：配好的成药，放在药店里，可以直接购买使用；拳手的身高、体重和套路。

势：由有经验的大夫为病人开的处方，根据病情的轻重，斟酌用量，增减气味，配伍成剂；散打，根据对手的招式随机应变。

A项，用下棋来比喻形势，并非概括，不准确。

B项，说明了行医与用兵的区别与联系，不准确。

C项，用山水比喻形势，并非概括，不准确。

D项，准确地概括了形与势的特征。

E项，无关选项。

管理类联考综合（199）逻辑冲刺模考题卷19　答案详解

1. E

【解析】母题2·箭头+德摩根定律

将题干信息符号化：

①食量大的母牛：¬ 被喂食10次以上→患病；

②食量大的公牛：被喂食10次以上→¬ 患病。

E项，食量大的公牛：患病→¬ 被喂食10次以上，是②的逆否命题，为真。

A、B、C、D项均不能确定推出。

2. B

【解析】母题6·假言命题的负命题

张老师：¬ 吃得苦中苦→¬ 人上人。

王晓虎：吃得苦中苦∧¬ 人上人，与“吃得苦中苦→人上人”矛盾，故王晓虎反驳的是B项。

3. E

【解析】母题39·数字推理题

根据题意，一共有120人参加全国性的逻辑学研讨会，长江三角洲地带的逻辑学者有62人，所以非长江三角洲地带的逻辑学者有120－62＝58（人）。

而非长江三角洲地带的没有教授职称的有8人，故非长江三角洲地带的有教授职称的有58－8＝50（人）。

又知教授一共有66人，所以长江三角洲地带的教授有66－50＝16（人）。

故E项正确。

4. C

【解析】母题35·形式逻辑型结构相似题

题干：工作认真→好职员奖。好职员奖，所以，工作认真。

形式化：A→B。B，所以，A。

A项，A→B。¬ A，所以，¬ B。与题干不同。

B项，A∧¬ B，所以，A，不一定B。与题干不同。

C项，A→B。B，所以，A。与题干相同。

D项，A→B。¬ B，所以，¬ A。与题干不同。

E项，A←B。B，所以，A。与题干不同。

故正确答案为C。

5. C

【解析】母题29·推论题

题干："任何人"只要讨回一笔欠账，只需上缴其中的20%，所以欠债的人也可以做追账的人。

因此，如果自己跟自己追账，只需上缴其中的20%即可，故C项正确。

其余选项均不正确。

6. D

【解析】母题3·箭头的串联

将题干信息符号化：

①受人尊敬→保持自尊；

②保持自尊→问心无愧；

③¬ 恪尽操守→¬ 问心无愧 = 问心无愧→恪尽操守。

将题干信息①②③串联得：受人尊敬→保持自尊→问心无愧→恪尽操守。

Ⅰ项，受人尊敬→恪尽操守，正确。

Ⅱ项，¬ 问心无愧→¬ 受人尊敬 = 受人尊敬→问心无愧，正确。

Ⅲ项，恪尽操守→保持自尊，无箭头指向，可真可假。

综上所述，只有Ⅰ和Ⅱ能从题干中推出。故D项正确。

7. D

【解析】母题22·求异法型支持题

题干：

配方奶粉（P－脂肪含量低）喂养的婴儿：视力差；

母乳（P－脂肪含量高）喂养的婴儿：视力好；

科学家假设：P－脂肪，是视力发育形成过程中所必需的。

另外，足月出生的婴儿比早产5～6周的婴儿视力好。

A、B项，均不必假设，父母的视力差是否影响婴儿视力，与P－脂肪是否影响婴儿视力无关。

C项，无关选项，题干不涉及成年人的视力问题。

D项，胎儿只在最后四周里加大了从母体中获取的P－脂肪的量，那就说明足月出生的婴儿获取到了更多的P－脂肪，再结合科学家的假设，就解释了为什么足月出生的婴儿视力更好，支持题干。

E项，无关选项，因为"胎儿的视力是在妊娠期的最后三个月发育形成的"，只能说明"足月出生的婴儿比早产5～6周的婴儿视力好"，无法说明胎儿的视力与P－脂肪的关系。

8. A

【解析】母题13·论证型削弱题

题干：①许多传统文化中的节日习俗离我们渐行渐远；②圣诞老人、在西餐厅里过生日开始流行；③文化发展是一个"取其精华，去其糟粕"的过程$\xrightarrow[\text{证明}]{}$西方文化优于中国传统文化。

A项，提出反面论据，即我国传统文化中的许多内容在西方国家受到热捧。如果此项为真，结合题干的论据③，就可以得出与题干相反的结论："中国传统文化优于西方文化"。

故，此项很好地削弱了题干。

B 项，题干是对中、西方文化的比较，而此项只能说明西方也有不文明行为，但不能说明西方的不文明行为是不是比中国多，故不能削弱题干。

E 项，支持题干。

其余各项均为无关选项。

9. B

【解析】母题 13・论证型削弱题

题干：发现古代寺院建筑构件$\xrightarrow[\text{证明}]{}$元朝时期该地附近曾有寺院存在。

A 项，诉诸无知。

B 项，说明这些建筑构件未必属于寺院，有可能属于普通居民，故削弱题干。

C 项，不能削弱，寺院建筑构件“少”，不代表“没有”，故也可以作为证据支持题干。

D 项，诉诸无知。

E 项，支持题干。

10. D

【解析】母题 40・综合推理题

重复元素分析法，“西岛村”出现的次数最多，可以作为突破口考虑：

根据“西岛村的请警察合了一张影”可知，西岛村的不是警察；

根据“医生和西岛村的都喜欢打篮球”可知，西岛村的不是医生；

因此，西岛村的是律师。

根据“西岛村的和王刚、张波都没有联系过”可知，西岛村的是李明。

即：李明——律师——西岛村。

根据“王刚跟东湖村的互留了联系方式”可知，王刚不是东湖村的，故王刚是南山村的。

根据“医生称赞南山村同乡身体健康”可知，医生不是南山村的，故警察是南山村的。

即：王刚——警察——南山村。

所以，张波是医生，是东湖村的。

即：张波——医生——东湖村。

故正确答案为 D。

11. A

【解析】母题 13・论证型削弱题

市长：重组那年以后的偷盗统计资料表明偷盗报告普遍地减少了$\xrightarrow[\text{证明}]{}$重组警察部门不会导致警察对市民责任心的降低和犯罪的增长。

A 项，说明由于受害者不愿向警察报告偷盗事故，导致“偷盗报告”减少，但“偷盗”并不是真的减少了，削弱市长的论述。

B 项，犯罪报告的统计资料可靠，支持市长的论述。

C 项，“其他城市”重组后报告的偷盗数目在重组后一般都上升了，削弱力度弱。

D 项，无关选项，题干不涉及此项中的比较。

E 项，重组前偷盗报告上升，重组后减少，支持市长的论述。

12. C

【解析】母题38·匹配题

三名球员中，卡特出现的次数最多，可假设卡特被湖人队选中，根据题干“三位球迷各猜对了一半”，则球迷乙说的全错，所以卡特没有被湖人队选中；则球迷甲的前半句为假，后半句为真，即库里被老鹰队选中；故球迷乙的前半句为假，后半句为真，即布莱尔被湖人队选中；球迷丙的后半句为假，前半句为真，即卡特被勇士队选中。

故正确答案为C。

【快速得分法】利用选项排除法可迅速得解。

13. E

【解析】母题15·求因果五法型削弱题（求异法）

题干使用求异法：

第一块菜圃加入镁盐：产量高；

第二块菜圃没加镁盐：产量低；

故：第一块菜圃高的产量必然是由于镁盐。

使用求异法，要保证没有其他差异因素影响实验结果，而E项说明这两块菜圃还有其他区别（土质和日照量）影响实验结果，故削弱题干。

其他选项均不能削弱题干。

14. E

【解析】母题33·评价题

题干：倾销是以低于商品生产成本的价格在另一个国家销售这种商品的行为。H国的河虾生产者正在以低于“M国河虾生产成本”的价格，在M国销售河虾。因此，H国的河虾生产者正在M国倾销河虾。

E项，如果倾销定义中的“生产成本”是指销售地同类商品的生产成本，则H国的河虾生产者正在M国倾销河虾；如果倾销定义中的“生产成本”是指商品原产地的生产成本，则H国的河虾生产者未必是在M国倾销河虾。

故，E项正确。

其余各项都不能准确评估H国对河虾的销售行为。

15. B

【解析】母题16·措施目的型削弱题

题干：父母们应该参加预付大学学费的计划$\xrightarrow[\text{以求}]{}$减少孩子们的大学教育费用。

A项，不能削弱，题干中的计划是针对所有公立大学，所以“父母们不清楚孩子将会上哪一所公立大学”并不影响此计划的成立性。

B项，说明用其他方法可以赚到更多的钱，不必参加此计划，削弱题干。

C项，无关选项，题干不涉及学费与生活费的比较。

D项，支持题干，说明大学学费以后会涨价，预付学费可以省钱。

E项，无关选项，题干不涉及住宿费问题。

16. B

【解析】母题24·论证型假设题（调查统计型）

题干：丹尼斯女士的学生中能定期完成布置的作业的人越来越少了$\xrightarrow[\text{证明}]{}$工程学的学生比

以往更懒惰了。

要想让题干的论证成立，必须满足以下两个假设：

①没有完成作业代表工程学的学生懒惰；

②丹尼斯的学生能代表整个工程学的学生。

B 项，等同于假设①，样本具有代表性，是正确选项。

17. C

【解析】母题 28 · 解释题

根据题意：

先看到对着她的里程碑这一面写的是 21，背面是 23；

而再往前走看到的里程碑是正面 20，背面 24。

这说明她离终点越来越近（正面），而离起点越来越远（背面），故 C 项正确。

18. B

【解析】母题 24 · 论证型假设题

题干：①玛雅遗址挖掘的珠宝作坊离中心地区有一定的距离，②贵族仅居住在中心地区 $\xrightarrow[\text{证明}]{}$ 这些作坊制作的珠宝不是供给贵族的，而是供给一些中产阶级的，他们一定已足够富有，可以购买珠宝。

A 项，无关选项。

B 项，必须假设，否则，如果这些珠宝手工艺人提供送货上门服务，那么即使珠宝作坊的位置不在中心城区，他们也可以送货给住在中心城区的贵族。

C 项，无关选项。

D 项，支持题干的论证，但并非隐含假设。

E 项，削弱题干。

19. C

【解析】母题 40 · 其他综合推理题

将题干条件符号化：

（1）G 跳高→H 铅球 = G 铅球 ∨ H 铅球；

（2）L 跳高→M 铅球 ∧ U 铅球 = L 铅球 ∨（M 铅球 ∧ U 铅球）；

（3）W 参加的项目与 Z 不同；

（4）U 参加的项目与 G 不同；

（5）Z 跳高→H 跳高。

由题干条件（1）可知，G 与 H 至少有一位参加铅球项目。

由题干条件（2）可知，L 参加铅球项目或者 M、U 都参加铅球项目。

由题干条件（3）可知，W 与 Z 恰有一位参加铅球项目。

由题干条件（4）可知，G 与 U 恰有一位参加铅球项目。

若使跳高项目人数最多，则 G 参加铅球项目，H、U 参加跳高项目；L 参加铅球项目，M 和 U 参加跳高项目；W 参加铅球项目，Z 参加跳高项目。故最多有 4 个学生参加跳高项目。

20. D

【解析】母题 40 · 其他综合推理题

使用选项排除法：

根据题干条件（2）可知，M 跳高→L 铅球，排除 A、E 项。

根据题干条件（3）可知，W 跳高→Z 铅球。

根据题干条件（4）可知，U 参加的项目与 G 不同，排除 B 项。

由题干条件“W 参加跳高”，排除 C 项。

故正确答案为 D。

21. A

【解析】母题 28·解释题

题干中的矛盾：冷冻食品的过程消耗能量，但是半空的电冰箱比装满的电冰箱消耗的能量更多。

A 项，冰箱中使一定体积的空气保持在低于冰点的某一温度比使相同体积的冷冻食品保持该温度需要更多的能量，这就说明了半空的冰箱为何更加耗电，解释了题干。

其余各项均为无关选项。

22. A

【解析】母题 4·隐含三段论

将题干信息符号化：

①令狐冲→任盈盈；

甲班学生：②岳灵珊∨东方不败，等价于：¬ 岳灵珊→东方不败；

③任盈盈→¬ 岳灵珊。

将题干信息①③②串联得：令狐冲→任盈盈→¬ 岳灵珊→东方不败。

故若想得到结论：“令狐冲→仪琳”，只需补充前提：东方不败→仪琳。

即可串联得：令狐冲→任盈盈→¬ 岳灵珊→东方不败→仪琳。

故 A 项正确。

注意：A 项说的是甲班，跟题干范围相对应，B 项过强假设不选。

23. A

【解析】母题 31·评论逻辑漏洞

音乐会的组织者宣布：①¬（预报坏天气∨预售票卖得太少）→音乐会举行；

②¬ 音乐会举行→退款。

“退款”后面没有箭头，所以推不出任何结论。音乐会取消只是退款的一个原因，而不是唯一原因，退款可能还有其他多种原因，故 A 项正确。

24. C

【解析】母题 7·复言命题的真假话问题

将题干信息形式化：

甲父：乙；

乙父：丙；

丙母：甲∨乙；

丁母：乙∨丙。

如果甲父说的对，那么丙母和丁母说的都对，与题干“只有一人猜对”矛盾；如果乙父说的对，那么丁母说的也对，与题干“只有一人猜对”矛盾。

故甲父和乙父说的都是错的。

因此，乙和丙都没有通过面试，所以丁母猜错了，故只有丙母猜对，乙没有通过面试，所以甲通过了面试。

25. C

【解析】母题 22 · 求异法型支持题

题干使用求异法：

低二氧化碳浓度的环境中孵化的鱼：正确避开障碍物；

<u>高二氧化碳浓度的环境中孵化的鱼：随机转向；</u>

因此，高二氧化碳浓度的环境中孵化的鱼，生存能力将会减弱。

C 项，二氧化碳有好处，削弱题干。

其余选项，均从某个方面说明了二氧化碳有坏处，支持题干。

26. D

【解析】母题 10 · 简单命题的真假话问题

将题干信息符号化：

甲：所有同学都申请；

乙：¬ 班长→¬ 学委；

丙：¬ 班长；

丁：有的没有申请。

甲与丁的话矛盾，必有一真一假，又由题干“只有一人说假话”可知，乙和丙说的都是真话。

由丙说真话可知，班长没有申请，又由乙说真话可知，学委也没有申请，故甲说的是假话，丁说的是真话。

所以，正确答案为 D。

27. B

【解析】母题 3 · 箭头的串联

将题干信息形式化：

①爱好文学→爱好诗词，等价于：¬ 爱好诗词→¬ 爱好文学；

②爱好诗词→了解中国历史，等价于：¬ 了解中国历史→¬ 爱好诗词；

③有些数学爱好者→爱好文学；

④痴迷于游戏机→¬ 了解中国历史 = 了解中国历史→¬ 痴迷于游戏机；

⑤有些未成年人→痴迷于游戏机。

将⑤④②①串联得：⑥有些未成年人→痴迷于游戏机→¬ 了解中国历史→¬ 爱好诗词→¬ 爱好文学。

故有：有些未成年人不是文学爱好者，B 项为真。

将③①②④串联可得：有些数学爱好者→爱好文学→爱好诗词→了解中国历史→¬ 痴迷于游戏机。

故有：有些数学爱好者了解中国历史，A 项可真可假；有些数学爱好者不是痴迷于游戏机者，C 项可真可假。

由⑥可知，痴迷于游戏机→¬ 爱好文学，D 项为假。

由③可知，有些爱好文学→爱好数学，E 项可真可假。

28. E

【解析】母题24·论证型假设题

题干：如果贪污可被估量的话，那它一定会消失$\xrightarrow[\text{证明}]{}$不可能对腐败进行实质上的估量$\xrightarrow[\text{证明}]{}$不可能构造出一个严格的社会科学。

搭桥法：不可能对腐败进行实质上的估量→不可能构造出一个严格的社会科学，

等价于：构造出一个严格的社会科学→对腐败进行实质上的估量。

E 项，只有当一个科学研究对象（腐败）可以被估量时，才有可能构造一个严格的科学（社会科学），与题干的隐含假设一致。

其他选项均不正确。

29. E

【解析】母题19·数字型削弱题

题干：一根大麻香烟在吸食者的肺部沉积的焦油量是一根烟草香烟的4倍还要多$\xrightarrow[\text{证明}]{}$大麻香烟吸食者比烟草香烟吸食者更有可能患上由焦油导致的肺癌。

题干的论证要想成立，必须得有一个前提，即吸烟者吸食大麻香烟的数量和吸食烟草香烟的数量差不多，或者至少不能少太多（不能低于四分之一），所以，E 项如果为真，可以削弱题干的隐含假设，进而削弱题干中研究者的结论。

30. E

【解析】母题21·因果型支持题

研究人员的结论：对抗性运动鼓励和培养运动的参与者变得怀有敌意和具有攻击性。

题干的结论：不是对抗性运动导致了运动员的攻击性，而是对抗性运动员天生具有攻击性。

A 项，说明对抗性运动员天生具有攻击性，支持题干的结论，反驳研究人员的结论。

B 项，此项无法很好地支持或削弱研究人员的结论，因为我们并不知道研究对象是否知情会对实验结果带来何种影响。

C、D 项，无关选项。

E 项，通过求异法，说明参加橄榄球和曲棍球运动导致运动员更怀有敌意和具有攻击性，而参加游泳的运动员没有变化，从而支持了研究人员的论证。

管理类联考综合（199）逻辑冲刺模考题卷20　答案详解

1. E

【解析】母题14·因果型削弱题

题干：1988年北美的干旱可能是由太平洋赤道附近温度的大范围改变引起的，因此，它不能证明就长期而言全球发生变暖趋势的假说。

即题干认为：既然1988年北美的干旱原因是“太平洋赤道附近温度的大范围改变”，那么它的原因就不是“全球变暖”。

E项说明，这种温度的大范围改变正是由“全球变暖”所致的，因此，很好地削弱了题干。

其余各项均为无关选项。

2. A

【解析】母题26·措施目的型假设题

题干：当人们在批发市场上尽力限制自己只购买这种合法的象牙时，世界上仅存的少量野生象群便不会受到威胁。

仅买合法象牙的前提是，必须能够可靠地区分合法象牙和非法象牙（措施可行），否则，如果不能可靠地区分合法象牙和非法象牙，那么就无法避免非法捕杀的野生大象的象牙流入市场，从而使野生象群受到威胁。故A项正确。

其余各项均为无关选项。

3. D

【解析】母题29·推论题

题干：①A不能识别颜色，B不能识别形状，C既不能识别颜色也不能识别形状；

②智能研究所的大多数实验室里都要做识别颜色和识别形状的实验。

B项，可能为真。有可能A识别形状，B识别颜色，从而可以完成识别颜色和形状的实验。

D项，一定为假。因为A和C都不能识别颜色，所以如果半数实验室里只有A和C两种机器人，那么这些实验室无法做关于识别颜色的实验，与题干中的②矛盾。

其余各项均有可能为真。

4. C

【解析】母题8·对当关系

题干：鸵鸟是鸟，但鸵鸟不会飞。

Ⅰ项，鸵鸟不会飞，但不会飞的鸟不一定是鸵鸟，故此项可真可假。

Ⅱ项，虽然事实上鸵鸟不会飞，但不排除有人不了解这一事实，而认为鸵鸟会飞，故此项可真可假。

Ⅲ项，等价于：所有鸟都会飞，必为假。

故正确答案为C。

5. A

【解析】母题8·对当关系

题干信息：

①没有人爱每一个人；

②张生爱莺莺；

③莺莺爱每一个爱张生的人＝爱张生的人→被莺莺爱。

Ⅰ项，每一个人→爱张生的人，根据③可得，每一个人→爱张生的人→被莺莺爱，即莺莺爱每一个人，与①矛盾，故为假。

Ⅱ项，与题干不矛盾，可能为真。

Ⅲ项，莺莺→¬ 爱张生，与题干不矛盾，可能为真。

故A项正确。

6. B

【解析】母题4·隐含三段论

将题干信息符号化：

①脊索动物→¬ 导管动物，等价于：导管动物→¬ 脊索动物；

②翼龙→导管动物。

将②①串联得：③翼龙→导管动物→¬ 脊索动物。

要推出的结论是：④翼龙→¬ 类人猿。

需补充的条件为：¬ 脊索动物→¬ 类人猿，等价于：类人猿→脊索动物。

故B项正确。

7. B

【解析】母题40·综合推理题

使用选项排除法：

A项，如果有两个三人间，则四年级的两个人至少得有1个人住三人间，与“四年级学生都不分到三人间”矛盾，故排除。

B项，无矛盾，可以为真。

C项，“K和P分到同一宿舍”，所以只能分到三人间，K是四年级学生，与“四年级学生都不分到三人间”矛盾，故排除。

D项，“K和P分到同一宿舍”，占据1个双人间，则仅余1个双人间和3个单人间。二年级的学生有3人，最多只有2人住双人间，余下1人住单人间，与“二年级学生都不分到单人间”矛盾，故排除。

E项，“K和P分到同一宿舍”，占据1个双人间，其他人只能住单人间，与“二年级学生都不分到单人间”矛盾，故排除。

8. B

【解析】母题40·综合推理题

根据条件（2）（4）可知，K和P在同一宿舍，K不在三人间，所以，K和P在双人间，排除D项、E项。

又知R住单人间，K和P住双人间，故还有L、S、T和V四人未安排。

根据条件（3）可知，S、T和V不住单人间；根据条件（2）可知，L不住三人间。故有：

情况1：S、T和V中的两人合住1个双人间，余下1人和L一起住1个双人间。

情况2：S、T和V合住三人间，L住单人间。

可排除A项、C项。

根据情况2可知，L有可能住单人间，故B项正确。

9. A

【解析】母题40·综合推理题

根据条件（2）（4）可知，K和P在同一宿舍，K不在三人间，所以，K和P在双人间。

又由T和V分别住不同的双人间可知，有3个双人间和1个单人间。

所以恰有1个单人间住学生，A项正确。

10. E

【解析】母题14·因果型削弱题

题干：来自境外的投资性行为造成了北京房价的暴涨。

A项，题干讲的是上半年的情况，此项讲的是7—8月的情况，削弱力度弱。

B项，高端商品房仅是房子的一类，样本不全，削弱力度弱。

C项，国内其他地区的有钱人“也”起到了推波助澜的作用，说明除了题干中的境外投资性行为以外，还有国内有钱人的投资性行为在拉高房价，因此，不能削弱题干。

D项，无关选项。

E项，另有他因，北京房价的暴涨不是因为境外的投资性行为，而是由于本地常住人口增加，对住房的需求增大，削弱力度强。

11. B

【解析】母题20·论证型支持题

题干：每次削减教育经费仅仅减少了非基本服务的费用$\xrightarrow[\text{证明}]{}$进一步地削减经费不会减少任何基本服务的费用。

B项，说明确实有足够的“非基本服务费用”可供削减，前提可行，支持题干。

其余各项均为无关选项。

12. D

【解析】母题24·论证型假设题

轮扁：我的高超的技术无法传授给儿子了，因此，古人已经死了，他们所不能言传的精华也跟着消失了，那么桓公所读的就是古人的糟粕了。

A、B项，无关选项。

C项，复述了轮扁的理由，但不是其假设。

D项，必须假设，否则，如果有其他精华可以言传，就不能说桓公读的是古人的糟粕。

E项，轮扁的论述只假设精华无法言传，而不假设无法言传的都是精华，故此项不必假设。

13. B

【解析】母题23·措施目的型支持题

题干：让农民把土豆根散发的化学物质喷洒在没有种土豆的地里，吸引土豆线囊虫出来$\xrightarrow[\text{以求}]{}$饿死土豆线囊虫。

A项，无关选项，题干的方案是将土豆线囊虫饿死，而不是用杀虫剂杀死。

B项，说明没有种土豆的地里出来的土豆线囊虫确实会饿死，是题干的隐含假设，支持力度大。

C项，说明在没有种土豆的地里喷洒这种化学物质，不易被细菌消化，能更好地吸引土豆线囊虫出来，支持题干，但力度不如B项。

D项，支持题干，但力度不如B项。

E项，无关选项，题干中的措施并不要求化学物质在“土豆生长的所有时间”都能被释放出来。

14. D

【解析】母题8·对当关系

题干等价于：①有些大众对绝大多数新的立法都没有觉察，②有的大众对现存立法可能了解。

Ⅰ项，与②为下反对关系，可真可假。

Ⅱ项，与②等价，为真。

Ⅲ项，与①为下反对关系，可真可假。

15. E

【解析】母题3·箭头的串联

将题干信息符号化：

（1）北美洲人→美洲人；

（2）美洲人→白人；

（3）亚洲人→┐美洲人＝美洲人→┐亚洲人；

（4）印尼人→亚洲人＝┐亚洲人→┐印尼人。

将（1）（2）串联得：北美洲人→美洲人→白人。

故有：（5）有的北美洲人→白人＝有的白人→北美洲人。

将（5）与（1）（3）（4）串联得：有的白人→北美洲人→美洲人→┐亚洲人→┐印尼人。

逆否得：印尼人→亚洲人→┐美洲人→┐北美洲人。

故A项、B项、C项、D项均为真，E项可真可假。

16. D

【解析】母题29·推论题

题干使用求异法：

上学前班的：小学入学综合能力测试平均得分高；

没上学前班的：小学入学综合能力测试平均得分低。

因此，是否上过学前班与小学入学前的综合能力之间有相关性，D项正确。

其他选项均不正确。

17. C

【解析】母题40·综合推理题

根据“汤姆和推销员不同岁，推销员比卡尔年龄小”可知，汤姆和卡尔都不是推销员，所以乔治是推销员。

故排除A、B、D、E项，C项正确。

18. C

【解析】母题39·数字推理题

C项不可能被推翻，即使补考后有更多的学生成绩全部优秀或在70分以下，也不能推翻“至少”有15位学生成绩全部优秀，“至少”有9位学生的各科成绩在70分以下。

其他选项均有可能被这几位学生补考所产生的结果推翻。

19. C

【解析】母题20·论证型支持题

专家：80%的糖尿病患者不重视血糖监测$\xrightarrow[\text{证明}]{}$大部分患者还不知道应该如何管理糖尿病。

C项，不重视血糖监测→不能对糖尿病进行科学有效的管理，故C项若为真，专家的意见一定为真，是最强的支持。

20. C

【解析】母题40·综合推理题

编号2出现的次数最多，所以假设2是美洲，那么戊的前半句“2是欧洲”是错的，后半句“5是美洲”也是错的。不满足题干“每人填对一半”，故2不是美洲。

因此甲的后半句是错的，得出：3是欧洲；丁“3是大洋洲”是错的，所以丁的前半句对，故4是非洲，1是亚洲，2是大洋洲，5是美洲。

故C项正确。

【快速得分法】选项代入可快速求解。

21. B

【解析】母题40·综合推理题

由条件（3）可知，另外一个数字必定是2，故B项正确。

22. B

【解析】母题40·综合推理题

由条件（2）可知，不可能是111。

由条件（4）可知，不可能是333。

由条件（6）：¬2→5不可能是最后一个数字，逆否得：5是最后一个数字→2，故不可能是555。

因此，还有两种可能：222、444。

23. C

【解析】母题9·简单命题的负命题

题干：有的优秀运动员不必然不失误，并非所有的优秀运动员都可能失误。

等价于：有的优秀运动员可能失误，有的优秀运动员不可能失误。

故C项正确。

24. B

【解析】母题28·解释题

题干：学校楼梯上的地毯十分破旧且严重磨损，而且学校并未更换楼梯间已烧坏的灯泡。因此，弗瑞得摔伤后提起了诉讼。

弗瑞得提起诉讼的可能原因有两个：地毯和灯泡。但题干未提及事件是不是发生在晚上，因此，地毯是更可能的原因，故B项正确。

其他选项均不正确。

25. E

【解析】母题40·综合推理题

由题干条件知：

5位男士：立伟、小杰、志国、玉龙、大刚。

男士的地理位置：上海、广州、西安、北京、南宁。

5位女士：晓雪、媛媛、宁宁、小雯、爱琳。

女士的职业：教师、会计员、银行职员、空姐、护士。

由题干条件（6）（8）知：玉龙——西安——宁宁——空姐。

由题干条件（3）（5）（7）知：小杰——广州——媛媛——银行职员。

此时，剩余元素为：

3位男士：立伟、志国、大刚。

男士的地理位置：上海、北京、南宁。

3位女士：晓雪、小雯、爱琳。

女士的职业：教师、会计员、护士。

由题干条件（2）（9）知：小雯——会计员——上海。

结合题干条件（1）知：爱琳——教师。

结合题干条件（4）知：志国——晓雪——护士。

由题干条件（1）知：立伟的女友不是教师，由上面分析可知也不是护士，故只能是会计员。

故有：立伟——上海——小雯——会计员。

由题干条件（10）知：大刚不是北京的，故只能是南宁的：大刚——南宁——爱琳——教师。

所以，志国——北京——晓雪——护士。

故E项正确。

【说明】真题一般考不到如此复杂的匹配题，但老吕还是把这道题出在这里，有两个用意：第一，匹配题的解题技巧需要掌握，这类题型每年必考；第二，考试时遇到特别难的题，不要过于纠结，应该快速跳过，不要浪费时间。

26. C

【解析】母题5·二难推理

将题干信息符号化：

（1）刮风∨下雨；

（2）刮风→约瑟夫火车；

（3）下雨→汤姆火车；

（4）¬ 杰克火车 ∧ ¬ 刘易斯火车→杰克、汤姆不会选择飞机或者汽车出行。

根据二难推理，由题干条件（1）（2）（3）可知：（5）约瑟夫火车 ∨ 汤姆火车。

而四人选择的出行方式不同，故：¬ 杰克火车 ∧ ¬ 刘易斯火车。

由题干条件（4）可知，杰克和汤姆都不选择飞机或汽车。

故，杰克和汤姆只能选择火车或轮船。

又由题干条件（5）知：汤姆选择火车，故杰克选择轮船，C 项正确。

27. C

【解析】母题 24 · 论证型假设题

题干：观众能清晰地记住大牌明星在广告中的表现，却记不住广告中被推销的产品的名称$\xrightarrow[\text{证明}]{}$以大牌明星为设计核心的广告效力不好。

搭桥法：观众记不住产品名称→广告效力不好，即：广告效力好→观众记住产品名称。所以，广告的效力是要扩大产品的知名度，故 C 项正确。

其余各项均为无关选项。

28. D

【解析】母题 28 · 解释题

题干中的矛盾：骑自行车的人数上升，但是涉及自行车的事故却一直在下降。

A 项，无关选项。

B 项，无关选项，题干讨论的是自行车的事故，并未涉及汽车事故。

C 项，增加了更多的自行车爱好者，事故应该增加，加剧题干矛盾。

D 项，通过严厉的交通法规，增强了骑自行车的人的安全意识，可以解释题干。

E 项，取消所有自行车每年的检查和注册会增加交通事故，加剧题干矛盾。

29. E

【解析】母题 24 · 论证型假设题

题干：研究小组用“现存的甲虫类生物”的忍受温度来替代“2.2 万年内的甲虫类生物”的忍受温度。故 E 项必须假设，搭桥法。

30. A

【解析】母题 27 · 数字型假设题

题干：平均每亩土地上转基因棉花产量是非转基因棉花产量的 6 倍，因此，当非转基因棉花的价格预计比转基因棉花的价格高出 6 倍以上时，希望利润最大化的农民就会种植非转基因棉花而不是转基因棉花。

$$利润 = 收入 - 成本。$$

题干中的论证只能保证农民种植非转基因棉花的收入更大，要想保证利润也更大，必须考虑成本问题，若一亩非转基因棉花拿到市场上去销售所花费的成本比一亩转基因棉花高的话，那么整个成本就会提高，导致非转基因棉花的销售并不占优势，故 A 项必须假设。

其他选项均不必假设。